―― ちくま学芸文庫 ――

確率微分方程式

渡辺信三

筑摩書房

はしがき

　力学法則にしたがう物理的な系の時間発展は常微分方程式によって記述される．このような系においては，ある時刻における状態が定まるとそれ以前およびそれ以後の状態は一意的に決定される．しかし現実には，このような決定的な記述の不可能な系がしばしばあらわれる．物理的な系では，熱現象のような非可逆的な系や，水の分子運動によってひきおこされる液体中の花粉粒子の不規則な運動（これは植物学者 R. Brown によって発見されたブラウン運動である）はその代表的なものである．さらに自然現象や社会現象においては，そのような例は枚挙にいとまがない．出生死滅をくりかえす生物集団の個体数の変化，交配によってひきおこされる遺伝子の割合の変化，種々の経済変動（これはいわば，勝負をつづける賭博者の財産の変化のようなものである），交換台にかかってくる電話の回数等々．こういった系においてはその状態の変化は偶然によって左右され，したがってある時刻での状態が定まっても，それ以後の時刻においては種々の状態が可能であってそのどれが実現するかは確率的にしかのべることができない．このような系を数学的に研究する手段として近代の確率論は発

展してきた．このような系の数学的モデルは確率過程とよばれるが，確率過程の研究は現代確率論における中心課題の一つである．

実際の問題からの切実な要求にもかかわらず確率過程の理論が数学的に充実してくるのは比較的最近のことである．とくに N. Wiener, P. Lévy, A. N. Kolmogoroff, A. Ya. Kchinchin といった人たちによって確率論研究の新しい方法が今世紀前半に次々と提出され，確率過程の理論は面目を一新した．たとえば，Wiener はブラウン運動の数学モデルとしての Wiener 過程を創造し，それを用いて種々の確率現象の解明を試みた．また Kolmogoroff は確率過程のうちでとくに基本的なマルコフ過程の数学的記述の方法を論じ，近代マルコフ過程論の基礎をつくった．そしてこうした偉大な先駆者の仕事が源泉となって近代の確率論が発達していく．

本書は，この近代確率過程論における重要な一分野であり，また近年応用方面からも多くの注目をあつめている確率微分方程式の理論を解説したものである．本書の内容は，簡単にいうと，連続な軌跡をもつ確率過程を解析する方法として，主として伊藤清によって確立された確率演算法（stochastic calculus）に関するものである．Wiener 過程や Poisson 過程をもとに一般の確率過程の構造を解明しようというのは Wiener や Lévy の基本思想の一つであった（このスローガンはまだまだ色あせていないように思われる）．このためには Wiener 過程や Poisson 過程に

もとづく calculus が確立されねばならないが，それは伊藤清によって始めて数学的理論として完成された．伊藤は Wiener 過程や Poisson 過程（Poisson 加法系といった方が適切かもしれない）に関する積分の概念を"確率積分"（stochastic integral）として明確に定義し，それを用いて確率微分方程式を解くことにより，Kolmogoroff の提起したマルコフ過程の構成の問題を解決する確率論的方法を与えた．確率積分によって表現できる確率過程はしばしば伊藤過程（Itô process）とよばれるが，重要で興味のある確率過程の多くが伊藤過程として与えられ，そしてこのような確率過程を解析する基本手段が伊藤によって与えられたのである．その業績をたたえて，この理論はしばしば"Itô calculus"の名でよばれている．

本書は確率論における一つの立場としてマルチンゲール的方法を重点的に採用した．stochastic calculus を論ずる際，この方法の有効性は近年次第に認められている．それは単に理論の一般化，統一化のみにとどまらず，たとえば連続な確率過程における Wiener 過程のしめる重要な位置を明確にすることにも役立っている．

確率微分方程式の理論に関してはすでに優れた成書もいくつか刊行され，さらに今後も盛んに新著があらわれることであろう．本書は今までの本にみられない特色を出そうと努力した．マルチンゲール的手法に重点をおいたのもその一つである．また確率微分方程式の定式化もマルコフ型のものに限らず履歴をもった一般の場合に与

えた．さらに，制御理論への応用を考慮すると，係数自身ランダムな場合まで一般化しておけばよかったが，本書では制御理論にまでふれることができないのでこの程度で満足することにした．マルチンゲール的立場に徹底するとStroock-Varadhanによる"マルチンゲール問題"（martingale problem）として確率微分方程式を把えることになるのであろうが，本書ではそこまで徹底した立場はとらなかった．やはり伊藤による確率微分方程式の定式化による方が（本質的には同値なことではあるが）内容豊富であり，実際Stroock-Varadhanの最近の退化した拡散過程の研究をみても結局は確率微分方程式の立場になっている．さらに本書でくわしく論じたような強い解の概念などは，マルチンゲール問題の立場では不明確なものになってしまう．しかし拡散過程とそれを生成する微分作用素の概念は，マルチンゲール問題の立場では自然であり，本書ではその点を広義の生成作用素ということで統一しようと試みた．それはHille-吉田の半群の理論とマルチンゲール問題との妥協のようなものであるが，やや中途半端の感はまぬがれない．これは連続な確率過程のみで考察することから生ずる不自然なことの一つである．とにかく，本書は従来の成書にみられない新しい立場で確率微分方程式を論じようとしたものであるが，筆者の非力のため十分に意図が実現されたかどうかは疑わしい．またこのような意図のため，本書は確率微分方程式に関する重要な事項のすべてを網羅することはできなかった．とくに確率微分方程式の

解の挙動，確率微分方程式の解析学の分野における種々の応用，とくに退化した楕円型方程式や熱方程式への応用などにほとんどふれることができなかったのは心のこりである．ここでは解析の諸問題に対する確率論のユニークな方法がみられるのであるが，筆者の能力ではそこまで及ぶことはできなかった．

　恩師である伊藤清先生に心よりの感謝の気持をもって本書を献じたい．先生の偉大な業績の一つを紹介することを目的とした本書が，筆者の未熟のため内容をそこなったことが多くあるのではないかと恐れるが，もし少しでも気に入っていただく箇所があれば望外の幸せである．さらに我が国においてこの理論に重要な貢献をされている田中洋氏，西尾真喜子氏から陰に陽に啓発されたことが本書をまとめるうえに大変役立った．また，池田信行氏からは日ごろの学問的会話を通じて多くの啓発をうけた．吉田耕作先生，藤田宏先生からは本書の執筆をおすすめいただいた．京都大学の小谷真一氏，笠原勇二氏には校正等の仕事を手伝っていただいた．また産業図書の江面竹彦氏，西川宏氏には出版に関し色々の御努力をいただいた．上記の方々に心より感謝の意を表したい．

1975 年 6 月

渡辺　信三

記号その他

1. $a \wedge b = \min(a, b)$, $a \vee b = \max(a, b)$.

2. I_A：集合 A の定義関数：
$$I_A(\omega) = \begin{cases} 1 & \omega \in A \\ 0 & \omega \notin A. \end{cases}$$

3. 確率変数 $X(\omega)$ に対し $E[X(\omega)] = \int X(\omega) P(d\omega)$ はその平均値をあらわす．また部分 Borel 集合体 $\mathscr{F}$ に関し $E[X(\omega)|\mathscr{F}]$ は $X(\omega)$ の $\mathscr{F}$ による**条件つき確率**をあらわす．すなわち $E[X(\omega)|\mathscr{F}]$ は $\mathscr{F}$-可測関数で任意の（有界）$\mathscr{F}$-可測関数 $Y(\omega)$ に対し $E[X(\omega) \cdot Y(\omega)] = E[E[X(\omega)|\mathscr{F}] \cdot Y(\omega)]$ をみたすものである．$E[|X|] < \infty$ のときこのような $E[X(\omega)|\mathscr{F}]$ が存在することは，Radon-Nikodym の定理を用いて容易に示される．また，
$$E[X(\omega); A] = E[X(\omega) I_A(\omega)].$$

4. ある可測空間 $(\Omega_1, \mathscr{B}_1)$ から可測空間 $(\Omega_2, \mathscr{B}_2)$ への写像 X が $\mathscr{B}_1/\mathscr{B}_2$-**可測**であるとは $A \in \mathscr{B}_2$ のときその逆像 $X^{-1}(A) \in \mathscr{B}_1$ となることである．

5. σ-集合体の族 $\mathscr{F}_\alpha$ に対し $\bigvee_\alpha \mathscr{F}_\alpha$ はすべての $\mathscr{F}_\alpha$ を含むような σ-集合体のうちでの最小のもの.

6. Ω 上の関数の族 $\{X_\alpha\}$ があるとき $\sigma[X_\alpha]$ はすべての X_α を可測にするような Ω 上の σ-集合体のうちで最小のもの. また Ω の部分集合の族 $\{A_\alpha\}$ があるとき $\sigma\{A_\alpha\}$ はすべての A_α を含む Ω 上の σ-集合体のうちで最小のもの.

7. δ_{ij}: クロネッカーのデルタ.

8. a.s. は almost surely の略. すなわち測度(確率)-0 の集合をのぞいてなりたつこと.

9. 確率空間 $(\Omega, \mathscr{F}, P)$ から可測空間 $(\Omega', \mathscr{F}')$ へ $\mathscr{F}/\mathscr{F}'$-可測な写像 f があるとき $(\Omega', \mathscr{F}')$ 上に確率測度 P' が, $P'(E') = P(f^{-1}(E'))$, $E' \in \mathscr{F}'$, によって定義される. P' を P の f による像測度 (image measure) といい $f \cdot P$ とか $f(P)$ であらわす.

10. Ω 上の関数 $X, \Omega_1 \subset \Omega$ に対し $X|Q_1$ は X の Ω_1 への制限をあらわす.

11. 行列 A に対し ^TA, または ^tA はその転置行列をあらわす.

目　次

はしがき …………………………………………………………… 3
記号その他 ………………………………………………………… 8

第1章　ブラウン運動　15
- §1　連続な確率過程 ……………………………………… 16
- §2　ブラウン運動（Wiener 過程） …………………… 20
- §3　ある Borel 集合体の増大族に適合したブラウン運動 … 28

第2章　確率積分　40
- §1　ブラウン運動に関する確率積分 …………………… 41
- §2　伊藤の公式 …………………………………………… 52
- §3　マルチンゲールにもとづく確率積分 ……………… 58
- §4　ブラウン運動の上の
　　　2乗可積分マルチンゲールの表現定理 …………… 78
- §5　連続マルチンゲールの表現定理 …………………… 88

第3章　確率積分の応用　105
- §1　拡散過程 ……………………………………………… 105
- §2　1次元ブラウン運動の局所時間 …………………… 124
- §3　反射壁ブラウン運動と Skorohod 方程式 ………… 131

第4章　確率微分方程式　140
- §1　定義，解の一意性 …………………………………… 140
- §2　Lipschitz 条件 ………………………………………… 153
- §3　連続係数の場合の解の存在定理 …………………… 166
- §4　ずれの変換による解法 ……………………………… 175
- §5　時間変更による解法 ………………………………… 186
- §6　確率微分方程式による拡散過程の構成 …………… 194

§7　1次元の確率微分方程式の一意性条件 …………… 213
§8　境界条件をもった確率微分方程式 ……………… 224

付録Ⅰ　連続確率過程に関する基本定理　249
§1　距離空間上の確率測度の収束 ……………… 249
§2　連続な確率過程 ……………………………… 267

付録Ⅱ　連続時間マルチンゲールのまとめ　276

各章に対する補足と注意 ………………………………… 281
文　献 ……………………………………………………… 297
解　説（重川一郎）………………………………………… 303
索　引 ……………………………………………………… 313

確率微分方程式

第1章　ブラウン運動

　物理学におけるブラウン運動は，液体分子の衝突によって引き起こされる液体中の花粉粒子の不規則な運動で，イギリスの植物学者 R. Brown (1773-1858) によって発見されたのでこの名がある．その後，Einstein, Smoluchowski, Perrin 等の物理学者の研究を経たのち，N. Wiener (1894-1964) は理想化されたブラウン運動の数学的モデルを確率過程としてとらえることに成功した．この Wiener によって創始されたブラウン運動（しばしば，Wiener 過程とよばれる）は，もっとも典型的な拡散過程として，またランダムな系の記述における基本的な手段として，その後の確率論における重要な研究対象となった．

　この章では，まず連続な確率過程*の定式化と，その基本事項をのべ，つづいて Wiener 過程の定義と存在をのべる．さらに，ある増加する Borel 集合体の族に適合した Wiener 過程の概念は，確率積分の理論で基本になるの

---

　*　本書では大体 d 次元ユークリッド空間 $\boldsymbol{R}^d$ の値をとるもののみ考察するが，もっと一般の空間の値をとるものも同様に論ずることができる．

で，その定式化をくわしくのべる．

§1 連続な確率過程

W^d で，区間 $[0, \infty)$ で定義され，d 次元ユークリッド空間 $\boldsymbol{R}^d$ の値をとる連続な関数の全体をあらわす．
$$W^d = \boldsymbol{C}([0, \infty) \to \boldsymbol{R}^d) \qquad (1.1)$$

関数 $w \in W^d$ * の $t \in [0, \infty)$（以後 t は時間と考え，時刻 t といういい方をよく用いる）における値を $w(t)$ であらわす．$w_1, w_2 \in W^d$ に対し

$$\rho(w_1, w_2) = \sum_{n=1}^{\infty} 2^{-n} [(\max_{0 \leq t \leq n} |w_1(t) - w_2(t)|) \wedge 1] \quad (1.2)$$

とおくと，これは W^d の距離を定義し，この距離によって W^d は可分完備な距離空間になる．あきらかに，この距離で $w_n \to w$ ということは，軌跡 w_n が各有限区間上で軌跡 w に一様収束することを意味する．$\mathscr{B}(W^d)$ を W^d の位相的 Borel 集合体，すなわち開集合を含む最小の Borel 集合体とする．

いま $t_0 = 0 < t_1 < t_2 < \cdots < t_n$ と $\boldsymbol{R}^d$ の Borel 集合の列 $E_i \in \mathscr{B}(\boldsymbol{R}^d)$ $(i = 0, 1, 2, \cdots, n)$ に対し W^d の部分集合を

$I_{E_0, E_1, \cdots, E_n}^{t_0, t_1, \cdots, t_n}$
$$= \{w ; w(t_0) \in E_0, w(t_1) \in E_1, \cdots, w(t_n) \in E_n\} \qquad (1.3)$$

---

* しばしば $w \in W^d$ のことを，軌跡 (path, trajectory) という．

で定め，これを $(t_0, t_1, \cdots, t_n, E_0, E_1, \cdots, E_n$ によって定まる) W^d のシリンダー集合 (cylinder set) という．シリンダー集合はユークリッド空間における区間に相当するものである．あきらかにシリンダー集合は $\mathscr{B}(W^d)$ に属するが，W^d における $w_0 \in W^d$ の近傍 $\{w ; \max_{0 \leq t \leq n} |w(t) - w_0(t)| \leq \varepsilon\}$ が

$$\bigcap_{\substack{n \geq r \geq 0 \\ \text{有理数}}} \{w ; w(r) \in [w_0(r) - \varepsilon, w_0(r) + \varepsilon]\}$$

とかけることから容易にわかるように，$\mathscr{B}(W^d)$ は，シリンダー集合全体から生成される Borel 集合体でもある．とくに $[W^d, \mathscr{B}(W^d)]$ 上の確率測度は，そのシリンダー集合上の値がきまれば一意的にきまる．

定義 1.1 連続な d 次元確率過程 X とは，ある確率空間 $(\Omega, \mathscr{F}, P)$ 上で定義された W^d-値確率変数，すなわち

$$X : \Omega \to W^d$$

なる関数で $\mathscr{F}/\mathscr{B}(W^d)$-可測なるもののことである．

したがって，各 $\omega \in \Omega$ に対し，$X(\omega) \in W^d$，すなわち一つの軌跡を定めるが**，その時刻 $t \in [0, \infty)$ における値を，$X_t(\omega)$ とか，$X(t, \omega)$ とあらわす．このとき，各 t に対し $X(t) = X(t, \omega)$ は $(\Omega, \mathscr{F}, P)$ 上の d 次元確率変数であり，したがって X から確率変数の系 $\{X(t)\}_{t \geq 0}$ が定まる．逆に，d 次元確率変数の系 $\{X(t)\}_{t \geq 0}$ が与えられ，

** 各 ω で定まる軌跡 $X(\omega)$ を見本関数 (sample function, sample path) という．

確率 1 で関数 $t \mapsto X(t)$ が連続であるとき,これが連続な確率過程 X を定義することはあきらかであろう.以後,$X = \{X(t)\}_{t \geqq 0}$ なるあらわし方をよく用いる.

連続な d 次元確率過程 X に対し,$[W^d, \mathscr{B}(W^d)]$ 上の確率測度 P_X が

$$P_X(B) = P\{\omega\,;\,X(\omega) \in B\},\ B \in \mathscr{B}(W^d) \quad (1.4)$$

によって定義される.これを**確率過程 X の分布**という.二つの連続な d 次元確率過程 X, X' に対し,$P_X = P_{X'}$ がなりたつとき,X と X' は**同法則**の確率過程であるといい,

$$X \overset{\mathscr{L}}{\approx} X' \quad (1.5)$$

とあらわす.X と X' が同法則であるためには,$B \in \mathscr{B}(W^d)$ がシリンダー集合のときその分布が一致すればよいから,とくにその有限次元分布が一致すれば十分である.ここで X の有限次元分布とは,$0 \leqq t_1 < t_2 < \cdots < t_n$ に対し,

$$\omega \in \Omega \mapsto [X(t_1, \omega), X(t_2, \omega), \cdots, X(t_n, \omega)] \in \boldsymbol{R}^{nd}$$

で定義される nd 次元確率変数の分布のことである.

連続な確率過程の研究においてつぎの定理は基本的である.この証明は付録 I において与える*.

定理 1.1 連続な d 次元確率過程の列

$$X_n = \{X_n(t)\}_{t \geqq 0},\ n = 1, 2, \cdots$$

があり,つぎの 2 条件をみたすとする.

---

* 付録 I,定理 2.1.

$$\lim_{N\to\infty} \overline{\lim_{n\to\infty}} P\{|X_n(0)| > N\} = 0 \tag{1.6}$$

各 $T>0$ と $\varepsilon>0$ に対し,

$$\lim_{h\downarrow 0} \overline{\lim_{n\to\infty}} P\{\max_{\substack{t,s\in[0,T] \\ |t-s|\leq h}} |X_n(t) - X_n(s)| > \varepsilon\} = 0 \tag{1.7}$$

このとき,適当な確率空間 $(\hat{\Omega}, \hat{\mathscr{F}}, \hat{P})$ の上に,d 次元連続確率過程 $\hat{X}_n = \{\hat{X}_n(t)\}_{t\geq 0}$ ($n=1,2,\cdots$) と $\hat{X} = \{\hat{X}(t)\}_{t\geq 0}$ をつぎの (1.8), (1.9) をみたすように構成できる.

$$X_n \overset{\mathscr{L}}{\approx} \hat{X}_n, \ n=1,2,\cdots, \tag{1.8}$$

$$\left.\begin{array}{l}\text{ある部分列 } n_1 < n_2 < \cdots < n_k < \\ \cdots \text{ が存在して, } P\{\omega; k \to \infty \text{ のとき,} \\ \rho(\hat{X}_{n_k}(\omega), \hat{X}(\omega)) \to 0\} = 1. \text{ (すなわち,} \\ X_{n_k}(t) \text{ は } \hat{X}(t) \text{ に確率 1 で広義一様収束} \\ \text{する)}\end{array}\right\} \tag{1.9}$$

さらにもし,P_{X_n} の任意の有限次元分布が収束するならば,(1.9) より強く

$$P\{\omega; n \to \infty \text{ のとき } \rho(\hat{X}_n(\omega), \hat{X}(\omega)) \to 0\} = 1 \tag{1.10}$$

となるようにできる.したがってこのとき P_{X_n} の有限次元分布の $n\to\infty$ のときの極限を,その有限次元分布としてもつ連続確率過程の存在(すなわち,上の $\hat{X}$)がわかる.

(1.6), (1.7) がなりたつ一つの十分条件として

定理 1.2* $X_n = \{X_n(t)\}_{t \geq 0}$ $(n=1,2,\cdots)$ を d 次元連続確率過程の列とする. そして, ある正定数 M, α, β と正の数列 M_k $(k=1,2,\cdots)$ が存在して,

$$E[|X_n(0)|] \leq M, \quad n = 1, 2, \cdots \tag{1.11}$$

各 $k = 1, 2, \cdots$ に対し

$$E[|X_n(t) - X_n(s)|^\alpha] \leq M_k |t-s|^{1+\beta} \tag{1.12}$$

$$\forall n = 1, 2, \cdots, \ \forall t, s \in [0, k]$$

がなりたつとする. このとき, (1.6) と (1.7) がなりたつ.

§2 ブラウン運動 (Wiener 過程)

$$p(t, x) = \frac{1}{(2\pi t)^{\frac{d}{2}}} e^{-\frac{|x|^2}{2t}}, \quad t > 0, \ x \in \boldsymbol{R}^d \tag{2.1}$$

とおく.

定理 2.1 $\mu = \mu(dx)$ を与えられた d 次元の分布, すなわち $[\boldsymbol{R}^d, \mathscr{B}(\boldsymbol{R}^d)]$ 上の確率測度とする. このとき, $[W^d, \mathscr{B}(W^d)]$ 上の確率測度 P で (1.3) で与えられるシリンダー集合 $I_{E_0, E_1, \cdots, E_n}^{t_0, t_1, \cdots, t_n}$ に対し

$$\begin{aligned}
&P(I_{E_0, E_1, \cdots, E_n}^{t_0, t_1, \cdots, t_n}) \\
&= \int_{E_0} \mu(dx_0) \int_{E_1} dx_1 \int_{E_2} dx_2 \int \cdots \int_{E_n} dx_n \\
&\quad \times p(t_1 - t_0, x_1 - x_0) p(t_2 - t_1, x_2 - x_1) \cdots \\
&\quad \times p(t_n - t_{n-1}, x_n - x_{n-1})
\end{aligned} \tag{2.2}$$

---

* 付録 I, 定理 2.2.

となるものがただ一つ存在する.

定義 2.1 定理 2.1 における P を初期分布が $\boldsymbol{\mu}$ の $\boldsymbol{d}$ 次元 **Wiener 測度**という.

定理 2.1 における P の一意性はあきらかであるが,存在は以下で示す.

注意 2.1 とくに $\mu = \delta_x$ (点 $x \in \boldsymbol{R}^d$ の単位分布) のとき,これを初期分布としてもつ Wiener 測度を P_x であらわすと[**] $P_x\{w \ ; w(0) = x\} = 1$ であり,一般の μ を初期分布にもつ Wiener 測度を P とすると,

$$P(B) = \int P_x(B)\mu(dx), \ \forall B \in \mathscr{B}(W^d) \qquad (2.3)$$

がなりたつ.

注意 2.2 いま $t_0 = 0 < t_1 < t_2 < \cdots < t_n$ と
$$E \in \mathscr{B}(\boldsymbol{R}^{(n+1)d})$$
が任意に与えられたとし,
$$I_E^{t_0, t_1, \cdots, t_n} = \{w \in W^d \ ; [w(t_0), w(t_1), \cdots, w(t_n)] \in E\} \qquad (2.4)$$
とおくと (2.2) よりただちに,上の Wiener 測度 P に対し

[**] P_x を x から出発する Wiener 測度ということもある.

$$P(I_E^{t_0, t_1, \cdots, t_n}) = \iint \cdots \int_E \prod_{i=1}^n p(t_i - t_{i-1}, x_i - x_{i-1})$$
$$\times \mu(dx_0) dx_1 \cdots dx_n \tag{2.5}$$

がなりたつ. これより, $E_i \in \mathscr{B}(\boldsymbol{R}^d)$, $i=0,1,\cdots,n$ に対し

$$P\{w : w(t_0) \in E_0, w(t_1) - w(t_0) \in E_1,$$
$$w(t_2) - w(t_1) \in E_2, \cdots, w(t_n) - w(t_{n-1}) \in E_n\}$$
$$= \mu(E_0) \times \prod_{i=1}^n \int_{E_i} p(t_i - t_{i-1}, x_i) dx_i$$
$$= P\{w(0) \in E_0\} \times \prod_{i=1}^n P\{w(t_i) - w(t_{i-1}) \in E_i\}$$
$$\tag{2.6}$$

となる. このことは $(W, \mathscr{B}(W), P)$ 上の確率変数 $w(t_0)$, $w(t_1)-w(t_0), w(t_2)-w(t_1), \cdots, w(t_n)-w(t_{n-1})$ が独立であることを示している. すなわち $X(t, w) = w(t)$ はつぎの定義 2.2 の意味で独立増分過程である.

定義 2.2 d 次元確率過程 $X = (X(t))_{t \geq 0}$ が**独立増分過程（加法過程）**であるとは, 任意の $t_0 = 0 < t_1 < t_2 < \cdots < t_n$ に対し, d 次元確率変数列
$$X(t_0), X(t_1) - X(t_0),$$
$$X(t_2) - X(t_1), \cdots, X(t_n) - X(t_{n-1})$$
が独立になることである.

定義 2.3 ある確率空間 $(\Omega, \mathscr{F}, P)$ 上で定義された d 次元連続確率過程 $X = (X_t)_{t \geq 0}$ で, その分布 P_X が初期

分布 μ（ただし μ は確率変数 $X(0)$ の分布）の d 次元 Wiener 測度になるものを **d 次元のブラウン運動**（または **Wiener 過程**）という．

注意 2.2 より，このことはつぎのようにいってもよい．d 次元確率過程 $X = (X(t))_{t \geq 0}$ が d 次元 Wiener 過程であるとは，つぎがなりたつこと．

X は連続な確率過程；
  確率 1 で $t \mapsto X(t)$ が連続． (2.7)
X は独立増分過程である． (2.8)

$$\left. \begin{array}{l} \text{任意の } t > s \geq 0 \text{ に対し，} X(t) - X(s) \text{ は，} \\ \text{平均ベクトル 0，分散行列 } (t-s) \cdot I^* \text{ をもつ} \\ d \text{ 次元正規分布にしたがう．} \end{array} \right\} \quad (2.9)$$

したがって，P を $[W^d, \mathscr{B}(W^d)]$ 上の d 次元 Wiener 測度とし，$X(t, w) = w(t)$，$w \in W^d$ とおけば $X = (X(t))_{t \geq 0}$ は，確率空間 $(W^d, \mathscr{B}(W^d), P)$ 上の d 次元ブラウン運動である．このように与えられたブラウン運動を関数空間型 (function space type) に実現されたブラウン運動ということがある．

さて，定理 2.1 の証明であるが，Wiener は $X(0) = 0$ となる 1 次元ブラウン運動で時間区間が $[0, 1]$ のものを，ランダムな係数をもつフーリエ級数を用いて構成した．この方向に関しては伊藤-西尾 [23] によって，つぎの注目すべき結果が示されている．いま $\{\varphi_n(s)\}_{n=1, 2, \cdots}$ を

---

* I は単位行列．

$L^2[0,1]$ の完全正規直交系とし，$\{\xi_n(\omega)\}_{n=1,2,\cdots}$ を標準正規分布にしたがう独立実確率変数列とする．このとき，

$$X(t,\omega) = \sum_{n=1}^{\infty} \xi_n(\omega) \int_0^t \varphi_n(s)ds \qquad (2.10)$$

の右辺は確率 1 で，$t \in [0,1]$ について一様収束し，それによって定義される $X(t,\omega)$ は時間区間 $[0,1]$ における 1 次元ブラウン運動になる．ところで一方，$\{\varphi_n\}$ としてたとえば Haar 関数系をとれば，(2.10) の右辺の収束は直接，比較的容易に示すことができ，この場合は Lévy の構成法として知られている（[21]，[37] 参照）．時間区間 $[0,1]$ 上でブラウン運動が構成できれば，そのような過程の独立なコピー $X_n = \{X_n(t)\}_{0 \leq t \leq 1}$ $(n = 1, 2, \cdots)$ を用意して，

$$X(t) = \begin{cases} X_1(t), & 0 \leq t \leq 1 \\ X_1(1) + X_2(t-1), & 1 \leq t \leq 2 \\ \quad \vdots \\ \sum_{i=1}^{n} X_i(1) + X_{n+1}(t-n), & n \leq t \leq n+1 \\ \quad \vdots \end{cases}$$

$$(2.11)$$

とおくことにより，$[0,\infty)$ 上の $X(0)=0$ をみたすブラウン運動が得られる．つぎに $x+X(t)$ は $t=0$ のとき $x \in \mathbf{R}$ から出発するブラウン運動になる．$x = (x_1, x_2, \cdots, x_d) \in \mathbf{R}^d$ から出発する d 次元ブラウン運動は，$X_i(0) = x_i$ $(i=1, 2, \cdots, d)$ となる互いに独立な d 個の 1 次元ブラウ

ン運動 $X_i(t)$ $(i=1, 2, \cdots, d)$ を用意して，$X(t) = (X_1(t), X_2(t), \cdots, X_d(t))$ とおけばよい．この $X = (X(t))$ の分布は初期分布が $\mu = \delta_x$ なる d 次元 Wiener 測度であり，一般の初期分布 μ をもつ Wiener 測度は (2.3) によって定義される．

以上，Wiener, Lévy や伊藤-西尾の結果を認めたうえでの構成法をのべたが，以下では，定理 1.1 を用いてブラウン運動を**酔歩**（random walk）の極限として構成しよう．$X(0) = 0$ をみたす 1 次元ブラウン運動が構成できれば，d 次元 Wiener 測度は上と同様の手続きで得られるので，このようなものをつくろう．よく知られているように，酔歩とは，硬貨を投げて表が出れば右へ 1 歩，裏が出れば左へ 1 歩うごくことをくりかえす運動である．数学的には，$+1$, -1 をそれぞれ確率 $1/2$ でとる独立確率変数列 $\{\xi_i\}$ の和，

$$S_l = \xi_1 + \xi_2 + \cdots + \xi_l, \ l = 0, 1, 2, \cdots \text{（ただし } S_0 = 0\text{）} \tag{2.12}$$

のことである．直接計算によって

$$\begin{aligned} &E[S_l] = 0, \\ &E[S_l^2] = l, \\ &E[S_l^4] = 3l^2 - 2l, \ l = 0, 1, 2, \cdots \end{aligned} \tag{2.13}$$

がたしかめられる．いま，各 $n = 1, 2, \cdots$ に対し，1 次元の連続な確率過程 $\{X_n(t)\}_{t \geq 0}$ を

$$X_n(t) = \begin{cases} \dfrac{1}{\sqrt{n}} S_k, & t = \dfrac{k}{n}, \ k = 0, 1, 2, \cdots \\ X_n\left(\dfrac{k}{n}\right) と X_n\left(\dfrac{k+1}{n}\right) を線分で結んだもの, \\ \qquad t \in \left[\dfrac{k}{n}, \dfrac{k+1}{n}\right] \end{cases} \quad (2.14)$$

によって定義する. (2.13) より容易に X_n は (とくに $\alpha = 4$, $\beta = 1$ として) 定理 1.2 の条件をみたしていることがたしかめられる. また, 有名な de Moivre-Laplace の中心極限定理より, $0 < t_1 < t_2 < \cdots < t_k$ に対し, k 次元確率変数 $(X_n(t_1), X_n(t_2) - X_n(t_1), \cdots, X_n(t_k) - X_n(t_{k-1}))$ の分布は, $N(0, t_1) \otimes N(0, t_2 - t_1) \otimes \cdots \otimes N(0, t_k - t_{k-1})$ *に収束することがわかる. したがって定理 1.1 が適用できて, ある確率空間 $(\hat{\Omega}, \hat{\mathscr{F}}, \hat{P})$ 上に X_n と同分布の確率過程 $\hat{X}_n$ を構成して $\hat{X}_n$ は $n \to \infty$ のとき, 確率 1 で, t について広義一様に収束するようにできる.

$$\hat{X}(t) = \lim_{n \to \infty} \hat{X}_n(t)$$

とおくと, これが求める 1 次元ブラウン運動である.

この方法は, 単にブラウン運動 (あるいは Wiener 測度) の存在をいうこと以上のものを含んでいる. 実際, 酔

---

* $N(m, v)$ は平均 m, 分散 v の正規分布: $\dfrac{1}{\sqrt{2\pi v}} e^{-\frac{(x-m)^2}{2v}}$ を密度にもつ 1 次元分布をあらわす. また $\otimes$ は直積測度を意味する.

歩よりもっと一般の独立確率変数列の和 S_l から上のようにして $X_n(t)$ を定めると，それのブラウン運動への収束が上と同様に（または場合によっては，もう少し精密な議論によって）示されるが，そうすると $\rho(\hat{X}_n, \hat{X}) \to 0$ $(n \to \infty)$ が確率 1 でなりたつから，もし $F(w)$ が W^1 上の有界関数でその不連続点の集合が Wiener 測度 $P_{\hat{X}}$ ではかって測度 0 であるとき，有界収束定理より

$$\hat{E}[F(\hat{X}_n)] = E[F(X_n)] \to \hat{E}[F(\hat{X})] \qquad (n \to \infty) \tag{2.15}$$

がなりたつ．左辺は独立確率変数和 S_l に関する平均量であるが，その極限値が Wiener 測度に関する平均量で与えられたことになり，もしこれが計算できれば極限値がわかったことになる．このようにして，この方法は独立確率変数列の和の極限定理を求めるのに有効である．このような $F(w)$ の有名な例としては，

$$F(w) = I_{\{\int_0^1 I_{[0,\infty)}(w(s))ds < \theta\}}(w)^{**}, \quad 0 \leqq \theta \leqq 1$$

とか

$$F(w) = I_{\{\max_{0 \leqq s \leqq 1} w(s) < x\}}(w), \quad 0 \leqq x < \infty$$

がある***．これらについては Billingsley [1] 等を参照

** 有名な逆正弦法則（arc sine law）の場合．このとき P を 0 から出発する Wiener 測度とすると，
$$P\left\{\int_0^1 I_{[0,\infty)}(w(s))ds < \theta\right\} = \frac{2}{\pi}\sin^{-1}\sqrt{\theta}.$$

*** $P\{\max_{0 \leqq s \leqq 1} w(s) < x\} = \dfrac{2}{\sqrt{2\pi}}\int_0^x e^{-\frac{u^2}{2}}du.$

されたい.

§3 ある Borel 集合体の増大族に適合したブラウン運動

始めに，確率過程の時間的発展を記述するのに都合のよい，ある **Borel** 集合体の増大族に適合した確率過程の概念をのべる.

$(\Omega, \mathscr{F}, P)$ を，ある完備*な確率空間とし，$\mathscr{F}$ の部分 Borel 集合体の族 $\{\mathscr{F}_t\}_{t \geq 0}$ でつぎの性質をみたすものが与えられたとする.

$$\mathscr{F}_t \subset \mathscr{F}_s, \ 0 \leq t < s \ (\text{単調増加性}) \tag{3.1}$$

$$\mathscr{F}_{t+0}(:= \bigcap_{n>0} \mathscr{F}_{t+\frac{1}{n}}) = \mathscr{F}_t \ (\text{右連続性}) \tag{3.2}$$

$$\mathscr{N}^{**} \subset \mathscr{F}_0 \tag{3.3}$$

このような族 $\{\mathscr{F}_t\}_{t \geq 0}$ が与えられた確率空間を $(\Omega, \mathscr{F}, P; \mathscr{F}_t)$ とあらわす．簡単のため，以下で四つ組 $(\Omega, \mathscr{F}, P; \mathscr{F}_t)$ というときにはつねにこのような $\{\mathscr{F}_t\}_{t \geq 0}$ の与えられた空間のことである.

定義 3.1 $(\Omega, \mathscr{F}, P; \mathscr{F}_t)$ を与えられた四つ組とする．Ω 上の確率過程*** $X = (X_t)_{t \geq 0}$ (すなわち Ω 上の確率変数 X_t の族) が $\mathscr{F}_t$ に**適合している**とは，各 $t \geq 0$ に対し確率変数 X_t が $\mathscr{F}_t$-可測なることである.

---

* P-測度 0 の集合の部分集合はすべて $\mathscr{F}$ にはいっていること.
** $\mathscr{N}$ は P-測度 0 の集合全体.
*** 簡単のため，確率過程というときは，d 次元 (すなわち $\boldsymbol{R}^d$-値) のもののみ考える ($d \geq 1$).

一般に，確率過程 $X=(X_t)_{t\geqq 0}$ が**可測**であるとは，写像
$$(t,\omega) \mapsto X_t(\omega) \in \boldsymbol{R}^d$$
が，$\mathscr{B}[0,\infty)\times\mathscr{F}/\mathscr{B}(\boldsymbol{R}^d)$-可測なることをいう．とくに $X=(X_t)_{t\geqq 0}$ に対し，確率 1 で $t\mapsto X_t$ が右連続（または左連続）ならば X は可測過程である．一般に $\mathscr{F}_t$ に適合した可測過程については種々の概念がある．本書ではこれに関する複雑な議論にまきこまれることを好まないので，簡単につぎの定義のみ与えることにする．

定義 3.2 四つ組 $(\Omega,\mathscr{F},P;\mathscr{F}_t)$ 上の確率過程 $X=(X_t)_{t\geqq 0}$ が，$\boldsymbol{w}$-**可測******（$\boldsymbol{p}$-**可測**）***** であるとは，
$$(t,\omega) \mapsto X_t(\omega) \in \boldsymbol{R}^d$$
が $\mathscr{S}/\mathscr{B}(\boldsymbol{R}^d)$-可測（resp. $\mathscr{T}/\mathscr{B}(\boldsymbol{R}^d)$-可測）なることである．ここで，$\mathscr{S}$ (resp. $\mathscr{T}$) は $[0,\infty)\times\Omega$ 上の Borel 集合体でつぎのような Y から生成されるもの（このような Y を可測にするような Borel 集合体で最小のもの），
$$Y:[0,\infty)\times\Omega \to \boldsymbol{R}^d$$
で Y は $\mathscr{F}_t$ に適合した右連続過程 (resp. 左連続過程)******．

あきらかに，w-可測過程および p-可測過程は $\mathscr{F}_t$ に適合した可測過程である．

**** well measurable の略．
***** predictable (仏, prévisible) の略．
****** すなわち $P\{\omega:t\mapsto Y(t,\omega)$ が右連続（resp. 左連続）$\}=1$．

注意 3.1 p-可測過程は, w-可測過程である. 実際, $\mathscr{F}_t$ に適合した左連続過程 $X = (X_t)_{t \geq 0}$ は $\mathscr{S}$-可測であることをみればよいが, 右連続, $\mathscr{F}_t$-適合過程の列 $X_n = (X_t^{(n)})_{t \geq 0}$ $(n = 1, 2, \cdots)$ を

$$X_t^{(n)} = X_{\frac{k}{2^n}}, \quad t \in \left[\frac{k}{2^n}, \frac{k+1}{2^n}\right), \quad k = 0, 1, 2, \cdots$$

で定義すると, あきらかに $X_t^{(n)} \to X_t, \forall t \in [0, \infty)$ であるので X は $\mathscr{S}$-可測である.

補題 3.1 $\boldsymbol{\Phi}$ を $\mathscr{F}_t$ に適合した有界な実可測過程のなす線型空間で, つぎの 2 条件をみたすとする.
 （ⅰ） $\boldsymbol{\Phi}$ はすべての $\mathscr{F}_t$ に適合した有界右連続過程（左連続過程）を含む.
 （ⅱ） $\boldsymbol{\Phi}_n \in \boldsymbol{\Phi}, \boldsymbol{\Phi}_n \uparrow \boldsymbol{\Phi}$（有界単調増大収束）ならば, $\boldsymbol{\Phi} \in \boldsymbol{\Phi}$.

このとき, $\boldsymbol{\Phi}$ はあらゆる有界な w-可測過程（resp. p-可測過程）を含む.

証明 有界な w-可測過程, すなわち有界な $\mathscr{S}$-可測関数は, 有界な $\mathscr{S}$-可測単関数の単調増大極限であるから, $B \in \mathscr{S}$ のとき $I_B \in \boldsymbol{\Phi}$ なることを示せばよい. そこで

$$\mathscr{S}' = \{B : B \subset [0, \infty) \times \Omega, \ I_B \in \boldsymbol{\Phi}\}$$

とおくと, $\boldsymbol{\Phi}$ が線型空間で $1 \in \boldsymbol{\Phi}$ であるから
 （ⅰ） $[0, \infty) \times \Omega \in \mathscr{S}'$,
 （ⅱ） $A, B \in \mathscr{S}', \ A \subset B$ ならば $B \setminus A \in \mathscr{S}'$,
 （ⅲ） $A_n \in \mathscr{S}', \ A_n \subset A_{n+1} \ (n = 1, 2, \cdots)$ ならば

$\bigcup_{n=1}^{\infty} A_n \in \mathscr{S}'$ がなりたつ.

つぎに,$Y_i:[0,\infty)\times\Omega\to\boldsymbol{R}\ (i=1,2,\cdots,k)$ を右連続 $\mathscr{F}_t$-適合過程,$E_i\ (i=1,2,\cdots,k)$ を $\boldsymbol{R}$ の開集合とすると $\bigcap_{i=1}^{k} Y_i^{-1}(E_i)\in\mathscr{S}'$ である.実際,
$$I_{\bigcap_{i=1}^{k} Y_i^{-1}(E_i)}(t,\omega)=\prod_{i=1}^{k} I_{E_i}(Y_i(t,\omega))$$
であり,$\boldsymbol{R}$ 上の有界連続関数列 φ_n^i が存在して,$\varphi_n^i(x)\uparrow I_{E_i}(x)\ (n\to\infty)$,$i=1,2,\cdots,k$ とできるから,
$$\prod_{i=1}^{k}\varphi_n^i(Y_i(t,\omega))\uparrow\prod_{i=1}^{k} I_{E_i}(Y_i(t,\omega)).$$
左辺は有界右連続,$\mathscr{F}_t$-適合過程として $\boldsymbol{\Phi}$ の元であるから右辺もそうである.

ところで $\bigcap_{i=1}^{k} Y_i^{-1}(E_i)$ の形の集合全体は,有限個の共通部分に関し閉じている.またこれを含む最小のBorel集合体が $\mathscr{S}$ である.したがって,つぎの補題より $\mathscr{S}\subset\mathscr{S}'$ がわかる.

補題3.2* 一般に,$[0,\infty)\times\Omega$ の部分集合の系 $\mathscr{C}$ が,有限個の共通部分で閉じているとき π-系であるという.また,上の $\mathscr{S}'$ と同じ性質(i),(ii),(iii)をみたすとき d-系であるという.$\mathscr{C}$ を含む最小の d-系およびBorel集合体をそれぞれ,$d(\mathscr{C}),\sigma(\mathscr{C})$ であらわす.このとき,も

---

* Dynkin による.

し $\mathscr{C}$ が π-系ならば，$d(\mathscr{C}) = \sigma(\mathscr{C})$ がなりたつ．

証明 $d(\mathscr{C}) \subset \sigma(\mathscr{C})$ はあきらか．いま
$$\mathscr{D}_1 = \{B \in d(\mathscr{C}) ; B \cap A \in d(\mathscr{C}), \forall A \in \mathscr{C}\}$$
とおくと，$\mathscr{C}$ が π-系だから $\mathscr{D}_1 \supset \mathscr{C}$ かつ，$\mathscr{D}_1$ が d-系であることもすぐわかる．ゆえに $\mathscr{D}_1 = d(\mathscr{C})$．

つぎに
$$\mathscr{D}_2 = \{B \in d(\mathscr{C}) ; B \cap A \in d(\mathscr{C}), \forall A \in d(\mathscr{C})\}$$
とおくと，いま示したことから，$\mathscr{D}_2 \supset \mathscr{C}$，かつ $\mathscr{D}_2$ は d-系になるから，$\mathscr{D}_2 = d(\mathscr{C})$．すなわち $d(\mathscr{C})$ は有限個の共通部分に関し閉じている．これより $d(\mathscr{C}) = \sigma(\mathscr{C})$ はあきらか．

定義 3.3 $(\Omega, \mathscr{F}, P ; \mathscr{F}_t)$ を与えられた四つ組とする．$\sigma : \Omega \to [0, \infty)$ なる関数が（$\mathscr{F}_t$ に関する）**マルコフ時間**（または**停止時間**（stopping time））であるとは，任意の $t \in [0, \infty)$ に対し，$\{\omega ; \sigma(\omega) \leq t\} \in \mathscr{F}_t$ となることである．σ をマルコフ時間とし

$$\mathscr{F}_\sigma = \{A \in \mathscr{F} ; \forall t \in [0, \infty), A \cap \{\sigma(\omega) \leq t\} \in \mathscr{F}_t\} \tag{3.4}$$

とおく．

あきらかに $\mathscr{F}_\sigma$ は $\mathscr{F}$ の部分 Borel 集合体であり，また $\sigma(\omega) \equiv t$ のとき $\mathscr{F}_\sigma = \mathscr{F}_t$ なることもあきらかであろう．

例 3.1 $X = (X_t)_{t \geq 0}$ を w-可測過程とし $E \in \mathscr{B}(\boldsymbol{R}^d)$ とすると，E への到達時間

$$\sigma_E(\omega) = \inf\{t \geqq 0 ; X_t(\omega) \in E\}^*$$
はマルコフ時間になる．この証明は少し準備がいるので本書では省略する**．

命題 3.1 $\sigma, \tau, \sigma_n \ (n=1,2,\cdots)$ をすべてマルコフ時間とする．このとき，

(ⅰ) $\sigma \vee \tau, \ \sigma \wedge \tau$,

(ⅱ) σ_n が各 ω について単調増加，または，各 ω について単調減少ならば

$$\sigma = \lim_n \sigma_n$$

はすべてマルコフ時間である．

証明 $\{\omega ; \sigma \vee \tau(\omega) \leqq t\} = \{\omega ; \sigma(\omega) \leqq t\} \cap \{\omega ; \tau(\omega) \leqq t\}$ よりあきらかである．$\sigma \wedge \tau$ についても同様．(ⅱ)については，$\sigma_n \uparrow \sigma$ のとき，$\{\omega ; \sigma(\omega) \leqq t\} = \bigcap_n \{\sigma_n(\omega) \leqq t\}$ よりあきらか．$\sigma_n \downarrow \sigma$ のときは，$\{\omega ; \sigma(\omega) < t\} = \bigcup_n \{\sigma_n(\omega) < t\}$ となりつぎの補題よりあきらかである．

補題 3.3 σ がマルコフ時間であるための必要十分条件は $\forall t \in [0, \infty)$ に対し，
$$\{\omega ; \sigma(\omega) < t\} \in \mathscr{F}_t$$
となることである．また $\mathscr{F}_\sigma$ の定義 (3.4) で，右辺の $\{\sigma(\omega) \leqq t\}$ は $\{\sigma(\omega) < t\}$ でおきかえてよい．

---
* 本書では，断らないかぎり空集合の inf は ∞ と定義する．

** たとえば Meyer [39] 等を参照．

証明

$$\{\sigma(\omega) \leqq t\} = \bigcap_n \left\{\sigma(\omega) < t + \frac{1}{n}\right\}$$

$$\{\sigma(\omega) < t\} = \bigcup_n \left\{\sigma(\omega) \leqq t - \frac{1}{n}\right\}$$

に注意すれば $\{\mathscr{F}_t\}$ の右連続性よりあきらかである.

命題 3.2 $\sigma, \tau, \sigma_n\ (n=1,2,\cdots)$ をすべてマルコフ時間とする.

（i） 各 ω で $\sigma(\omega) \leqq \tau(\omega)$ ならば，$\mathscr{F}_\sigma \subset \mathscr{F}_\tau$

（ii） 各 ω で $\sigma_n(\omega) \searrow \sigma(\omega)$* ならば

$$\bigcap_n \mathscr{F}_{\sigma_n} = \mathscr{F}_\sigma$$

証明 （i）は定義からあきらか.

（ii）は，まず（i）より $\mathscr{F}_\sigma \subset \bigcap_n \mathscr{F}_{\sigma_n}$ がわかる. 逆に $A \in \bigcap_n \mathscr{F}_{\sigma_n}$ とする. すると補題 3.3 に注意して，任意の $t \in [0, \infty)$ に対し，$A \cap \{\sigma_n < t\} \in \mathscr{F}_t,\ n=1,2,\cdots$ となる. ゆえに,

$$A \cap \{\sigma < t\} = \bigcup_n [A \cap \{\sigma_n < t\}] \in \mathscr{F}_t$$

となり，$A \in \mathscr{F}_\sigma$ がわかる.

命題 3.3 σ をマルコフ時間とするとき,

---

* $x_n \searrow x$ は，x_n が単調減少して x に収束することをあらわす.

(ⅰ) $\sigma : \Omega \ni \omega \mapsto \sigma(\omega) \in [0, \infty)$ は $\mathscr{F}_\sigma/\mathscr{B}[0, \infty)$-可測.

(ⅱ) さらに $X = (X_t)_{t \geq 0}$ を w-可測な確率過程とするとき,
$$X_\sigma : \Omega_\sigma = \{\omega : \sigma(\omega) < \infty\} \ni \omega \\ \mapsto X_{\sigma(\omega)}(\omega) \in \boldsymbol{R}^d$$
は $\mathscr{F}_\sigma|\Omega_\sigma/\mathscr{B}(\boldsymbol{R}^d)$-可測**.

証明 (ⅰ) 任意の $u, t \in [0, \infty)$ に対し,
$$\{\sigma(\omega) \leq u\} \cap \{\sigma(\omega) \leq t\} \\ = \{\sigma(\omega) \leq t \wedge u\} \in \mathscr{F}_{t \wedge u} \subset \mathscr{F}_t$$
すなわち, 任意の u に対し $\{\sigma(\omega) \leq u\} \in \mathscr{F}_\sigma$.

(ⅱ) X が有界な確率過程のときに示せばよいが, 補題 3.1 よりこのことは, $X = (X_t)_{t \geq 0}$ が右連続な $\mathscr{F}_t$-適合過程について証明すれば十分である. いま σ に対し

$$\sigma(\omega) \in \left[\frac{k-1}{2^n}, \frac{k}{2^n}\right) \text{ のとき } \sigma_n(\omega) = \frac{k}{2^n}$$

$$n = 1, 2, \cdots, \ k = 1, 2, \cdots$$

とおくと, σ_n もマルコフ時間であることはすぐわかる. また $\sigma_n \downarrow \sigma$ であるから Ω_σ 上で $X_\sigma = \lim X_{\sigma_n}$. 一方,
$$\{X_{\sigma_n} \in E\} \cap \{\sigma_n \leq t\} \\ = \bigcup_k \left[\{X_{\frac{k}{2^n}} \in E\} \cap \left\{\sigma_n = \frac{k}{2^n}\right\} \cap \{\sigma_n \leq t\}\right] \in \mathscr{F}_t$$

** $\mathscr{F}_\sigma|\Omega_\sigma$ は $\mathscr{F}_\sigma$ の Ω_σ への制限 $\{B \cap \Omega_\sigma : B \in \mathscr{F}_\sigma\}$ をあらわす.

より X_{σ_n} は $\mathscr{F}_{\sigma_n}|\Omega_\sigma$-可測である.したがって X_σ は $\bigcap \mathscr{F}_{\sigma_n}|\Omega_\sigma = \mathscr{F}_\sigma|\Omega_\sigma$-可測である.

さて,ある四つ組 $(\Omega, \mathscr{F}, P; \mathscr{F}_t)$ 上で定義された d 次元確率過程 $X = (X_t)_{t \geq 0}$ を考える.

定義3.4 X が $\mathscr{F}_t$ に適合した d 次元ブラウン運動(または単に,$\mathscr{F}_t$-ブラウン運動)であるとは,つぎの(ⅰ),(ⅱ)がなりたつことである.

(ⅰ) $X = (X_t)_{t \geq 0}$ は,$\mathscr{F}_t$ に適合した連続な確率過程.

(ⅱ) 任意の $t > s \geq 0$ に対し,$X_t - X_s$ と $\mathscr{F}_s$ は独立で,その分布は平均ベクトル 0,分散行列 $(t-s) \cdot I$ の d 次元正規分布.

あきらかに(ⅱ)はつぎの(ⅱ)′と同等である.

(ⅱ)′ 任意の $t \geq s > 0$ と $\xi \in \boldsymbol{R}^d$ に対し,

$$E[e^{i\langle \xi, X_t - X_s \rangle}|\mathscr{F}_s] = e^{-\frac{|\xi|^2}{2}(t-s)} \tag{3.5}$$

このとき,$X = (X_t)_{t \geq 0}$ は定義2.3の意味のブラウン運動である.実際,$\{X_u : u \leq s\}$ は $\mathscr{F}_s$-可測なので $X_t - X_s$ と独立.このことは $\{X_t\}$ の独立増分性を意味する.逆に $X = (X_t)_{t \geq 0}$ を定義2.3の意味の d 次元ブラウン運動とし,$\mathscr{F}_t = \sigma\{X_s : s \leq t\} \vee \mathscr{N}^*$ とおくとき,$\mathscr{F}_t$ は右

---

* Borel 集合族の系 $\mathscr{B}_\alpha$ に対し,$\bigvee \mathscr{B}_\alpha$ は $\bigcup \mathscr{B}_\alpha$ を含む最小の Borel 集合族をあらわす.

連続になり(第2章,§4,補題4.1参照),Y は $\mathscr{F}_t$ に適合したブラウン運動になる.また X_t の各成分は $\mathscr{F}_t$ に適合した1次元ブラウン運動である.

注意 3.2 いま $\mathscr{F}_0$ に関する条件つき確率分布を $P^\omega(\cdot) = P(\cdot|\mathscr{F}_0)$ であらわすと,$\Omega_1 \subset \Omega$ で $P(\Omega_1) = 1$ なるものが存在し,すべての $\tilde{\omega} \in \Omega_1$ に対して,$X = (X_t)_{t \geq 0}$ は $P^{\tilde{\omega}}\{\omega; X_0(\omega) = X_0(\tilde{\omega})\} = 1$ をみたす,四つ組 $(\Omega, \mathscr{F}, P^{\tilde{\omega}}; \mathscr{F}_t)$ 上の $\mathscr{F}_t$-ブラウン運動である.このことは,定義からほとんどあきらかであろう.

定理 3.4(ブラウン運動の強マルコフ性) $X = (X_t)_{t \geq 0}$ を四つ組 $(\Omega, \mathscr{F}, P; \mathscr{F}_t)$ 上の d 次元 $\mathscr{F}_t$-ブラウン運動とする.また σ を $\mathscr{F}_t$ に関するマルコフ時間で $P(\sigma < \infty) > 0$ なるものとする.このとき $\hat{\Omega} = \Omega_\sigma \equiv \{\omega; \sigma(\omega) < \infty\}$ とし,

$$\hat{X}_t(\omega) = X_{t+\sigma(\omega)}(\omega), \quad \omega \in \hat{\Omega} = \Omega_\sigma \tag{3.6}$$

$$\hat{\mathscr{F}}_t = \mathscr{F}_{t+\sigma}|\Omega_\sigma, \quad \hat{\mathscr{F}} = \mathscr{F}|\Omega_\sigma \tag{3.7}$$

$$\hat{P}(E) = P(E)/P(\Omega_\sigma), \quad E \in \hat{\mathscr{F}} \tag{3.8}$$

と定義すると,$\hat{X} = (\hat{X}_t)$ は,四つ組 $(\hat{\Omega}, \hat{\mathscr{F}}, \hat{P}; \hat{\mathscr{F}}_t)$ 上の d 次元の $\hat{\mathscr{F}}_t$-ブラウン運動である.

系 $\hat{P}(\cdot|\mathscr{F}_\sigma|\Omega_\sigma) = \hat{P}^\omega(\cdot)$ とする.このとき $\hat{\Omega}_1 \subset \hat{\Omega}$ で $\hat{P}(\hat{\Omega}_1) = 1$ となるものがあり,すべての $\tilde{\omega} \in \hat{\Omega}_1$ に対し,$\hat{X} = (\hat{X}_t)_{t \geq 0}$ は,$\hat{P}^{\tilde{\omega}}\{\omega; \hat{X}_0(\omega) = X_{\sigma(\tilde{\omega})}(\tilde{\omega})\} = 1$ をみたす,四つ組 $(\hat{\Omega}, \hat{\mathscr{F}}, \hat{P}^{\tilde{\omega}}; \hat{\mathscr{F}}_t)$ 上の d 次元ブラウン運動で

ある.

　証明　このことはマルコフ過程における一般論を用いて証明できるが，ここではマルチンゲールに関するDoobの任意抽出定理*を用いて示す.

　$t+\sigma$ がマルコフ時間であることはあきらかであるから，命題3.3より $\hat{X}_t$ は $\hat{\mathscr{F}}_t$ に適合している．したがって定義3.4の条件（ii）または，それと同等な（ii）′ をたしかめればよい．ところで，（ii）′ はあきらかに，任意の $t > s$，$\xi \in \boldsymbol{R}^d$ に対し,

$$\hat{E}[e^{i\langle \xi, \hat{X}_t \rangle + \frac{|\xi|^2}{2}t}|\hat{\mathscr{F}}_s] = e^{i\langle \xi, \hat{X}_s \rangle + \frac{|\xi|^2}{2}s}, \qquad (3.9)$$

すなわち，$e^{i\langle \xi, \hat{X}_t \rangle + \frac{|\xi|^2}{2}t}$ が $\hat{\mathscr{F}}_t$-マルチンゲールなることと同等である．仮定より $e^{i\langle \xi, \hat{X}_t \rangle + \frac{|\xi|^2}{2}t}$ は $\mathscr{F}_t$-マルチンゲールであるのでDoobの定理より，任意のマルコフ時間 σ に対し，$\sigma_n = \sigma \wedge n$ とおくとき，

$$E[e^{i\langle \xi, X_{t+\sigma_n} \rangle + \frac{|\xi|^2}{2}(t+\sigma_n)}|\mathscr{F}_{s+\sigma_n}]$$
$$= e^{i\langle \xi, X_{s+\sigma_n} \rangle + \frac{|\xi|^2}{2}(s+\sigma_n)}, \text{ a.s.} \qquad (3.10)$$

ゆえに，$A \in \mathscr{F}_{s+\sigma}$ に対し，$A \cap \{\sigma \leq n\} \in \mathscr{F}_{s+\sigma_n}$ に注意して，また $I_{A \cap \{\sigma \leq n\}} \cdot e^{-\frac{|\xi|^2}{2}\sigma_n}$ も $\mathscr{F}_{s+\sigma_n}$-可測なることに注意して，(3.10) よりただちに

　＊　付録II参照．

$$E[e^{i\langle \xi, X_{t+\sigma}\rangle + \frac{|\xi|^2}{2}t} ; A\cap\{\sigma \leqq n\}]$$
$$= E[e^{i\langle \xi, X_{s+\sigma}\rangle + \frac{|\xi|^2}{2}s} ; A\cap\{\sigma \leqq n\}]$$

ここで $n \to \infty$ とすると

$$E[e^{i\langle \xi, X_{t+\sigma}\rangle + \frac{|\xi|^2}{2}t} ; A\cap\{\sigma < \infty\}]$$
$$= E[e^{i\langle \xi, X_{s+\sigma}\rangle + \frac{|\xi|^2}{2}s} ; A\cap\{\sigma < \infty\}]. \qquad (3.11)$$

このことは (3.9) を意味する.

証明おわり

$(B_t^1, B_t^2, \cdots, B_t^d)$ を, 四つ組 $(\Omega, \mathscr{F}, P ; \mathscr{F}_t)$ 上の d 次元 $\mathscr{F}_t$-ブラウン運動とする.

命題 3.5(ブラウン運動のマルチンゲール性) 任意の $t > s \geqq 0$ に対し

$$E[B_t^i | \mathscr{F}_s] = B_s^i, \quad i = 1, 2, \cdots, d \qquad (3.12)$$
$$E[(B_t^i - B_s^i)(B_t^j - B_s^j) | \mathscr{F}_s] = \delta_{ij}(t-s),$$
$$i, j = 1, 2, \cdots, d \qquad (3.13)$$

これは (3.5) からあきらかであろう. 逆に, $(\Omega, \mathscr{F}, P ; \mathscr{F}_t)$ 上の連続なマルチンゲールの系 $X_t^1, X_t^2, \cdots, X_t^d$ に対して (3.13) がなりたつとき, $X_t = (X_t^1, X_t^2, \cdots, X_t^d)$ は d 次元 $\mathscr{F}_t$-ブラウン運動である (第2章, 定理 3.6 参照).

第 2 章　確率積分

　物理的な系の時間的発展は微分方程式によって記述されるが，さらにブラウン運動に関する微積分学（calculus）というべきものを用いることによりランダムな物理系（＝確率過程）の記述や解析を行うことができる．このようなブラウン運動をもとにした calculus は，Wiener や Lévy にその考えをみることができるが，それに厳密な定式化を与え，明確な数学理論をつくり上げたのは伊藤清であり，しばしば Itô calculus とよばれることがある．またこの calculus によって解析できる確率過程は，拡散型過程（process of diffusion type）とか伊藤過程とかよばれる．

　この章では，まず§1 でブラウン運動にもとづく確率積分の定義をのべる．そして，§2 でその基本公式である伊藤の公式（Itô's formula または Itô's lemma）を導く．§3 で一般の連続なマルチンゲールに関する確率積分を定義し，伊藤の公式の一般化を求める．この結果を用いると連続なマルチンゲールの構造に関するいくつかの有用な定理を得ることができる．それらをマルチンゲール表現定理としてまとめておく（§4, §5）．

§1 ブラウン運動に関する確率積分

四つ組 $(\Omega, \mathscr{F}, P ; \mathscr{F}_t)$ と，$\mathscr{F}_t$ に適合したブラウン運動 $B=(B_t)_{t\geqq 0}$ が与えられたとする（第1章，§3参照）．

定義 1.1 $\mathscr{L}_2(\mathscr{F}_t) = \{\Phi = (\Phi(t))_{t\geqq 0} ; \mathscr{F}_t$ に適合した実可測過程で任意の $T>0$ に対し $\|\Phi\|_{T,2}^2 < \infty\}$．ここで，

$$\|\Phi\|_{T,2}^2 = E\left[\int_0^T \Phi^2(s,\omega)ds\right] \tag{1.1}$$

$\Phi, \Phi' \in \mathscr{L}_2(\mathscr{F}_t)$ に対し $\|\Phi - \Phi'\|_{T,2} = 0$ がすべての $T>0$ でなりたつとき，Φ と Φ' を同一視し，$\Phi = \Phi'$ とかく．$\Phi \in \mathscr{L}_2(\mathscr{F}_t)$ に対し

$$\|\Phi\|_2 = \sum_{n=1}^{\infty} 2^{-n}(\|\Phi\|_{2,n} \wedge 1) \tag{1.2}$$

とおくと，距離 $\|\Phi - \Phi'\|$ $(\Phi, \Phi' \in \mathscr{L}_2(\mathscr{F}_t))$ によって $\mathscr{L}_2(\mathscr{F}_t)$ は完備な距離空間になる．

注意 1.1 $\Phi \in \mathscr{L}_2(\mathscr{F}_t)$ に対し必ず p-可測（したがって w-可測でもある（第1章，定義3.2））な $\Phi' \in \mathscr{L}_2(\mathscr{F}_t)$ で $\Phi = \Phi'$ なるものがある．実際，

$$\Phi'(t,\omega) = \varlimsup_{h\downarrow 0} \frac{1}{h}\int_{t-h}^{t} \Phi(s,\omega)ds$$

によって Φ' を定義すればよい．したがって，定義1.1における Φ は，始めから p-可測であるとしてよい．

定義 1.2 $\mathscr{L}_0(\mathscr{F}_t)$ は，$\mathscr{F}_t$ に適合した実可測過程 $\Phi = (\Phi(t))_{t\geqq 0}$ でつぎの性質をみたすものの全体．

（ⅰ）ある正定数 $M > 0$ があり
$$|\Phi(t, \omega)| \leq M, \quad \forall t \in [0, \infty), \quad \forall \omega \in \Omega.$$
（ⅱ）ある時点列 $t_0 = 0 < t_1 < t_2 < \cdots < t_n < \cdots \to \infty$ があり
$$\Phi(t, \omega) = \Phi(t_i, \omega), \quad \forall t \in [t_i, t_{i+1}).$$
このような Φ は,
$$\Phi(t, \omega) = \sum_{i=0}^{\infty} \Phi(t_i, \omega) I_{[t_i, t_{i+1})}(t) \tag{1.3}$$
と表示できることに注意しよう. あきらかに $\mathscr{L}_0(\mathscr{F}_t) \subset \mathscr{L}_2(\mathscr{F}_t)$ である.

補題 1.1 $\mathscr{L}_0(\mathscr{F}_t)$ は $\mathscr{L}_2(\mathscr{F}_t)$ の距離 $\|\cdot\|_2$ に関して稠密である. 任意の $\Phi \in \mathscr{L}_2(\mathscr{F}_t)$ に対し $\Phi_n \in \mathscr{L}_0(\mathscr{F}_t)$, $n = 1, 2, \cdots$ が存在し $\|\Phi - \Phi_n\|_2 \to 0$ $(n \to \infty)$ とできる.

証明 $\Phi \in \mathscr{L}_2(\mathscr{F}_t)$ に対し
$$\Phi^M(t, \omega) = \Phi(t, \omega) I_{[-M, M]}(\Phi(t, \omega))$$
とおくと, $\Phi^M \in \mathscr{L}_2(\mathscr{F}_t)$ かつ $\|\Phi^M - \Phi\|_2 \to 0$ $(M \to \infty)$ である. ゆえに, 有界な $\Phi \in \mathscr{L}_2(\mathscr{F}_t)$ に対し, $\Phi_n \in \mathscr{L}_0(\mathscr{F}_t)$ で $\|\Phi - \Phi_n\|_2 \to 0$ $(n \to \infty)$ となるものが存在することを示せばよい. いま, $\boldsymbol{\Phi} = \{\Phi \in \mathscr{L}_2(\mathscr{F}_t) ; \Phi$ は有界で, かつ, $\Phi_n \in \mathscr{L}_0(\mathscr{F}_t)$ が存在して $\|\Phi - \Phi_n\|_2 \to 0$ $(n \to \infty)\}$ とおく. このとき $\boldsymbol{\Phi}$ は線型空間で, $\Phi_n \in \boldsymbol{\Phi}$, $\Phi_n \uparrow \Phi$, 有界単調大収束, ならば (有界収束定理から $\|\Phi_n - \Phi\|_2 \to 0$ $(n \to \infty)$ となることに注意すれば) $\Phi \in \boldsymbol{\Phi}$ なることは容易にわかる. また $\boldsymbol{\Phi}$ が左連続, 有界な

$\mathscr{F}_t$-適合過程とするとき,$\Phi_n(t,\omega)=\Phi\left(\dfrac{k}{2^n},\omega\right)$,$t\in\left[\dfrac{k}{2^n},\dfrac{k+1}{2^n}\right)$,$k=0,1,2,\cdots$とおくと,$\Phi_n\in\mathscr{L}_0(\mathscr{F}_t)$かつ有界収束定理より $\|\Phi_n-\Phi\|_2\to 0$ $(n\to\infty)$ はあきらかである.ゆえに $\Phi\in\boldsymbol{\Phi}$.したがって第1章,補題 3.1 より $\boldsymbol{\Phi}$ はすべての有界な p-可測過程を含む.注意 1.1 より $\boldsymbol{\Phi}$ はすべての有界な $\Phi\in\mathscr{L}_2(\mathscr{F}_t)$ をすべて含む.

なお,この定理のより直接的証明は,[5](p.440〜441),または [17] 等にある.

いつものように $(\Omega,\mathscr{F},P;\mathscr{F}_t)$ 上の2乗可積分マルチンゲール $X=(X_t)_{t\geqq 0}$ とは $\mathscr{F}_t$ に適合した右連続*確率過程であって

$$E[X_t^2]<\infty,\ t\in[0,\infty)$$
$$t>s\geqq 0\ \text{のとき}\ E[X_t|\mathscr{F}_s]=X_s\ \text{a.s.}$$

がなりたつものをいう.

定義 1.3 $\mathscr{M}_2(\mathscr{F}_t)=\{X=(X_t)_{t\geqq 0};(\Omega,\mathscr{F},P;\mathscr{F}_t)$ 上の2乗可積分マルチンゲールで $X_0=0$ a.s. なるもの$\}$
$$\mathscr{M}_2^c(\mathscr{F}_t)=\{X\in\mathscr{M}_2(\mathscr{F}_t);\text{確率1で}$$
$$t\in[0,\infty)\mapsto X_t\ \text{が連続}\}$$
二つの $X,X'\in\mathscr{M}_2(\mathscr{F}_t)$ に対し確率1で $t\mapsto X_t$ と $t\mapsto X'_t$ が一致するとき $X=X'$ とかき,X と X' を同一視する.

---

* いつも右連続変形が存在するので,それを考える.

定義 1.4 $X \in \mathscr{M}_2(\mathscr{F}_t)$ に対し

$$\|X\|_T^2 = E[X_T^2], \quad T > 0 \tag{1.4}$$

$$\|X\| = \sum_{n=1}^{\infty} 2^{-n}(\|X\|_n \wedge 1) \tag{1.5}$$

X が 2 乗可積分マルチンゲールであるので $\|\ \|_t$ は t について単調増大であることに注意しよう.

補題 1.2 $\mathscr{M}_2(\mathscr{F}_t)$ は距離 $\|X-Y\|$, $X, Y \in \mathscr{M}_2(\mathscr{F}_t)$ に関し完備な距離空間をなす. また $\mathscr{M}_2^c(\mathscr{F}_t)$ は $\mathscr{M}_2(\mathscr{F}_t)$ の閉部分空間である.

証明 まず $\|X-Y\|=0$ なら, $X=Y$ なることを注意しよう. なぜならこのとき, $n=1,2,\cdots$ に対し $E[|X_n-Y_n|^2]=0$ であるが X, Y がマルチンゲールだから $X_t = E[X_n|\mathscr{F}_t] = Y_t = E[Y_n|\mathscr{F}_t]$, $t \leq n$. X, Y が右連続だから $X=Y$.

つぎに $X^{(n)} \in \mathscr{M}_2(\mathscr{F}_t)$ が距離 $\|\ \|$ に関し Cauchy 列であるとする. このときマルチンゲールに関する Kolmogoroff-Doob の不等式より, 任意の $T>0$ と $c>0$ に対し,

$$P\{\sup_{0 \leq t \leq T} |X_t^{(n)} - X_t^{(m)}| \geq c\} \leq \frac{1}{c^2} \|X^{(n)} - X^{(m)}\|_T^2$$

ゆえに, $X=(X_t)$ が存在してすべての $T>0$ に対し $\sup_{0 \leq t \leq T} |X_t^{(n)} - X_t|$ が $n \to \infty$ のとき 0 へ確率収束する. また各 $t \in [0, \infty)$ で $E[|X_t^{(n)} - X_t|^2] \to 0$ $(n \to \infty)$ であるから $X=(X_t)$ は 2 乗可積分マルチンゲールで, したが

って，$X \in \mathscr{M}_2(\mathscr{F}_t)$．このときあきらかに $|X^{(n)} - X| \to 0 \ (n \to \infty)$．また $X^{(n)} \in \mathscr{M}_2^c(\mathscr{F}_t)$ ならば $X \in \mathscr{M}_2^c(\mathscr{F}_t)$ なることも上述よりあきらかである．

さて，いよいよ $\Phi \in \mathscr{L}_2(\mathscr{F}_t)$ のブラウン運動 $B = (B_t)_{t \geq 0}$ による確率積分を定義しよう．

確率積分 $I(\Phi)(t) = \displaystyle\int_0^t \Phi(s, \omega) dB(s)$ とは

$$\Phi \in \mathscr{L}_2(\mathscr{F}_t) \mapsto I(\Phi) = \int_0^t \Phi(s, \omega) dB(s) \in \mathscr{M}_2^c(\mathscr{F}_t)$$

なる写像で，その定義はつぎのとおりである．

まず $\Phi \in \mathscr{L}_0(\mathscr{F}_t)$；$\Phi(t, \omega) = \displaystyle\sum_{i=0}^{\infty} \Phi(t_i, \omega) I_{[t_i, t_{i+1})}(t)$ とする．このとき $I(\Phi)$ を

$$I(\Phi)(t, \omega) = \sum_{i=0}^{n-1} \Phi(t_i, \omega)(B(t_{i+1}, \omega) - B(t_i, \omega))$$
$$+ \Phi(t_n, \omega)(B(t, \omega) - B(t_n, \omega)),$$

$t_n \leq t \leq t_{n+1}, \ n = 0, 1, 2, \cdots$ のとき (1.6)

と定義する．あきらかに $I(\Phi)$ は

$$I(\Phi)(t) = \sum_{i=0}^{\infty} \Phi(t_i)(B(t \wedge t_{i+1}) - B(t \wedge t_i))$$
$$= \sum_{i=0}^{\infty} \Phi(t_i \wedge t)(B(t \wedge t_{i+1}) - B(t \wedge t_i)) \quad (1.7)$$

ともあらわされる．右辺は実際には有限和である．各 i について，$s \leq t$ に対し

$$E[\Phi(t_i)(B(t \wedge t_{i+1}) - B(t \wedge t_i)) | \mathscr{F}_s]$$
$$= \Phi(t_i)(B(s \wedge t_{i+1}) - B(s \wedge t_i))$$

なることはすぐわかるので, $I(\Phi) \in \mathcal{M}_2^c(\mathcal{F}_t)$ はあきらか
である.

また

$$E[I(\Phi)(t)^2] = \sum_{i=0}^{\infty} E[\Phi^2(t_i)(t \wedge t_{i+1} - t \wedge t_i)]$$
$$= E\left[\int_0^t \Phi(s,\omega)^2 ds\right] \qquad (1.8)$$

も容易にわかる*. ゆえに

$$|I(\Phi)|_T = \|\Phi\|_{2,T} \qquad (1.9)$$
$$|I(\Phi)| = \|\Phi\|_2 \qquad (1.10)$$

つぎに $\Phi \in \mathcal{L}_2(\mathcal{F}_t)$ とする. 補題 1.1 より $\Phi_n \in \mathcal{L}_0(\mathcal{F}_t)$
で $\|\Phi - \Phi_n\| \to 0 \ (n \to \infty)$ なるものが存在する. すると

$$|I(\Phi_n) - I(\Phi_m)| = \|\Phi_n - \Phi_m\|$$

より $I(\Phi_n) \in \mathcal{M}_2^c(\mathcal{F}_t)$ は $\mathcal{M}_2(\mathcal{F}_t)$ の Cauchy 列をなし,
補題 1.2 よりただ一つの $X = (X_t)_{t \geq 0} \in \mathcal{M}_2^c(\mathcal{F}_t)$ に収束
する: $|I(\Phi_n) - X| \to 0 \ (n \to \infty)$. この X を $I(\Phi)$ と定義
する.

定義 1.5 このようにして定まる $I(\Phi) \in \mathcal{M}_2^c(\mathcal{F}_t)$ を
$\Phi \in \mathcal{L}_2(\mathcal{F}_t)$ の確率積分 (stochastic integral) という.
$I(\Phi)(t) = \displaystyle\int_0^t \Phi(s,\omega) dB(s)$ とあらわすことが多い.

---

* この式より $I(\Phi)$ の定義は Φ をあらわす分点のとり方によらないことがわかる.

注意 1.2 このようにして,確率積分 $I(\Phi) = \int \Phi dB$ はマルチンゲールとして,したがって一つの確率過程として定義されたが,t を固定したとき $I(\Phi)(t) = \int_0^t \Phi(s,\omega) dB(s)$ は Ω 上の 2 乗可積分な確率変数であり,この確率変数自身を確率積分とよぶことも多い.

命題 1.1 $\Phi \in \mathscr{L}_2(\mathscr{F}_t)$ に対し,$I(\Phi) \in \mathscr{M}_2^c(\mathscr{F}_t)$ はつぎの性質をもつ.

(ⅰ) $I(\Phi)(0) = 0$.

(ⅱ) 任意の $t > s \geqq 0$ に対し
$$E[(I(\Phi)(t) - I(\Phi)(s)) | \mathscr{F}_s] = 0 \text{ a.s.} \qquad (1.11)$$
$$E[(I(\Phi)(t) - I(\Phi)(s))^2 | \mathscr{F}_s]$$
$$= E\left[\int_s^t \Phi^2(u,\omega) du \Big| \mathscr{F}_s \right] \text{ a.s.} \qquad (1.12)$$

もっと一般に,任意のマルコフ時間 σ, τ で $\sigma \geqq \tau$ なるものと $t > 0$ に対し,
$$E[(I(\Phi)(t \wedge \sigma) - I(\Phi)(t \wedge \tau)) | \mathscr{F}_\tau] = 0 \text{ a.s.} \qquad (1.13)$$
$$E[(I(\Phi)(t \wedge \sigma) - I(\Phi)(t \wedge \tau))^2 | \mathscr{F}_\tau]$$
$$= E\left[\int_{t \wedge \tau}^{t \wedge \sigma} \Phi^2(u,\omega) du \Big| \mathscr{F}_\tau \right] \text{ a.s.} \qquad (1.14)$$

(ⅲ) (1.12), (1.14) よりもっと一般に,$\Phi, \Psi \in \mathscr{L}_2(\mathscr{F}_t)$ に対し
$$E[(I(\Phi)(t) - I(\Phi)(s))(I(\Psi)(t) - I(\Psi)(s)) | \mathscr{F}_s]$$
$$= E\left[\int_s^t (\Phi \cdot \Psi)(u,\omega) du \Big| \mathscr{F}_s \right] \text{ a.s.} \qquad (1.15)$$

$$E[(I(\Phi)(t\wedge\sigma)-I(\Phi)(t\wedge\tau))(I(\Psi)(t\wedge\sigma)$$
$$-I(\Psi)(t\wedge\tau))|\mathscr{F}_\tau]$$
$$=E\left[\int_{t\wedge\tau}^{t\wedge\sigma}(\Phi\cdot\Psi)(u,\omega)du\bigg|\mathscr{F}_\tau\right]\text{ a.s.} \quad (1.16)$$

(iv) σ をマルコフ時間とするとき, $t\in[0,\infty)$ に対し,

$$I(\Phi)(t\wedge\sigma)=I(\Phi')(t)$$
$$\left(=\int_0^t I_{\{\sigma>s\}}(\omega)\Phi(s,\omega)dB(s)\right) \quad (1.17)$$

ここで $\Phi'(t,\omega)=I_{\{\sigma(\omega)>t\}}(\omega)\cdot\Phi(t,\omega)$.

証明 (i) はあきらか. (1.11) は $I(\Phi)$ がマルチンゲールということでこれもあきらか. (1.12) も $\Phi\in\mathscr{L}_0(\mathscr{F}_t)$ のときすぐにわかりその極限として容易に示される. (1.13), (1.14) は Doob の任意抽出定理よりあきらか. 最後に (iv) を示す. $\Phi'(s,\omega)=I_{\{\sigma(\omega)>s\}}\cdot\Phi(s,\omega)\in\mathscr{L}_2(\mathscr{F}_t)$ なることはマルコフ時間の定義からあきらかである. まず $\Phi\in\mathscr{L}_0(\mathscr{F}_t)$; $\Phi(t)=\sum_{i=0}^\infty\Phi(t_i,\omega)I_{[t_i,t_{i+1})}(t)$ のときを考える. 分点 $\{t_i\}_{i=0}^\infty$ と $\left\{\dfrac{i}{2^n}\right\}_{i=0}^\infty$ との細分を $\{s_i^{(n)}\}_{i=0}^\infty (n=1,2,\cdots)$ とし,

$$\sigma(\omega)\in(s_i^{(n)},s_{i+1}^{(n)}]\text{ のとき }\sigma^n(\omega)=s_{i+1}^{(n)}$$

によって σ^n を定義すると σ^n はまたマルコフ時間で, $\sigma^n\downarrow\sigma(n\to\infty)$. このとき, $s\in[s_i^{(n)},s_{i+1}^{(n)})$ ならば, $I_{\{\sigma^n>s\}}=I_{\{\sigma>s_i^{(n)}\}}$ であるので, $\Phi_n'=\Phi\cdot I_{\{\sigma^n>s\}}$ とおくとき, $\Phi_n'\in\mathscr{L}_0(\mathscr{F}_t)$ かつ, すべての $t>0$ に対し

$$\|\Phi'_n - \Phi'\|_{2,t}^2 = E\left[\int_0^t \Phi^2(s,\omega) I_{\{\sigma^n > s \geqq \sigma\}} ds\right] \to 0,$$
$$(n \to \infty).$$

ゆえに $\mathscr{M}_2(\mathscr{F}_t)$ において $I(\Phi'_n) \to I(\Phi')$. ところで,

$I(\Phi'_n)(t)$
$$= \sum_{k=0}^\infty \Phi(s_k^{(n)},\omega) I_{\{\sigma^n > s_k^{(n)}\}} (B(t \wedge s_{k+1}^{(n)}) - B(t \wedge s_k^{(n)}))$$
$$= \sum_{k=0}^\infty \Phi(s_k^{(n)},\omega) I_{\{\sigma^n > s_k^{(n)}\}} \cdot (B(t \wedge \sigma^n \wedge s_{k+1}^{(n)})$$
$$\qquad\qquad - B(t \wedge \sigma^n \wedge s_k^{(n)}))$$
$$= \sum_{k=0}^\infty \Phi(s_k^{(n)},\omega)(B(t \wedge \sigma^n \wedge s_{k+1}^{(n)}) - B(t \wedge \sigma^n \wedge s_k^{(n)}))$$
$$= \int_0^{t \wedge \sigma^n} \Phi(s,\omega) dB(s)$$

(なぜなら, $\Phi(s_k^{(n)},\omega) I_{\{\sigma^n \leqq s_k^{(n)}\}} (B(t \wedge \sigma^n \wedge s_{k+1}^{(n)}) - B(t \wedge \sigma^n \wedge s_k^{(n)})) = 0$)

ゆえに $I(\Phi')(t) = \displaystyle\int_0^{t \wedge \sigma^n} \Phi(s,\omega) dB(s) = I(\Phi)(t \wedge \sigma)$.
つぎに $\Phi \in \mathscr{L}_2(\mathscr{F}_t)$ のときは $\Phi_n \in \mathscr{L}_0(\mathscr{F}_t)$ で近似して (1.17) を得る.

命題 1.2 $\boldsymbol{B}_t = (B_t^1, B_t^2, \cdots, B_t^d)$ を $\mathscr{F}_t$ に適合した d 次元ブラウン運動とする. $\Phi_i \in \mathscr{L}_2(\mathscr{F}_t)$ ($i = 1, 2, \cdots, d$) とすると, 任意の $t > s \geqq 0$ に対し
$$E\left[\int_s^t \Phi_i(u,\omega) dB^i(u) \int_s^t \Phi_j(u,\omega) dB^j(u) \bigg| \mathscr{F}_s\right]$$

$$= \delta_{ij} E\left[\int_s^t \Phi_i(u,\omega)\Phi_j(u,\omega)du \middle| \mathscr{F}_s\right], \quad i,j = 1,2,\cdots,d \tag{1.18}$$

がなりたつ.

証明 $\Phi_i \in \mathscr{L}_0(\mathscr{F}_t)$ のときは,第1章,命題 3.5 よりただちにわかる.あとはこの場合の近似で証明できる.

確率積分はもう少し広いクラスの Φ に対し定義しておく方が便利である.

定義 1.6 $\mathscr{L}_2^{loc}(\mathscr{F}_t) = \{\Phi = (\Phi(t))_{t\geq 0} ; \mathscr{F}_t$ に適合した実可測過程で,任意の $T>0$ に対し,確率1で $\int_0^T \Phi^2(t,\omega)dt < \infty$ がなりたつ $\}$. $\Phi, \Phi' \in \mathscr{L}^{loc}(\mathscr{F}_t)$ に対し,任意の $T>0$ で $\int_0^T |\Phi(t,\omega)-\Phi'(t,\omega)|^2 dt = 0$ が確率1でなりたつとき Φ と Φ' を同一視し,$\Phi = \Phi'$ とかくことにする.

注意 1.1 と同様に,この定義における Φ は始めから p-可測であるとしてよい.

定義 1.7 $X = (X_t)_{t\geq 0}$ が $(\Omega, \mathscr{F}, P; \mathscr{F}_t)$ 上の**局所2乗可積分マルチンゲール***であるとは,マルコフ時間の増大列 σ_n で確率1で $\sigma_n < \infty$,かつ $\sigma_n \uparrow \infty$ $(n \to \infty)$ となるものが存在し,$X_n = (X_n(t))$,ただし $X_n(t) = X(t \wedge \sigma_n)$, $n=1,2,\cdots$ が2乗可積分マルチンゲールになるこ

---

* locally square integrable martingale.

と，X はつねに右連続変形をとっているものとする．

定義 1.8 $\mathscr{M}_2^{loc}(\mathscr{F}_t) = \{X = (X_t)_{t \geqq 0} ; (\Omega, \mathscr{F}, P ; \mathscr{F}_t)$ 上の局所 2 乗可積分マルチンゲールで $X_0 = 0$ a.s. となるもの$\}$，
$$\mathscr{M}_2^{c,loc} = \{X = (X_t)_{t \geqq 0} \in \mathscr{M}_2^{loc}(\mathscr{F}_t) ;$$
$$t \mapsto X_t \text{ が確率 1 で連続}\}.$$

いま，$B = (B(t))_{t \geqq 0}$ を，$\mathscr{F}_t$ に適合した 1 次元ブラウン運動とする．$\Phi \in \mathscr{L}_2^{loc}(\mathscr{F}_t)$ とし，$\sigma_n(\omega) = \inf\{t ; \int_0^t \Phi^2(s, \omega) ds \geqq n\} \wedge n$，$n = 1, 2, \cdots$，とおくと，$\sigma_n$ はマルコフ時間の増大列で $\sigma_n < \infty$ かつ $\sigma_n \uparrow \infty$ a.s. となることは容易にわかる．$\Phi_n(s, \omega) = I_{\{\sigma_n(\omega) > s\}}(\omega) \cdot \Phi(s, \omega)$ とおくと，$\int_0^\infty \Phi_n^2(s, \omega) ds \leqq n$ であり，したがって $\Phi_n \in \mathscr{L}_2(\mathscr{F}_t)$ である．

命題 1.1 (iv) より $m < n$ のとき
$$I(\Phi_n)(t \wedge \sigma_m) = \int_0^t I_{\{\sigma_m > s\}} \cdot \Phi_n(s) dB(s) = I(\Phi_m)(t).$$
ゆえに，ただ一つの連続過程 $X = (X_t)_{t \geqq 0}$ が存在し $X(t \wedge \sigma_n) = I(\Phi_n)(t)$, $n = 1, 2, \cdots$．$I(\Phi_n) \in \mathscr{M}_2^c$ であるから $X \in \mathscr{M}_2^{c,loc}$ である．

定義 1.9 $\Phi \in \mathscr{L}_2^{loc}(\mathscr{F}_t)$ に対し，このようにして一意的に定まる $X \in \mathscr{M}_2^{c,loc}$ を Φ のブラウン運動 $B = (B_t)_{t \geqq 0}$ による**確率積分**といい，$I(\Phi) = (I(\Phi)(t))_{t \geqq 0}$ とか，$\int_0^t \Phi(s, \omega) dB(s)$ とあらわす．

注意 1.2 と同様に,$t \in [0, \infty)$ を固定したときの確率変数 $I(\Phi)(t) = \int_0^t \Phi(s, \omega) dB(s)$ 自身を確率積分ということも多い.

§2 伊藤の公式

まず通常の微積分の公式をおもいだしておこう. 連続な軌跡 $x(t)$ が

$$x(t) = x(0) + \int_0^t g(s) ds \qquad (2.1)$$

で与えられているとする. $F(x)$ を C^1-クラスの関数とすると

$$F(x(t)) = F(x(0)) + \int_0^t F'(x(s)) g(s) ds \qquad (2.2)$$

がなりたつ. $x(t), g(t)$ が d 次元, $F(x)$ が $\boldsymbol{R}^d$ 上の C^1-クラスの関数のときは, (2.2) の右辺第2項を $\int_0^t \langle \nabla F(x(s)), g(s) \rangle ds$ でおきかえればよい.

さて連続な確率過程 $\boldsymbol{x} = (x_t)_{t \geq 0}$ のうち重要なものの多くは

$$x(t) = x(0) + \int_0^t \Phi(s) dB(s) + \int_0^t \Psi(s) ds \qquad (2.3)$$

の形にあらわされる. 右辺第2項は前節で定義された確率積分である. 一般に (2.3) の形の確率過程は, 伊藤過程とよばれることが多い. このとき $F(x)$ を C^2-クラスの関数とすると, $F(x(t))$ はまた伊藤過程になり, その際 (2.2) を一般化した公式が伊藤の公式といわれるもので

ある.これは確率積分の理論においてもっとも重要な公式である.

以下では,四つ組 $(\Omega, \mathscr{F}, P ; \mathscr{F}_t)$ が与えられているとする.

定義 2.1 $\mathscr{L}_1(\mathscr{F}_t) = \{\Phi = (\Phi(t, \omega))_{t \geq 0} ; \mathscr{F}_t$ に適合した実可測過程で,任意の $T > 0$ に対し $E\left[\int_0^T |\Phi(s, \omega)| ds\right] < \infty$ となるもの$\}$,

$\mathscr{L}_1^{loc}(\mathscr{F}_t) = \{\Phi = (\Phi(t, \omega))_{t \geq 0} ; \mathscr{F}_t$ に適合した実可測過程で,任意の $T > 0$ に対し $\int_0^T |\Phi(s, \omega)| ds < \infty$ a.s. となるもの$\}$.

二つの $\Phi, \Phi' \in \mathscr{L}_1(\mathscr{F}_t)$ または $\mathscr{L}_1^{loc}(\mathscr{F}_t)$ に対し,$\int_0^T |\Phi(s, \omega) - \Phi'(s, \omega)| ds = 0$ a.s. $(\forall T > 0)$ となるとき Φ と Φ' を同一視し,$\Phi = \Phi'$ とかく.

注意 1.1 と同様に Φ は始めから p-可測であると仮定してよい.

$(B_t^1, B_t^2, \cdots, B_t^r)_{t \geq 0}$ を $\mathscr{F}_t$ に適合した r 次元ブラウン運動,$\Phi_k \in \mathscr{L}_2^{loc}(\mathscr{F}_t)$ $(k = 1, 2, \cdots r)$,$\Psi \in \mathscr{L}_1^{loc}(\mathscr{F}_t)$,そして $x(0)$ を $\mathscr{F}_0$-可測な確率変動とする.このとき

$$x(t) = x(0) + \sum_{k=1}^r \int_0^t \Phi_k(s, \omega) dB^k(s) + \int_0^t \Psi(s, \omega) ds \tag{2.4}$$

で定義される確率過程はあきらかに $\mathscr{F}_t$ に適合した連続過

程である.

定義 2.2 (2.4) の形にあらわされる連続確率過程 $x = (x(t))_{t \geq 0}$ を伊藤過程という.また (2.4) 右辺の第2項を x の**マルチンゲール項***,第3項を x の**ずれ項****という.

x のマルチンゲール項,ずれ項は x から一意的に定まる (§3, 定理 3.2 系参照).

定理 2.1(伊藤の公式) $(B_t^1, B_t^2, \cdots, B_t^r)$ を $\mathscr{F}_t$ に適合した r 次元ブラウン運動,$\Phi_k^i \in \mathscr{L}_2^{loc}(\mathscr{F}_t)$,$\Psi^i \in \mathscr{L}_1^{loc}(\mathscr{F}_t)$ $(i = 1, 2, \cdots, d,\ k = 1, 2, \cdots, r)$ とする.d 次元の伊藤過程 $x(t) = (x^1(t), x^2(t), \cdots, x^d(t))$;
$$x^i(t) = x^i(0) + \sum_{k=1}^r \int_0^t \Phi_k^i(s, \omega) dB^k(s) + \int_0^t \Psi^i(s, \omega) ds,$$
$$i = 1, 2, \cdots, d \quad (2.5)$$
を考える.$F = F(x)$ は $\mathbf{R}^d$ で定義されたクラス $\mathbf{C}^2$ の関数,すなわち F およびその2階までの偏導関数がすべて連続とする***.F の偏導関数を
$$F_{x_i}\left(= \frac{\partial F}{\partial x_i}\right),\ F_{x_i x_j}\left(= \frac{\partial^2 F}{\partial x_i \partial x_j}\right),\ i, j = 1, 2, \cdots, d$$
であらわす.このとき連続確率過程 $F(x(t))$ は伊藤過程

---

* martingale term.
** drift term.
*** $x^i(t)$ のマルチンゲール項が 0 のとき,x_i についてはクラス C^1 で十分である.

で，つぎがなりたつ.

$$F(x(t)) = F(x(0)) + \sum_{i=1}^{d} \sum_{k=1}^{r} \int_0^t F_{x_i}(x(s)) \Phi_k^i(s, \omega) dB^k(s)$$
$$+ \sum_{i=1}^{d} \int_0^t F_{x_i}(x(s)) \Psi^i(s, \omega) ds$$
$$+ \frac{1}{2} \sum_{i,j=1}^{d} \sum_{k=1}^{r} \int_0^t F_{x_i x_j}(x(s)) \Phi_k^i(s, \omega) \Phi_k^j(s, \omega) ds$$
(2.6)

注意2.1 この公式は一見複雑のようであるが，つぎのように考えると理解しやすい．(2.5) を確率微分 (stochastic differential)

$$dx^i(t) = \sum \Phi_k^i(t, \omega) dB^k(t) + \Psi^i(t, \omega) dt,$$
$$i = 1, 2, \cdots, d \qquad (2.5)'$$

の形にあらわす．Taylor の公式

$$dF(x(t)) = \sum_{i=1}^{d} F_{x_i}(x(t)) dx^i(t)$$
$$+ \frac{1}{2} \sum_{i,j=1}^{d} F_{x_i x_j}(x(t)) dx^i(t) dx^j(t) + \cdots$$

において $dx^i(t)dx^j(t)$ 等は (2.5)' を用いて形式的に掛算を行えばよいが，その際つぎの公式を用いる.

$$\left.\begin{array}{r} dB^k(t)dB^l(t) = \delta_{kl} \cdot dt, \quad k, l = 1, 2, \cdots, r \\ dB^k(t)dt = 0 \\ (dt)^2 = 0 \end{array}\right\} \quad (2.7)$$

すなわちシンボリックに $dB^k(t) = \xi_k \sqrt{dt}$ (ただし，$\xi_k^2 =$

1, $\xi_k \cdot \xi_l = 0$, $k \neq l$ とおき,dt より高い位数の微分はすべて無視する.そうすると,

$$dx^i(t)dx^j(t) = \sum_{k,l=1}^{r} \Phi_k^i \Phi_l^j \delta_{k,l} dt = \sum_{k=1}^{r} \Phi_k^i \Phi_k^j dt$$

となり,したがって

$$dF(t) = \sum_{i=1}^{d} F_{x_i}(x(t)) \left(\sum_{k=1}^{r} \Phi_k^i dB^k(t) + \Psi^i dt \right) + \frac{1}{2} \sum_{i,j=1}^{d} F_{x_i x_j}(x(t)) \sum_{k=1}^{n} \Phi_k^i \Phi_k^j dt,$$

これは (2.6) の確率微分による形にほかならない.$dB^k(t) = \xi_k \sqrt{dt}$ なる式は,P. Lévy がその鋭い直観により得ていたものである.

定理 2.1 の証明は,§3 の一般化された伊藤の公式からしたがうのでここでは行わない (§3, 注意 3.2 参照).

例 2.1 $B(t)$ ($B(0) = 0$) を 1 次元ブラウン運動とするとき,$F(x) = x^2$ に伊藤の公式を用いて

$$B(t)^2 = 2\int_0^t B(s)dB(s) + t$$

ゆえに

$$\int_0^t B(s)dB(s) = \frac{1}{2}(B(t)^2 - t) \qquad (2.8)$$

同様に,

$$\int_0^t \left(\int_0^s B(u)dB(u) \right) dB(s) = \frac{1}{6}(B(t)^3 - 3B(t)\cdot t)$$
(2.9)

一般に,
$$\int_0^t dB(t_1) \int_0^{t_1} dB(t_2) \int_0^{t_2} \cdots \int_0^{t_{n-1}} dB(t_n)$$
$$= H_n(t, B(t)) \qquad (2.10)$$

ここで $H_n(t, x)$ は t と x に関する多項式で, つぎで与えられる*.

$$H_n(t, x) = \frac{(-t)^n}{n!} e^{\frac{x^2}{2t}} \frac{\partial^n}{\partial x^n} \left(e^{-\frac{x^2}{2t}} \right) \qquad (2.11)$$

例 2.2 $(B^1(t), B^2(t), \cdots, B^r(t))$ を $\mathscr{F}_t$ に適合した r 次元ブラウン運動, $\Phi_k^i \in \mathscr{L}_2(\mathscr{F}_t)$, $i, k = 1, 2, \cdots, r$ かつ各 (t, ω) について (Φ_k^i) は $r \times r$ 直交行列であるとする. このとき

$$X^i(t) = \sum_{k=1}^r \int_0^t \Phi_k^i(s, \omega) dB^k(s), \ i = 1, 2, \cdots, r$$

によって定義される $X(t) = (X^1(t), X^2(t), \cdots, X^r(t))$ は, $\mathscr{F}_t$ に適合した r 次元ブラウン運動である.

このことは, 伊藤の公式を用いて簡単に示されるが, §3. 定理 3.6 でもっと一般的に証明を与えるので省略する.

---

* 一般化されたエルミート多項式. [37] 参照.

§3 マルチンゲールにもとづく確率積分

四つ組 $(\Omega, \mathscr{F}, P; \mathscr{F}_t)$ が与えられたとし,定義 1.3 および 1.8 のマルチンゲールの空間 $\mathscr{M}_2(\mathscr{F}_t)$, $\mathscr{M}_2^c(\mathscr{F}_t)$, $\mathscr{M}_2^{loc}(\mathscr{F}_t)$ および $\mathscr{M}_2^{c,loc}(\mathscr{F}_t)$ を考える.さらにつぎの定義を与える.

定義 3.1[*] $\mathscr{A}_+^{loc}(\mathscr{F}_t) = \{A = (A_t)_{t \geq 0} ; \mathscr{F}_t$ に適合した実確率過程で確率 1 で $A_0 = 0$ かつ $t \in [0, \infty) \mapsto A_t$ は連続かつ非減少$\}$,

$\mathscr{A}_+(\mathscr{F}_t) = \{A = (A_t)_{t \geq 0} ; A \in \mathscr{A}_+^{loc}(\mathscr{F}_t)$ かつ $E(A_t) < \infty, \forall t \in [0, \infty)\}$,

$\mathscr{A}^{loc}(\mathscr{F}_t) = \{A = (A_t) ; A_1, A_2 \in \mathscr{A}_+^{loc}(\mathscr{F}_t)$ があって,$A(t) = A_1(t) - A_2(t)$ とあらわされる$\}$.

$\mathscr{A}(\mathscr{F}_t) = \{A = (A_t)_{t \geq 0} ; A_1, A_2 \in \mathscr{A}_+(\mathscr{F}_t)$ があって,$A(t) = A_1(t) - A_2(t)$ とあらわされる$\}$.

二つの $A, A' \in \mathscr{A}^{loc}(\mathscr{F}_t)$ は確率 1 で $t \mapsto A_t$ と $t \mapsto A_t'$ が一致するとき同一視し $A = A'$ とあらわす.

$A \in \mathscr{A}^{loc}(\mathscr{F}_t)$ に対し,$t \mapsto A_t$ の区間 $[0, t]$ での全変動 $|||A|||_t$ とおくと $|||A||| \equiv (|||A|||_t) \in \mathscr{A}_+^{loc}(\mathscr{F}_t)$ である.$A \in \mathscr{A}(\mathscr{F}_t)$ ならば $|||A||| \in \mathscr{A}_+(\mathscr{F}_t)$ である.実際,$A \in \mathscr{A}^{loc}(\mathscr{F}_t)$, $A = A_1 - A_2$, $A_1, A_2 \in \mathscr{A}_+^{loc}(\mathscr{F}_t)$ とすると,p-可測な $\Phi_i(t, \omega)$ が存在して

---

[*] ふつうは右連続なものを考えるが,本書では連続なもののみ考えるので以下のように定義する.

$$A_i(t) = \int_0^t \Phi_i(s,\omega) d(A_1+A_2)(s), \ i=1,2,$$

$$\left(\Phi_i(t,\omega) = \varlimsup_{h\downarrow 0} \frac{A_i(t)-A_i(t-h)}{(A_1+A_2)(t)-(A_1+A_2)(t-h)}, i=1,2\right)$$

となる.このとき,$|||A|||_t = \int_0^t |\Phi_1-\Phi_2|(s,\omega)d(A_1+A_2)(s)$.

以下の議論で,マルコフ時間の列によって定義される時間の分点の概念をよく用いるので,ここにまとめておくことにする.

定義 3.2 マルコフ時間の列 $\{\sigma_n\}$ は,つぎの条件をみたすとき,**マルコフ時間の鎖**であるといわれる.確率 1 で

$$\sigma_0 = 0, \ \sigma_n < \infty, \ \sigma_n \leqq \sigma_{n+1}, \ \sigma_n \to \infty. \tag{3.1}$$

二つのマルコフ時間の鎖を $\mathscr{C} = \{\sigma_n\}$ と $\mathscr{C}' = \{\sigma'_n\}$ とするとき,$\mathscr{C}'$ が $\mathscr{C}$ の細分であるとは,確率 1 で $\{\sigma_n(\omega)\} \subset \{\sigma'_n(\omega)\}$ なることである.このとき $\mathscr{C}' \prec \mathscr{C}$ とあらわす.$\mathscr{C}$ と $\mathscr{C}'$ に対し $\mathscr{C}''$ で $\mathscr{C}'' \prec \mathscr{C}$,かつ $\mathscr{C}'' \prec \mathscr{C}'$ となるものが存在する.実際,各 ω に対し $\{\sigma_n(\omega), \sigma'_n(\omega)\}$ を大きさの順にならべ,それを $\mathscr{C}'' = \{\sigma''_n(\omega)\}$ とするとこれがマルコフ時間の鎖になることは容易にわかる.$\sigma''_0 = 0$ であり $\sigma''_{n-1}(\omega)$ がマルコフ時間であると,$\{\sigma''_n(\omega) \leqq t\} = \bigcup_{m,l} [\{\sigma''_{n-1}(\omega) < t, \sigma''_{n-1}(\omega) < \sigma_m(\omega) \leqq t\} \cup \{\sigma''_{n-1}(\omega) < t, \sigma''_{n-1}(\omega) < \sigma'_l(\omega) \leqq t\}] \in \mathscr{F}_t$ となり,$\sigma''_n(\omega)$ もマルコフ

時間になることがわかる.

$\mathscr{F}_t$ に適合した実連続確率過程 $X=(X_t)_{t\geq 0}$ と $\varepsilon>0$ に対し,マルコフ時間の鎖 $\mathscr{C}=\{\sigma_n\}$ が **(X,ε)-鎖**であるとは,確率 1 で,

$$t,s\in[\sigma_n,\sigma_{n+1}] \text{ ならば } |X_t-X_s|\leq \varepsilon$$

となることである.(X,ε)-鎖はつねに存在する.実際,$\sigma_0=0$,$\sigma_{n+1}=\inf\left\{t>\sigma_n : |X_t-X_{\sigma_n}|\geq \dfrac{\varepsilon}{2}\right\}\wedge(n+1)$,によって帰納的に $\{\sigma_n\}$ を定義すればよい.

定義3.3 $\{\mathscr{F}_t\}_{t\geq 0}$ が**不連続点をもたない**とは,任意のマルコフ時間の増大列 $\sigma_n\uparrow\sigma$ に対し,$\mathscr{F}_\sigma=\bigvee_n \mathscr{F}_{\sigma_n}$ がなりたつことである.

命題3.1 $X,Y\in\mathscr{M}^{loc}(\mathscr{F}_t)$ とする.いま,つぎの仮定のいずれかがなりたつとする.

仮定A $X,Y\in\mathscr{M}_2^{c,loc}(\mathscr{F}_t)$.

仮定B $\{\mathscr{F}_t\}_{t\geq 0}$ は,不連続点をもたない.

このとき,ただ一つの $A\in\mathscr{A}^{loc}(\mathscr{F}_t)$ が存在し,$Z_t=X_tY_t-A_t$ が局所マルチンゲール*となる.もし $X,Y\in\mathscr{M}_2(\mathscr{F}_t)$ ならば $A\in\mathscr{A}_2(\mathscr{F}_t)$,$X=Y$ ならば $A\in\mathscr{A}_+^{loc}(\mathscr{F}_t)$,$X=Y\in\mathscr{M}_2(\mathscr{F}_t)$ ならば $A\in\mathscr{A}_+(\mathscr{F}_t)$ である.

定義3.4 命題3.1の A を $\langle X,Y\rangle$ とあらわす.$X=Y$ のときは $\langle X\rangle$ とあらわす.

---

* すなわち,マルコフ時間の増大列 $\sigma_n\uparrow\infty$ が存在して $Z_t^{(n)}=Z_{t\wedge\sigma_n}$ がマルチンゲールになる.$n=1,2,\cdots$.

例 3.1 $B_t^i \in \mathscr{M}_2^c(\mathscr{F}_t)$ $(i=1,2,\cdots,r)$ かつ，$(B_t^1, B_t^2, \cdots, B_t^r)$ が r 次元ブラウン運動のとき，$\Phi_i, \Psi_i \in \mathscr{L}_2^{loc}(\mathscr{F}_t)$ $(i=1,2,\cdots,r)$ に対し，

$$X_t = \sum_{k=1}^r \int_0^t \Phi_i(s,\omega) dB_s^i, \ Y_t = \sum_{k=1}^r \int_0^t \Psi_i(s,\omega) dB_s^i$$

とおく．このとき，命題 1.2 より

$$\langle X, Y \rangle_t = \int_0^t \sum_{k=1}^r \Phi_k(s,\omega) \cdot \Psi_k(s,\omega) ds$$

となる．

証明 まず，$X = Y \in \mathscr{M}_2(\mathscr{F}_t)$ のときを考える．このとき X_t^2 はクラス（DL）に属する劣マルチンゲールであるから，Doob-Meyer の分解定理** よりただ一つの p-可測で可積分な増加過程 A_t が存在して $-X_t^2 + A_t$ は $\mathscr{F}_t$-マルチンゲールになる．A_t が連続になるというには，Meyer の定理より X_t^2 が正則な劣マルチンゲール；任意の増大するマルコフ時間の列 $\sigma_n \uparrow \sigma$ に対し

$$E[X_{t \wedge \sigma_n}^2] \nearrow E[X_{t \wedge \sigma}^2], \ \forall t \in [0, \infty) \qquad (3.2)$$

であることをいえばよいが***，これは X が連続のときはあきらかである．また仮定Bがなりたつときは $X_{t \wedge \sigma_n} = E[X_t | \mathscr{F}_{t \wedge \sigma_n}]$ で，Doob の定理より $X_{t \wedge \sigma_n} = E[X_t | \mathscr{F}_{t \wedge \sigma_n}] \to E[X_t | \mathscr{F}_{t \wedge \sigma}] = X_{t \wedge \sigma}$ となり (3.2) がなりたつ．すなわち，仮定Aまたは仮定Bがなりたつ

** 付録Ⅱ参照．
*** 付録Ⅱ参照．

と，A は連続，すなわち $A \in \mathscr{A}_+(\mathscr{F}_t)$ となる．この A を $\langle X \rangle$ であらわす．つぎに，$X, Y \in \mathscr{M}_2(\mathscr{F}_t)$ のときは，$\langle X, Y \rangle = \dfrac{1}{4}\{\langle X+Y \rangle - \langle X-Y \rangle\}$ とおけばよい．$X, Y \in \mathscr{M}_2^{loc}(\mathscr{F}_t)$ のときは，マルコフ時間の増大列 $\sigma_n \uparrow \infty$ で，$X_n(t) = X_{t \wedge \sigma_n}, Y_n(t) = Y_{t \wedge \sigma_n}$ がともに $\mathscr{M}_2(\mathscr{F}_t)$ にはいるものがある．このとき $\langle X_n, Y_n \rangle$ の一意性より，$\langle X_n, Y_n \rangle(t \wedge \sigma_m) = \langle X_m, Y_m \rangle(t), n \geq m$ となることがわかるので，これよりただ一つの $\langle X, Y \rangle \in \mathscr{A}^{loc}(\mathscr{F}_t)$ が存在し $Z_t = X_t Y_t - \langle X, Y \rangle_t$ が局所マルチンゲールになる．

X が連続のとき，$\langle X \rangle$ の意味はつぎの定理によってあきらかになる．

定理3.2 $X \in \mathscr{M}_2^c(\mathscr{F}_t)$ とする．

（ⅰ） このとき，マルコフ時間の鎖の列 $\mathscr{C}_k = \{\sigma_n^{(k)}\}$，$k = 1, 2, \cdots$，で $\mathscr{C}_k \succ \mathscr{C}_{k+1}$ かつ $\sup_n |\sigma_{n+1}^{(k)}(\omega) - \sigma_n^{(k)}(\omega)| \to 0$, a.s. となるものが存在し，すべての $t \in [0, \infty)$ に対し，確率1 かつ $L^1(\Omega ; P)$ の意味で

$$\sum_{n=1}^{\infty} (X_{\sigma_n^{(k)} \wedge t} - X_{\sigma_{n-1}^{(k)} \wedge t})^2 \to \langle X \rangle_t \quad (k \to \infty). \quad (3.3)$$

（ⅱ） 逆に，ある $A \in \mathscr{A}_+(\mathscr{F}_t)$ と，マルコフ時間の鎖の列 $\mathscr{C}_k = \{\sigma_n^{(k)}\}$ に対し，すべての $t \in [0, \infty)$ で (3.3) の左辺が A_t に $L^1(\Omega ; P)$ の意味で収束するならば，$A = \langle X \rangle$ である．

証明 マルコフ時間の鎖の列 $\mathscr{C}_k = \{\sigma_n^{(k)}\}$ を，$\mathscr{C}_k \succ \mathscr{C}_{k+1}$ かつ $\mathscr{C}_k$ は $X_t, \langle X \rangle_t$ かつ $A_t \equiv t$ に関して同時に

§3 マルチンゲールにもとづく確率積分

2^{-k}-鎖になるようにえらぶ．上の注意より，必ずこのような $\mathscr{C}_k$ は存在する．すると，簡単のため $\sigma_n^{(k)} \wedge t = \sigma_n$ とかくことにして，

$$E\left[\left\{\sum_{n=1}^{\infty}(X_{\sigma_n}-X_{\sigma_{n-1}})^2-(\langle X\rangle_t-\langle X\rangle_0)\right\}^2\right]$$

$$= E\left[\left\{\sum_{n=1}^{\infty}\{(X_{\sigma_n}-X_{\sigma_{n-1}})^2-(\langle X\rangle_{\sigma_n}-\langle X\rangle_{\sigma_{n-1}})\}\right\}^2\right]$$

$$= E\left[\sum_{n=1}^{\infty}\sum_{m=1}^{\infty}\{(X_{\sigma_n}-X_{\sigma_{n-1}})^2-(\langle X\rangle_{\sigma_n}-\langle X\rangle_{\sigma_{n-1}})\}\right.$$
$$\left.\times\{(X_{\sigma_m}-X_{\sigma_{m-1}})^2-(\langle X\rangle_{\sigma_m}-\langle X\rangle_{\sigma_{m-1}})\}\right]$$

ここで $E[(X_{\sigma_n}-X_{\sigma_{n-1}})^2-(\langle X\rangle_{\sigma_n}-\langle X\rangle_{\sigma_{n-1}})/\mathscr{F}_{\sigma_{n-1}}]$ $=0$ に注意して

$$(\text{上式}) = E\left[\sum_{n=1}^{\infty}\{(X_{\sigma_n}-X_{\sigma_{n-1}})^2-(\langle X\rangle_{\sigma_n}-\langle X\rangle_{\sigma_{n-1}})\}^2\right]$$

$$\leq 2E\left[\sum_{n=1}^{\infty}\{(X_{\sigma_n}-X_{\sigma_{n-1}})^4+(\langle X\rangle_{\sigma_n}-\langle X\rangle_{\sigma_{n-1}})^2\}\right]$$

$$\leq \frac{2}{2^{2k}}E\left[\sum_{n=1}^{\infty}(X_{\sigma_n}-X_{\sigma_{n-1}})^2\right]$$
$$+\frac{2}{2^k}E\left[\sum_{n=1}^{\infty}(\langle X\rangle_{\sigma_n}-\langle X\rangle_{\sigma_{n-1}})\right]$$

$$= (2^{1-k}+2^{1-2k})E[X_t^2] \to 0 \quad (k\to\infty)$$

ゆえに (3.3) が確率1かつ L^1 の意味で収束する*．

---

* Schwarz の不等式より $E[X_n^2]\to 0$ なら $E[|X_n|]\to 0$ はあきらかである．

つぎに (ii) の証明であるが,このとき $E[(X_t-X_s)^2/\mathscr{F}_s]=E[(A_t-A_s)/\mathscr{F}_s]$ となることは容易にわかる.ゆえに,$\langle X \rangle = A$ である.

注意 3.1 上の証明において,マルコフ時間の列による分点は,もし好むなら,通常のランダムでない時点列でおきかえることもできる.$X \in \mathscr{M}_2^c(\mathscr{F}_t)$ に対し L^1 の意味で(したがってその適当な部分列は確率1で),固定された $t \in [0, \infty)$ に対し,

$$\sum_{n=1}^{\infty} \left(X_{\frac{n}{2^l} \wedge t} - X_{\frac{n-1}{2^l} \wedge t} \right)^2 \to \langle X \rangle_t \quad (l \to \infty)$$

がなりたつ(たとえば [40],I).また $X \in \mathscr{M}_2^c(\mathscr{F}_t)$ が1次元ブラウン運動ならば,よく知られた P. Lévy の定理により(たとえば [17]),すべての t に対し,確率1で上の収束がいえる.このとき $\langle X \rangle_t \equiv t$ である.

系 $X \in \mathscr{M}_2^{c, loc}(\mathscr{F}_t) \cap \mathscr{A}^{loc}(\mathscr{F}_t)$ ならば $X = 0$.

証明 あきらかに,$X \in \mathscr{M}_2^c(\mathscr{F}_t) \cap \mathscr{A}(\mathscr{F}_t)$ のとき証明できればよい.上の証明の $\mathscr{C}_k = \{\sigma_n^{(k)}\}$ に対し,

$$\begin{aligned} E[\langle X \rangle_t] &= \lim_{k \to \infty} E\left[\sum_{n=1}^{\infty} (X_{\sigma_n}^{(k)} - X_{\sigma_{n-1}}^{(k)})^2 \right] \\ &\leq \lim_{k \to \infty} 2^{-k} E\left[\sum_{n=1}^{\infty} |X_{\sigma_n}^{(k)} - X_{\sigma_{n-1}}^{(k)}| \right] \\ &\leq \lim_{k \to \infty} 2^{-k} E(\|\|X\|\|_t) = 0 \end{aligned}$$

ゆえに $X = 0$.

定義 3.5 $A \in \mathscr{A}^{loc}(\mathscr{F}_t)$ に対し

$\mathscr{L}_1(A) = \{\Phi = (\Phi_t) ; p\text{-可測で}^*,\ \text{すべての}\ t \in [0, \infty)$ に対し, $E\left[\int_0^t |\Phi(s, \omega)| d\|\|A\|\|_s\right] < \infty\}$,

$\mathscr{L}_1^{loc}(A) = \{\Phi = (\Phi_t) ; p\text{-可測で, すべての}\ t \in [0, \infty)$ に対し, 確率 1 で, $\int_0^t |\Phi(s, \omega)| d\|\|A\|\|_s < \infty\}$.

$\Phi, \Phi' \in \mathscr{L}_1^{loc}(\mathscr{F}_t)$ に対し,

$$\int_0^t |\Phi(s, \omega) - \Phi'(s, \omega)| d\|\|A\|\|_s = 0, \text{a.s.}\ (\forall t \in [0, \infty))$$

のとき, Φ と Φ' を同一視し, $\Phi = \Phi'$ とかく.

以下で, マルチンゲール X に関する確率積分を定義する. 簡単のため, $X \in \mathscr{M}_2^c(\mathscr{F}_t)$, または $X \in \mathscr{M}_2^{c, loc}(\mathscr{F}_t)$ の場合のみ考えるが, $\{\mathscr{F}_t\}_{t \geqq 0}$ が不連続点をもたないときは以下の議論は一般の $X \in \mathscr{M}^{loc}(\mathscr{F}_t)$ に対してそのままなりたつ.

また X がブラウン運動, $X_t = B_t - B_0$ のとき §1 で定義したものと一致することも以下の定理 3.3 の証明をみればあきらかである.

定義 3.6 $X \in \mathscr{M}_2^{c, loc}(\mathscr{F}_t)$ とする.

$\mathscr{L}_2(X) = \{\Phi = (\Phi_t) ; p\text{-可測で, すべての}\ t \in [0, \infty)$ に対し $E\left[\int_0^t \Phi(s, \omega)^2 d\langle X \rangle_s\right] < \infty\}$,

---

* たびたび注意しているように, この場合も $\mathscr{F}_t$ に適合した可測過程を考えるのと本質的に違いはない.

$\mathscr{L}_2^{loc}(X) = \{\Phi \in (\Phi_t) \, ; \, p\text{-可測で，すべての } t \in [0, \infty)$ に対し確率 1 で $\int_0^t \Phi(s, \omega)^2 d\langle X \rangle_s < \infty\}.$

$\Phi, \Phi' \in \mathscr{L}_2^{loc}(X)$ に対し

$$\int_0^t |\Phi(s, \omega) - \Phi'(s, \omega)|^2 d\langle X \rangle_s = 0 \text{ a.s. } (\forall t \in [0, \infty))$$

となるとき Φ と Φ' を同一視し，$\Phi = \Phi'$ とかく．

補題 3.1 $X, Y \in \mathscr{M}_2^{c, loc}(\mathscr{F}_t)$ とする．

（ⅰ） $\Phi \in \mathscr{L}_2^{loc}(X)$, $\Psi \in \mathscr{L}_2^{loc}(Y)$ ならば
$$\Phi \cdot \Psi \in \mathscr{L}_1^{loc}(\langle X, Y \rangle)$$

かつ

$$\int_0^t |\Phi \cdot \Psi|(s, \omega) d|||\langle X, Y \rangle|||_s$$
$$\leq \sqrt{\int_0^t \Phi^2(s, \omega) d\langle X \rangle_s \cdot \int_0^t \Psi^2(s, \omega) d\langle Y \rangle_s} \quad (3.4)$$

（ⅱ） さらに $\Phi \in \mathscr{L}_2(X)$, $\Psi \in \mathscr{L}_2(Y)$ ならば，

$$E\left[\int_0^t |\Phi \cdot \Psi|(s, \omega) d|||\langle X, Y \rangle|||_s\right]$$
$$\leq \sqrt{E\left[\int_0^t \Phi^2(s, \omega) d\langle X \rangle_s\right] \cdot E\left[\int_0^t \Psi^2(s, \omega) d\langle Y \rangle_s\right]}$$
$$(3.5)$$

がなりたつ．

証明 （ⅱ）は（ⅰ）から，Schwarz の不等式で得られるので（ⅰ）を示す．もし有界な Φ, Ψ に対し

$$\left|\int_0^t \Phi \cdot \Psi(s,\omega)d\langle X,Y\rangle_s\right|^2$$
$$\leqq \int_0^t \Phi^2(s,\omega)d\langle X\rangle_s \cdot \int_0^t \Psi^2(s,\omega)d\langle Y\rangle_s \qquad (3.6)$$

が示せると,一般の場合はただちに導けるので (3.6) を示す.第1章,補題3.1により,有界で左連続な $\mathscr{F}_t$-適合過程 Φ, Ψ に対して示せばよいが,そのためには補題1.1の証明と同様にして,ある時点列 $t_0 = 0 < t_1 < t_2 < \cdots < t_n \to \infty$ に対し

$$\Phi(t,\omega) = \sum_{n=0}^\infty \Phi(t_n,\omega) I_{[t_n,t_{n+1}]}(t)$$
$$\Psi(t,\omega) = \sum_{n=0}^\infty \Psi(t_n,\omega) I_{[t_n,t_{n+1}]}(t)$$

とかけている場合にいえばよい.このとき,

$$I(\Phi)(t) = \sum_{n=0}^\infty \Phi(t_n,\omega)(X_{t\wedge t_{n+1}} - X_{t\wedge t_n})$$
$$I(\Psi)(t) = \sum_{n=0}^\infty \Psi(t_n,\omega)(X_{t\wedge t_{n+1}} - X_{t\wedge t_n})$$

とおくと,$I(\Phi), I(\Psi) \in \mathscr{M}_2^c(\mathscr{F}_t)$ かつ,確率1で,任意の有理数 a, b に対し,

$$0 \leqq \langle aI(\Phi) + bI(\Psi)\rangle(t)$$
$$= a^2 \sum_{n=0}^\infty \Phi^2(t_n,\omega)(\langle X\rangle_{t\wedge t_{n+1}} - \langle X\rangle_{t\wedge t_n})$$
$$+ 2ab \sum_{n=0}^\infty \Phi(t_n,\omega)\Psi(t_n,\omega)(\langle X,Y\rangle_{t\wedge t_{n+1}}$$
$$- \langle X,Y\rangle_{t\wedge t_n})$$

$$+ b^2 \sum_{n=0}^{\infty} \Psi^2(t_n, \omega)(\langle Y \rangle_{t \wedge t_{n+1}} - \langle Y \rangle_{t \wedge t_n})$$

$$= a^2 \int_0^t \Phi^2(s, \omega) d\langle X \rangle_s + 2ab \int_0^t \Phi \cdot \Psi(s, \omega) d\langle X, Y \rangle_s$$

$$+ b^2 \int_0^t \Psi^2(s, \omega) d\langle Y \rangle_s$$

となることが容易にわかる.これより,確率 1 で,

$$\left| \int_0^t \Phi \cdot \Psi(s, \omega) d\langle X, Y \rangle_s \right|^2$$
$$\leq \int_0^t \Phi^2(s, \omega) d\langle X \rangle_s \cdot \int_0^t \Psi^2(s, \omega) d\langle Y \rangle_s$$

がなりたつ.

定理 3.3 $X \in \mathscr{M}_2^{c, loc}(\mathscr{F}_t)$, $\Phi \in \mathscr{L}_2^{loc}(X)$ に対し, $Y \in \mathscr{M}_2^{c, loc}(\mathscr{F}_t)$ でつぎの性質をみたすものがただ一つ存在する.

$\forall Z \in \mathscr{M}_2^{c, loc}(\mathscr{F}_t)$ に対し,確率 1 で

$$\langle Z, Y \rangle_t = \int_0^t \Phi(s, \omega) d\langle Z, X \rangle_s. \tag{3.7}$$

この Y は,$\Phi \in \mathscr{L}_2(X)$ のとき,かつ,このときにかぎり $Y \in \mathscr{M}_2^c(\mathscr{F}_t)$ である.

証明 まず,このような Y の一意性はあきらかである.実際,$Y' \in \mathscr{M}_2^{c, loc}(\mathscr{F}_t)$ も (3.7) をみたすとすると,$Z = Y - Y'$ とおいて

$$\langle Y-Y', Y-Y'\rangle_t = \int_0^t \Phi(s,\omega) d\langle Y-Y', X\rangle_s$$
$$- \int_0^t \Phi(s,\omega) d\langle Y-Y', X\rangle_s$$
$$= 0$$

これより $Y=Y'$ である.

つぎに存在をいう. まず, $X \in \mathscr{M}_2(\mathscr{F}_t)$ とする. $\Phi \in \mathscr{L}_2(X)$ が有界で, $\Phi(t,\omega) = \sum_{n=0}^{\infty} \Phi(t_n, \omega) I_{[t_n, t_{n+1})}(t)$ とあらわされるとき,

$$Y_t = I(\Phi)_t = \sum_{n=0}^{\infty} \Phi(t_n, \omega)(X_{t \wedge t_{n+1}} - X_{t \wedge t_n})$$

によって Y を定義すると, 任意の $Z \in \mathscr{M}_2^c(\mathscr{F}_t)$ に対し

$E[(Z_t - Z_s)(Y_t - Y_s) | \mathscr{F}_s]$

$= E\left[\sum_{n=0}^{\infty} \Phi(t_n, \omega)(Z_{t \wedge t_{n+1} \vee s} - Z_{t \wedge t_n \vee s}) \right.$

$\qquad \left. \times (Y_{t \wedge t_{n+1} \vee s} - Y_{t \wedge t_n \vee s}) \bigg| \mathscr{F}_s \right]$

$= E\left[\sum_{n=0}^{\infty} \Phi(t_n, \omega)(\langle Z, Y\rangle_{t \wedge t_{n+1} \vee s} - \langle Z, Y\rangle_{t \wedge t_n \vee s}) \bigg| \mathscr{F}_s \right]$

$= E\left[\int_s^t \Phi(u, \omega) d\langle Z, Y\rangle_u \bigg| \mathscr{F}_s \right]$

は容易にわかる. つぎに $\Phi \in \mathscr{L}_2(X)$ に対し, このような Φ_n で

$$E\left[\int_0^t |\Phi_n - \Phi|^2(s,\omega) d\langle X\rangle_s \right] \to 0 \quad (n \to \infty)$$

なるものが存在することは補題 1.1 とまったく同様にし

てわかる．このとき $I(\Phi_n)$ が $\mathscr{M}_2(\mathscr{F}_t)$ において収束することも §1 と同様で，この極限を $Y = I(\Phi)$ とすると，任意の $Z \in \mathscr{M}_2^c(\mathscr{F}_t)$ に対し，

$$E[\langle Z, Y \rangle_t - \langle Z, Y \rangle_s | \mathscr{F}_s]$$
$$= \lim_{n \to \infty} E[\langle Z, I(\Phi_n) \rangle_t - \langle Z, I(\Phi_n) \rangle_s | \mathscr{F}_s]$$
$$= \lim_{n \to \infty} E\left[\int_s^t \Phi_n(u, \omega) d\langle Z, X \rangle_u \bigg| \mathscr{F}_s \right]$$

となる．ところで，補題 3.1 を用いると，

$$E\left[\left| \int_s^t \Phi_n(u, \omega) d\langle Z, X \rangle_u - \int_s^t \Phi(u, \omega) d\langle Z, X \rangle_u \right| \right]$$
$$\leq E\left[\int_s^t |\Phi_n(u, \omega) - \Phi(u, \omega)|^2 d\langle X \rangle_u \right]^{\frac{1}{2}}$$
$$\times E[\langle Z \rangle_t - \langle Z \rangle_s]^{\frac{1}{2}}$$
$$\to 0 \quad (n \to \infty)$$

となることより，上の極限は $E\left[\int_s^t \Phi(u, \omega) d\langle Z, X \rangle_u \bigg| \mathscr{F}_s \right]$ に等しい．ゆえにこの Y に対し，(3.7) がなりたつ．つぎに $X \in \mathscr{M}_2^{c, loc}(\mathscr{F}_t)$，$\Phi \in \mathscr{L}_2^{loc}(\langle X \rangle)$ のときは，$\sigma_n \uparrow \infty$ なるマルコフ時間列で $X_n(t) = X(t \wedge \sigma_n) \in \mathscr{M}_2^{c, loc}(\mathscr{F}_t)$，$\Phi_n(t, \omega) = I_{\{\sigma_n > t\}} \Phi(t, \omega) \in \mathscr{L}_2(X_n)$ となるものが存在し，$I(\Phi_n)$ を上のように X_n によって定義すると，$I(\Phi_n)_{t \wedge \sigma_m} = I(\Phi_m)_t$，$n \geq m$ がなりたつことは容易にわかる．これよりただ一つの $Y \in \mathscr{M}_2^{c, loc}(\mathscr{F}_t)$ が存在して $Y_{t \wedge \sigma_n} =$

$I(\Phi_n)_t$ となる.この Y がもとめるものである.

定義 3.7 定理 3.3 における Y を Φ の X による**確率積分**といい,$Y_t = \displaystyle\int_0^t \Phi(s,\omega) dX_s$ とあらわす.

命題 3.4 (i) $X, Y \in \mathcal{M}_2^{c,loc}(\mathcal{F}_t)$,$\Phi \in \mathcal{L}_2^{loc}(X) \cap \mathcal{L}_2^{loc}(Y)$ ならば,$\Phi \in \mathcal{L}^{loc}(X+Y)$ で
$$\int_0^t \Phi_s d(X+Y)_s = \int_0^t \Phi_s dX_s + \int_0^t \Phi_s dY_s$$

(ii) $X \in \mathcal{M}_2^{c,loc}(\mathcal{F}_t)$,$\Phi_1, \Phi_2 \in \mathcal{L}_2^{loc}(X)$ ならば,
$$\int_0^t (\Phi_1 + \Phi_2)_s dX_s = \int_0^t \Phi_1(s) dX_s + \int_0^t \Phi_2(s) dX_s$$

(iii) $X \in \mathcal{M}_2^{c,loc}(\mathcal{F}_t)$,$\Phi \in \mathcal{L}_2^{loc}(X)$ とし,$Y \in \mathcal{M}_2^{c,loc}(\mathcal{F}_t)$ を $Y_t = \displaystyle\int_0^t \Phi_s dX_s$ とする.このとき,$\Psi \in \mathcal{L}_2^{loc}(Y)$ ならば,$\Phi \cdot \Psi \in \mathcal{L}^{loc}(X)$ で
$$\int_0^t (\Phi \cdot \Psi)_s dX_s = \int_0^t \Psi_s dY_s$$
がなりたつ.

(iv) $X \in \mathcal{M}_2^{c,loc}(\mathcal{F}_t)$,$\Phi \in \mathcal{L}_2^{loc}(X)$ とし,あるマルコフ時間の鎖 $\{\sigma_n\}$ に対し $\Phi(t,\omega) = \displaystyle\sum_{n=0}^{\infty} \Phi(\sigma_n, \omega) I_{[\sigma_n, \sigma_{n+1})}(t)$ となっているときには $Y_t = \displaystyle\int_0^t \Phi_s dX_s$ は $Y_t = \displaystyle\sum_{n=0}^{\infty} \Phi(\sigma_n, \omega)(X_{\sigma_{n+1} \wedge t} - X_{\sigma_n \wedge t})$ によって与えられる.

証明は定義からほとんどあきらかである.

定理 3.5（一般化された伊藤の公式）

$X^i \in \mathscr{M}_2^{c,loc}(\mathscr{F}_t)$, $A^i \in \mathscr{A}^{loc}(\mathscr{F}_t)$, $i = 1, 2, \cdots, d$
とし，$\xi(0)$ を $\mathscr{F}_0$-可測な d 次元確率変数とする．d 次元連続確率過程 $\xi = (\xi(t))_{t \geq 0}$ を

$$\xi^i(t) = \xi^i(0) + X^i(t) + A^i(t), \ i = 1, 2, \cdots, d$$

で定義する．このとき $F(x)$ $(x \in \boldsymbol{R}^d)$ が $\boldsymbol{C}^2$-クラスの関数ならば，

$$F(\xi(t)) = F(\xi(0)) + \sum_{i=1}^d \int_0^t F_{x_i}(\xi(s)) dX^i(s)$$
$$+ \sum_{i=1}^d \int_0^t F_{x_i}(\xi(s)) dA^i(s)$$
$$+ \frac{1}{2} \sum_{i,j=1}^d F_{x_i x_j}(\xi(s)) d\langle X^i, X^j \rangle(s) \quad (3.8)$$

がなりたつ（右辺第 2 項は確率積分である）．

注意 3.2 $\varPhi_k^i(t, \omega) \in \mathscr{L}_2^{loc}(\mathscr{F}_t)$ $(i = 1, 2, \cdots, d, \ k = 1, 2, \cdots, r)$．また，$\boldsymbol{B}(t) = (B^1(t), B^2(t), \cdots, B^r(t))$ は $\mathscr{F}_t$ に適合した r 次元ブラウン運動とする．

$$X^i(t) = \sum_{k=1}^r \int_0^t \varPhi_k^i(s, \omega) dB^k(s), \quad i = 1, 2, \cdots, d$$

とおくと，$\int_0^t F_{x_i}(\xi(s)) dX^i(s) = \sum_{k=1}^r \int_0^t F_{x_i}(\xi(s)) \varPhi_k^i(s, \omega) dB^k(s)$ となるので（命題 3.4），例 3.1 と合わせて定理 2.1 の伊藤の公式がただちに得られる．

証明 簡単のため，$d = 1$ として証明する．

$X \in \mathscr{M}_2^{c,loc}(\mathscr{F}_t)$, $A \in \mathscr{A}^{loc}(\mathscr{F}_t)$, $\xi(0)$ を $\mathscr{F}_0$-可測な実

確率変数とする.$\xi(t) = \xi(0) + X(t) + A(t)$ とし,
$$\theta_M = \inf\left\{t ; |\xi(0) + X(t)| > \frac{M}{2} \text{ または } |||A|||(t) > \frac{M}{2}\right\}$$
とおく.もし (3.8) が
$$\xi^M(t) = I_{\{\theta_M > 0\}} \cdot \xi(0) + X(t \wedge \theta_M) + A(t \wedge \theta_M)$$
に対して証明できれば $M \to \infty$ として (3.8) を得る.したがって,一般性を失うことなしに,$X(t), |||A|||(t), \xi(t)$ は有界であると仮定してよい.とくに $|\xi(t)| \leq M$ とおく.$F(x), x \in \boldsymbol{R},$ を C^2-クラスの関数とする.マルコフ時間の鎖の列 $\mathscr{C}_k = \{\sigma_n^{(k)}\}$ $(k=1,2,\cdots)$ を $\mathscr{C}_k \succ \mathscr{C}_{k+1}$,かつ,$\mathscr{C}_k$ は $X_t, \langle X \rangle_t, |||A|||_t, \varphi_t \equiv t$ のすべてに対し 2^{-k}-鎖であるようにとる.このとき $\sigma_n = \sigma_n^{(k)} \wedge t$ とかくことにして,

$$\begin{aligned}
& F(\xi(t)) - F(\xi(0)) \\
&= \sum_{n=1}^{\infty} \{F(\xi(\sigma_n)) - F(\xi(\sigma_{n-1}))\} \\
&= \sum_{n=1}^{\infty} F'(\xi(\sigma_{n-1}))(\xi(\sigma_n) - \xi(\sigma_{n-1})) \\
&\quad + \frac{1}{2} \sum_{n=1}^{\infty} F''(\xi(\sigma_{n-1}) + \theta_n(\xi(\sigma_n) - \xi(\sigma_{n-1}))) \\
&\qquad \times (\xi(\sigma_n) - \xi(\sigma_{n-1}))^2 \\
&= I_1 + I_2,
\end{aligned}$$

ここで $0 \leq \theta_n \leq 1$ である.確率積分の定義より $I_1 \to \int_0^t F'(\xi(s))dX(s) + \int_0^t F'(\xi(s))dA(s)$ $(k \to \infty)$ は容易

にわかる*. いま I_2' を,
$$I_2' = \frac{1}{2} \sum_{n=1}^{\infty} F''(\xi(\sigma_{n-1}))(\xi(\sigma_n) - \xi(\sigma_{n-1}))^2$$
で定義すると,
$$\begin{aligned}|I_2 - I_2'| &\leq \delta_1(k) \sum_{n=1}^{\infty} \{(X(\sigma_n) - X(\sigma_{n-1}))^2 \\ &\qquad\qquad + (A(\sigma_n) - A(\sigma_{n-1}))^2\} \\ &\leq \delta_1(k) \sum_{n=1}^{\infty} (X(\sigma_n) - X(\sigma_{n-1}))^2 \\ &\quad + \delta_1(k) \cdot 2^{-k} |||A|||(t)\end{aligned}$$

ゆえに $E[|I_2 - I_2'|] \leq \delta_1(k) E[\langle X \rangle(t)] + \delta_1(k) 2^{-k} \cdot E[|||A|||(t)] \to 0 \ (k \to \infty)$.

ここで $\delta_1(k) = \sup_{\substack{x \in [-M, M] \\ |y| \leq 2^{-k+1}}} |F''(x+y) - F''(x)|$.

一方,
$$\begin{aligned}I_2' &= \frac{1}{2} \sum_{n=1}^{\infty} F''(\xi(\sigma_{n-1}))(X(\sigma_n) - X(\sigma_{n-1}))^2 \\ &\quad + \sum_{n=1}^{\infty} F''(\xi(\sigma_{n-1}))(X(\sigma_n) - X(\sigma_{n-1}))(A(\sigma_n) \\ &\qquad\qquad\qquad\qquad\qquad\qquad\qquad - A(\sigma_{n-1}))\end{aligned}$$

---

* $E\left[\left(\sum_{n=1}^{\infty} F'(\xi(\sigma_{n-1}))(X(\sigma_n) - X(\sigma_{n-1})) - \int_0^t F'(\xi(s)) dX(s)\right)^2\right]$
$= E\left[\sum_{n=1}^{\infty} \int_{\sigma_{n-1}}^{\sigma_n} [F'(\xi(\sigma_{n-1})) - F'(\xi(s))]^2 d\langle X \rangle_s\right]$

に注意せよ.

$$+ \frac{1}{2} \sum_{n=1}^{\infty} F''(\xi(\sigma_{n-1}))(A(\sigma_n) - A(\sigma_{n-1}))^2$$

$$= I_3 + I_4 + I_5.$$

このとき,定理 3.2 の証明と同様に,

$$E\left[\left\{I_3 - \frac{1}{2}\sum_{n=1}^{\infty} F''(\xi(\sigma_{n-1}))(\langle X\rangle(\sigma_n) - \langle X\rangle(\sigma_{n-1}))\right\}^2\right]$$

$$\leq \frac{2}{4} E\left[\sum_{n=1}^{\infty} F''(\xi(\sigma_{n-1}))^2 (X(\sigma_n) - X(\sigma_{n-1}))^4\right.$$
$$\left. + \sum_{n=1}^{\infty} F''(\xi(\sigma_{n-1}))^2 (\langle X\rangle(\sigma_n) - \langle X\rangle(\sigma_{n-1}))^2\right]$$

$$\leq \frac{1}{2} \sup_{x \in [-M, M]} |F''(x)|^2 \{ 2^{-2k} E[\langle X\rangle(t)]$$
$$+ 2^{-k} E[\langle X\rangle(t)] \}$$

$$\to 0 \quad (k \to \infty).$$

また

$$E\left[\left|\frac{1}{2}\int_0^t F''(\xi(s)) d\langle X\rangle(s)\right.\right.$$
$$\left.\left. - \frac{1}{2}\sum_{n=1}^{\infty} F''(\xi(\sigma_{n-1}))(\langle X\rangle(\sigma_n) - \langle X\rangle(\sigma_{n-1}))\right|\right]$$

$$\leq \frac{1}{2} \delta_1(k) \cdot E[\langle X\rangle(t)] \to 0 \quad (k \to \infty).$$

また,

$$|I_4| \leq \sup_{x \in [-M, M]} |F''(x)| \cdot \frac{1}{2^k} |||A|||(t) \to 0 \ (k \to \infty).$$

同様に, $|I_5| \to 0 \ (k \to \infty)$. ゆえに

$$I_2 \to \frac{1}{2}\int_0^t F''(\xi(s))d\langle X\rangle(s)$$

となる.

証明おわり

この一般化された伊藤の公式の応用として,有名な P. Lévy の定理を証明しよう.これは連続なマルチンゲールに関するもっとも基本的な定理である.

定理 3.6 $X_t^i \in \mathscr{M}_2^{c,loc}(\mathscr{F}_t)$ $(i=1,2,\cdots,d)$ が $\langle X^i, X^j\rangle(t) = \delta_{ij}t$ $(i,j=1,2,\cdots,d)$ をみたすとし,$B(0)$ を $\mathscr{F}_0$-可測な d 次元確率変数とする.このとき,$B(t) = B(0) + X(t)$ とおくと,$B(t)$ は,$\mathscr{F}_t$ に適合した d 次元ブラウン運動である.

証明 $\xi \in \mathbf{R}^d$ を固定し,関数 $F(x) = e^{i\langle \xi, x\rangle}$ を考える.定理 3.5 より,

$$e^{i\langle \xi, B_t\rangle} - e^{i\langle \xi, B_0\rangle}$$
$$= \sum_{j=1}^d \int_0^t F_{x_j}(B_s)dX_s^j + \frac{1}{2}\sum_{j=1}^d \int_0^t F_{x_j x_j}(B_s)ds$$
$$= i\cdot\sum_{j=1}^d \xi_j \int_0^t e^{i\langle \xi, B_s\rangle}dX_s^j - \frac{1}{2}\sum_{j=1}^d \xi_j^2 \int_0^t e^{i\langle \xi, B_s\rangle}ds$$

となる.第 2 項は,$\mathscr{F}_t$ に関するマルチンゲールであるから,$t > s \geq 0$,$A \in \mathscr{F}_s$ に対し,

$$E[e^{i\langle \xi, B_t\rangle} : A] - E[e^{i\langle \xi, B_s\rangle} : A]$$
$$= -\frac{1}{2}|\xi|^2 E\left[\int_0^t e^{i\langle \xi, B_u\rangle}du : A\right]$$

すなわち,
$$E[e^{i\langle \xi, B_t - B_s\rangle} ; A]$$
$$= P(A) - \frac{|\xi|^2}{2}\int_s^t E[e^{i\langle \xi, B_u - B_s\rangle} ; A] du.$$
この積分方程式よりただちに,
$$E[e^{i\langle \xi, B_t - B_s\rangle} ; A] = P(A)e^{-\frac{|\xi|^2}{2}(t-s)},$$
これがすべての $A \in \mathscr{F}_s$ でなりたつから
$$E[e^{i\langle \xi, B_t - B_s\rangle} | \mathscr{F}_s] = e^{-\frac{|\xi|^2}{2}(t-s)},$$
このことは B_t が d 次元の $\mathscr{F}_t$-ブラウン運動であることを意味している.

例 3.2 四つ組 $(\Omega, \mathscr{F}, P ; \mathscr{F}_t)$ 上に d 次元の $\mathscr{F}_t$-ブラウン運動 $X(t) = (X_1(t), X_2(t), \cdots, X_d(t))$ が与えられているとする. $P = (P_{kl}(t, \omega))$ はその成分が p-可測過程よりなる直交行列とする.

このとき $\tilde{X}_k(t)$, $k = 1, 2, \cdots, d$ を
$$\tilde{X}_k(t) = \sum_{l=1}^d \int_0^t P_{kl}(s, \omega) dX_l(s)$$
で定めると, $\tilde{X}(t) = (\tilde{X}_1(t), \tilde{X}_2(t), \cdots, \tilde{X}_d(t))$ もまた d 次元の $\mathscr{F}_t$-ブラウン運動である.

実際,

$$\langle \tilde{X}_k, \tilde{X}_l \rangle(t)$$
$$= \int_0^t \sum_{m,n=1}^d P_{km}(s,\omega)P_{ln}(s,\omega)d\langle X_m, X_n\rangle(s)$$
$$= \int_0^t \sum_{m=1}^d P_{km}(s,\omega)P_{lm}(s,\omega)ds$$
$$= \delta_{kl} \cdot t$$

となる．

§4 ブラウン運動の上の2乗可積分マルチンゲールの表現定理

いま完備確率空間 $(\Omega, \mathscr{F}, P)$ 上に d 次元ブラウン運動 $X = \{X(t) = (X^1(t), X^2(t), \cdots, X^d(t))\}_{t \geq 0}$ が与えられたとする．$\mathscr{N}$ を P-測度 0 の集合全体とし

$$\mathscr{F}_t = \sigma[X_s ; s \leq t] \vee \mathscr{N}$$

とおく．このときつぎの補題より，$(\Omega, \mathscr{F}, P ; \mathscr{F}_t)$ は第1章，§3 の意味の四つ組になる．

補題 4.1 $\mathscr{F}_{t+0} = \mathscr{F}_t$．

証明 $p(t, x)$ を第1章 (2.1) で与えられるものとし，$f \in \boldsymbol{C}_0(\boldsymbol{R}^d)$ に対し*

$$(H_t f)(x) = \int_{\boldsymbol{R}^d} p(t, x - y)f(y)dy$$

―――――――――――

* $\boldsymbol{C}_0(\boldsymbol{R}^d)$ は $\boldsymbol{R}^d$ 上の連続関数 f で $\lim_{|x| \to \infty} f(x) = 0$ をみたすもの全体のつくるバナッハ空間．ノルム $\|f\|$ は $\|f\| = \max_{x \in \boldsymbol{R}^d} |f(x)|$ で与える．

とおくと H_t は $\boldsymbol{C}_0(\boldsymbol{R}^d)$ からそれ自身への有界線型作用素で $H_t H_s = H_{t+s}$, $H_0 = I$ かつ $\|H_t f - f\| \to 0$ $(t \searrow 0)$ をみたすことはすぐわかる．すなわち H_t は $\boldsymbol{C}_0(\boldsymbol{R}^d)$ 上の Hille-吉田の意味の半群である．

このとき，$f_1, f_2, \cdots, f_n \in \boldsymbol{C}_0(\boldsymbol{R}^d)$, $0 \leqq t_1 < t_2 < \cdots < t_n$ に対し

$$E[f_1(X_{t_1}) f_2(X_{t_2}) \cdots f_n(X_{t_n})]$$
$$= \int_{\boldsymbol{R}^d} \mu(dx) H_n(t_1, t_2, \cdots, t_n \,;\, f_1, f_2, \cdots, f_n)(x)$$

となることはブラウン運動の定義よりあきらかである．ここで $\mu(dx)$ は $X(0)$ の分布, $H_n(t_1, t_2, \cdots, t_n \,;\, f_1, f_2, \cdots, f_n)(x)$ は

$$\begin{cases} H_n(t_1, t_2, \cdots, t_n \,;\, f_1, f_2, \cdots, f_n) \\ \quad = H_{n-1}(t_1, t_2, \cdots, t_{n-1} \,;\, f_1, f_2, \cdots, f_{n-1} \cdot H_{t_n - t_{n-1}} f_n) \\ H_1(t \,;\, f) = H_t f \end{cases}$$

で定められる．したがって，$t_{k-1} \leqq t < t_k$ のとき，

$$E[f_1(X_{t_1}) f_2(X_{t_2}) \cdots f_n(X_{t_n}) \mid \mathscr{F}_t]$$
$$= \prod_{i=1}^{k-1} f_i(X_{t_i}) H(t_k - t, t_{k+1} - t, \cdots, t_n - t \,;$$
$$\qquad\qquad f_k, f_{k+1}, \cdots, f_n)(X_t).$$

これより，

$$E[f_1(X_{t_1}) f_2(X_{t_2}) \cdots f_n(X_{t_n}) \mid \mathscr{F}_{t+0}]$$
$$= \lim_{h \downarrow 0} E[f_1(X_{t_1}) f_2(X_{t_2}) \cdots f_n(X_{t_n}) \mid \mathscr{F}_{t+h}]$$
$$= E[f_1(X_{t_1}) f_2(X_{t_2}) \cdots f_n(X_{t_n}) \mid \mathscr{F}_t]$$

ゆえに $\mathscr{F}_{t+0} = \mathscr{F}_t$ がなりたつ.

補題 4.2 $\{\mathscr{F}_t\}_{t \geq 0}$ は不連続点をもたない（定義 3.3 参照）.

証明 第1章, 定理 3.4 のブラウン運動の強マルコフ性より,

$$E[f(X_{t_1}) \cdots f(X_{t_n}) \mid \mathscr{F}_\sigma]$$
$$= \sum_{k=1}^n I_{\{t_{k-1} \leq \sigma < t_k\}} \prod_{i=1}^{k-1} f_i(X_{t_i}) H(t_k - \sigma, t_{k+1} - \sigma, \cdots,$$
$$t_n - \sigma \: ; f_k, f_{k+1}, \cdots, f_n)(X_\sigma)$$
$$+ f_1(X_{t_1}) f_2(X_{t_2}) \cdots f_n(X_{t_n}) \cdot I_{\{t_n \leq \sigma\}}.$$

これを用いると補題 4.1 と同様に示せる.

この節の目的はつぎの定理を証明することである. この定理は最初伊藤 [16] によって重複 Wiener 積分の理論の応用として示されたものであるが, ここではマルチンゲールの空間に関する一般論より証明する. この方法は $\mathscr{F}_t$ が一般のマルコフ過程から生成されている場合にも適用できるものである.

定理 4.1 $M = (M_t)_{t \geq 0} \in \mathscr{M}_2(\mathscr{F}_t)$ とすると, $\Phi_i \in \mathscr{L}_2(\mathscr{F}_t)$, $i = 1, 2, \cdots, d$ が一意的に存在して

$$M(t) = \sum_{i=1}^d \int_0^t \Phi_i(s, \omega) dX_i(s, \omega)$$

と表現される*.

系 1 $\mathcal{M}_2(\mathcal{F}_t) = \mathcal{M}_2^c(\mathcal{F}_t)$.

注意 4.1 $M \in \mathcal{M}_2^{loc}(\mathcal{F}_t)$ に対しては $\Phi_i \in \mathcal{L}_2^{loc}(\mathcal{F}_t)$ が存在し, 同様の表現がなりたつ.

証明 まず, $\{\mathcal{F}_t\}$ が不連続点をもたないので, M, $N \in \mathcal{M}_2(\mathcal{F}_t)$ に対し, $\langle M, N \rangle \in \mathcal{A}$ となり (命題 3.1), 前節と同様にして $\Phi \in \mathcal{L}_2(M)$ に対しその確率積分 $\int_0^t \Phi_s dM_s \in \mathcal{M}_2(\mathcal{F}_t)$ が定義される. いま

$$\mathcal{H} = \{M \in \mathcal{M}_2(\mathcal{F}_t) ; \exists \Phi_i \in \mathcal{L}_2(\mathcal{F}_t),\ i=1,2,\cdots,d,$$
$$M_t = \sum_{i=1}^d \int_0^t \Phi_i(s, \omega) dX_i(s)\} \quad (4.1)$$

とおく. $\mathcal{H} \subset \mathcal{M}_2(\mathcal{F}_t)$ であるが $\mathcal{H} = \mathcal{M}_2(\mathcal{F}_t)$ が示すべきことである.

補題 4.3 任意の $M \in \mathcal{M}_2(\mathcal{F}_t)$ は必ず
$$M = M_1 + M_2,\ M_i \in \mathcal{M}_2(\mathcal{F}_t),\ i=1,2$$
と一意的に分解される. ここで $M_1 \in \mathcal{H}$, かつ M_2 は, 任意の $N \in \mathcal{H}$ に対し $\langle M_2, N \rangle = 0$ となる.

証明 分解の一意性はあきらかである. 実際, $M = M_1' + M_2'$ を別の分解とすると,

$M_2' - M_2 = M_1 - M_1' \in \mathcal{H}$ かつ $\langle M_2' - M_2, N \rangle = 0$ ($\forall N \in \mathcal{H}$) だから $\langle M_2' - M_2, M_2' - M_2 \rangle = 0$. ゆえに $M_2 = M_2'$ で, したがって, $M_1 = M_1'$.

---

* $X_i(t) = X^i(t) - X^i(0) \in \mathcal{M}_2(\mathcal{F}_t),\ i=1,2,\cdots,d$.

つぎに分解できることを示す. $M \in \mathcal{M}_2(\mathscr{F}_t)$ が与えられたとする. $X_i(t) = X^i(t) - X^i(0)$, $i = 1, 2, \cdots, d$ とし, $\langle M, X_1 \rangle, \langle M, X_2 \rangle, \cdots, \langle M, X_d \rangle \in \mathscr{A}$ を考える. このとき p-可測過程 $\Psi_1(s, \omega), \Psi_2(s, \omega), \cdots, \Psi_d(s, \omega)$ が存在し

$$\langle M, X_i \rangle_t = \int_0^t \Psi_i(s, \omega) ds, \ i = 1, 2, \cdots, d$$

となる. なぜなら $A_t = \langle M \rangle_t + t$ とおくと確率1で $d |||\langle M, X_i \rangle|||_t \ll dA_t$ であり*(補題 3.1), したがって

$$C_t(\omega) = \varlimsup_{h \downarrow 0} \frac{\langle M, X_i \rangle_t - \langle M, X_i \rangle_{t-h}}{A_t - A_{t-h}}$$

とおくと $C_t(\omega)$ は p-可測過程で

$$\langle M, X_i \rangle = \int_0^t C_s(\omega) dA_s$$

となる. 同様に p-可測な $D_s(\omega)$ が存在して

$$t = \int_0^t D_s(\omega) dA_s$$

となる. いま $\Phi_s(\omega) = I_{\{D_s(\omega) = 0\}}$ とおくと, これも p-可測過程で

$$\int_0^t \Phi_s(\omega) d \langle M, X_i \rangle_s = \left\langle M, \int_0^t \Phi_s(\omega) dX_i \right\rangle = 0$$

が,

$$\left\langle \int_0^t \Phi_s(\omega) dX_i(s) \right\rangle = \int_0^t \Phi_s^2(\omega) ds$$

---

* $v \ll \mu$ は, v は μ について絶対連続になることを示す.

$$= \int_0^t \Phi_s^2(\omega) D_s(\omega) dA_s = 0$$

となることよりなりたつ. ゆえに

$$\int_0^t \Phi_s(\omega) C_s(\omega) dA_s = 0.$$

したがって,

$$\begin{aligned}
\langle M, X_i \rangle_t &= \int_0^t C_s(\omega) dA_s \\
&= \int_0^t C_s(\omega) I_{\{D_s(\omega) \neq 0\}} dA_s \\
&= \int_0^t \frac{C_s(\omega)}{D_s(\omega)} I_{\{D_s(\omega) \neq 0\}} D_s(\omega) dA_s \\
&= \int_0^t \frac{C_s(\omega)}{D_s(\omega)} I_{\{D_s(\omega) \neq 0\}} ds.
\end{aligned}$$

ゆえに $\Psi_i(s, \omega) = \dfrac{C_s(\omega)}{D_s(\omega)} I_{\{D_s(\omega) \neq 0\}}$ とおけばよい.

つぎに, この Ψ_i, $i = 1, 2, \cdots, d$ に対し, $\Psi_i \in \mathscr{L}_2(\mathscr{F}_t)$ である. なぜなら, $\Psi_i^{(N)}(s, \omega) = ((-N) \vee \Psi_i(s, \omega)) \wedge N$ とおくと, 任意の $s < t$ に対し,

$$\int_s^t |\Psi_i^{(N)}| du \leq \int_s^t |\Psi_i| du = \int_s^t d|||\langle M, X_i \rangle|||_u$$

であり, したがって補題 3.1 より

$$\begin{aligned}
\int_0^t |\Psi_i^{(N)}|^2 ds &\leq \int_0^t |\Psi_i^{(N)}| d|||\langle M, X_i \rangle|||_s \\
&\leq \sqrt{\int_0^t |\Psi_i^{(N)}|^2 ds} \cdot \sqrt{\langle M \rangle(t)}.
\end{aligned}$$

ゆえに，確率 1 で
$$\int_0^t |\Psi_i^{(N)}|^2 ds \leq \langle M \rangle(t)$$
がなりたち，とくに $E\left[\int_0^t |\Psi_i^{(N)}|^2 ds\right] \leq E[\langle M \rangle(t)]$ である．$N \to \infty$ として，$E\left[\int_0^t |\Psi_i|^2 ds\right] < \infty$．すなわち $\Psi_i \in \mathscr{L}_2(\mathscr{F}_t)$ がわかる．

そこで
$$M_1(t) = \sum_{i=1}^d \int_0^t \Psi_i(s, \omega) dX_i(s, \omega)$$
$$M_2(t) = M(t) - M_1(t)$$
とおく．すると，$M_1 \in \mathscr{H}$ であり，
$$N = \sum_{i=1}^d \int_0^t \Phi_i(s, \omega) dX_i(s, \omega) \in \mathscr{H}$$
とすると
$$\begin{aligned}
\langle N, M_2 \rangle &= \langle N, M \rangle - \langle N, M_1 \rangle \\
&= \sum_{i=1}^d \int_0^t \Phi_i(s, \omega) d\langle M, X_i \rangle_s \\
&\quad - \sum_{i=1}^d \int_0^t \Phi_i(s, \omega) \Psi_i(s, \omega) ds \\
&= \sum_{i=1}^d \int_0^t \Phi_i(s, \omega) \Psi_i(s, \omega) ds \\
&\quad - \sum_{i=1}^d \int_0^t \Phi_i(s, \omega) \Psi_i(s, \omega) ds \\
&= 0
\end{aligned}$$

となり補題は証明された.

再び定理の証明にもどる. 補題より $M\in\mathscr{M}_2(\mathscr{F}_t)$ が $\langle M,N\rangle=0$, $N\in\mathscr{H}$ をみたすとき $M\equiv 0$ なることを示せばよい. いま $\mathscr{S}=\mathscr{S}(\boldsymbol{R}^d)$ を $\boldsymbol{R}^d$ 上の急減少 $\boldsymbol{C}^\infty$-関数の全体とする. 上の半群 H_t は $\mathscr{S}$ を $\mathscr{S}$ にうつすことは容易にわかる. また $f\in\mathscr{S}$ のとき

$$G_\alpha f(x) = \int_0^\infty e^{-\alpha t}(H_t f)(x)dt$$

も $\mathscr{S}$ に属し, $\left(\alpha-\dfrac{1}{2}\Delta\right)u=f$ をみたすこともよく知られている*. 伊藤の公式より,

$$\begin{aligned}
&e^{-\alpha t}u(X_t)-u(X_0)\\
&=\int_0^t e^{-\alpha s}\sum_{i=1}^d u_{x_i}(X_s)dX_i(s)\\
&\quad +\int_0^t e^{-\alpha s}\frac{1}{2}\Delta u(X_s)ds-\alpha\int_0^t e^{-\alpha s}u(X_s)ds\\
&=\int_0^t\sum_{i=1}^d e^{-\alpha s}u_{x_i}(X_s)dX_i(s)-\int_0^t e^{-\alpha s}f(X_s)ds
\end{aligned}$$

となるので, いま

$$X^{f,\alpha}(t)=e^{-\alpha t}u(X_t)-u(X_0)+\int_0^t e^{-\alpha s}f(X_s)ds,$$

$$\alpha>0, f\in\mathscr{S}$$

とおくと, $X^{f,\alpha}\in\mathscr{H}$ である. ゆえに, 上の M に対し

---

* $\Delta u=\sum_{i=1}^d u_{x_i x_i}$: ラプラスの微分作用素.

$$\langle M, X^{f,\alpha} \rangle = 0.$$

このことは，定義より，$t > s \geqq 0$ に対し，
$$E[(M(t)-M(s))(X^{f,\alpha}(t)-X^{f,\alpha}(s)) \mid \mathscr{F}_s] = 0$$
を意味する．ところで，あきらかに
$$E[(X^{f,\alpha}(\infty)-X^{f,\alpha}(t)) \mid \mathscr{F}_t] = 0$$
であるので
$$E[(M(t)-M(s))(X^{f,\alpha}(\infty)-X^{f,\alpha}(s)) \mid \mathscr{F}_s] = 0$$
が任意の $t > s \geqq 0$ に対しなりたつ．すなわち，
$$E\left[M(t)-M(s)\left(-e^{-\alpha s}u(X_s) + \int_s^\infty e^{-\alpha u}f(X_u)du\right)\bigg|\mathscr{F}_s\right] = 0.$$

ゆえに，$E[M(t)-M(s) \mid \mathscr{F}_s] = 0$ に注意して，
$$\begin{aligned}
0 &= E\left[\int_s^\infty e^{-\alpha u}f(X_u)du(M(t)-M(s))\bigg|\mathscr{F}_s\right] \\
&= \int_s^\infty E[e^{-\alpha u}f(X_u)E[M(t)-M(s)]\mid\mathscr{F}_u]\mathscr{F}_s]du \\
&= \int_s^\infty E[e^{-\alpha u}f(X_u)(M(t\wedge u)-M(s))\mid\mathscr{F}_s]du \\
&= e^{-\alpha s}\int_0^\infty e^{-\alpha u}E[f(X_{u+s})(M(t\wedge(u+s)) \\
&\qquad\qquad\qquad -M(s))\mid\mathscr{F}_s]du.
\end{aligned}$$

ゆえに，任意の $0 \leqq s < t$ と $u > 0$ に対し，確率 1 で，
$$E[f(X_{u+s})(M(t\wedge(u+s))-M(s)) \mid \mathscr{F}_s] = 0$$
がなりたつことがわかる．したがって任意の $s, u \geqq 0$ に対

し，確率 1 で
$$E[f(X_{u+s})M(u+s) \mid \mathscr{F}_s] = M(s)E[f(X_{u+s}) \mid \mathscr{F}_s]$$
$$= M(s)(H_u f)(X_s)$$
がなりたつ．

いま $f_1, f_2, \cdots, f_n \in \mathscr{S}$, $0 = t_0 < t_1 < t_2 < \cdots t_n$ を任意にとる．すると
$$E[M(t_n)f_1(X_{t_1})f_2(X_{t_2})\cdots f_n(X_{t_n})]$$
$$= E[f_1(X_{t_1})f_2(X_{t_2})\cdots$$
$$\cdots f_{n-1}(X_{t_{n-1}})E[f_n(X_t)M(t) \mid \mathscr{F}_{t_{n-1}}]]$$
$$= E[f_1(X_{t_1})f_2(X_{t_2})\cdots \tilde{f}_{n-1}(X_{t_{n-1}})M(t_{n-1})] \quad (4.2)$$
ここで $\tilde{f}_{n-1} = f_{n-1} \cdot H_{t_n - t_{n-1}} f_n$. これをくりかえしていくと最後に
$$E[\tilde{f}_1(X_0)M(0)] = 0$$
が得られ結局 (4.2) の左辺 $= 0$ がわかる．ゆえに $M(t_n) = 0$ a.s. すなわち $M(t) = 0$ が得られた．

系 2 $(\Omega, \mathscr{F}, P ; \mathscr{F}_t)$ を上の四つ組，$F(\omega) \in L^2(\Omega, P, \mathscr{F}_t)$ とすると p-可測な $\Phi_1, \Phi_2, \cdots, \Phi_d$ で
$$E\left[\int_0^t \Phi_i^2(s, \omega)ds\right] < \infty, \ i = 1, 2, \cdots, d$$
となるものが存在し
$$F(\omega) = E[F(\omega) \mid \mathscr{F}_0] + \sum_{i=1}^d \int_0^t \Phi_i(s, \omega) dX_i(s, \omega)$$

と表現される*.

証明 $M_s = E[F(\omega)|\mathscr{F}_s] - E[F(\omega)|\mathscr{F}_0] \in \mathscr{M}_2(\mathscr{F}_s)$ なることと $M_t = F(\omega) - E[F(\omega)|\mathscr{F}_0]$ なることに注意すれば,上の定理よりただちに得られる.

§5 連続マルチンゲールの表現定理

この節では,連続なマルチンゲールがブラウン運動を用いてどのように表現されるかをしらべる.以下の諸結果は,拡散過程や確率微分方程式の研究において基礎的なものである.

$(\Omega, \mathscr{F}, P; \mathscr{F}_t)$ を与えられた四つ組とする.

定理 5.1 (A) $M_i \in \mathscr{M}_2^{c, loc}(\mathscr{F}_t)$ $(i=1,2,\cdots,d)$ とする.さらに,$\Phi_{ij}(s,\omega) \in \mathscr{L}_1^{loc}(\mathscr{F}_t)$,$\Psi_{ik}(s,\omega) \in \mathscr{L}_2^{loc}(\mathscr{F}_t)$ $(i,j,k=1,2,\cdots,d)$ が存在し

$$\langle M_i, M_j \rangle(t) = \int_0^t \Phi_{ij}(s,\omega)ds, \quad i,j=1,2,\cdots,d \quad (5.1)$$

$$\Phi_{ij}(s,\omega) = \sum_{k=1}^d \Psi_{ik}(s,\omega)\Psi_{jk}(s,\omega) \quad (5.2)$$

(行列の記号でかけば $\Phi = \Psi \cdot {}^T\Psi$)

かつ

$$\det \Psi_{ik}(s,\omega) \neq 0, \quad \forall s, \omega \quad (5.3)$$

がみたされているとする**.

---

* $\mathscr{F}_\infty = \bigvee_{t>0} \mathscr{F}_t$ とすれば $t = \infty$ に対してもなりたつ.

** (5.3) は各 $s \geq 0$ に対し,ほとんどすべての ω についてなりたてば十分である.

このとき,d 次元の $\mathscr{F}_t$-ブラウン運動 $X(t)=(X_1(t),$ $X_2(t),\cdots,X_d(t))$ $(X(0)=0)$ が存在し,
$$M_i(t) = \sum_{k=1}^{d} \int_0^t \Psi_{ik}(s,\omega) dX_k(s) \tag{5.4}$$
とあらわされる.

証明 $M_i \in \mathscr{M}_2^c$, $\Phi_{ij}, \Psi_{ik} \in \mathscr{L}_2(\mathscr{F}_t)$ の場合を証明する.一般の場合は容易にこの場合に帰着される.$\Psi = (\Psi_{ik})$ は各 (s,ω) に対し $d \times d$ 正則行列であり,その逆行列を Ψ^{-1}, その (i,k) 成分を $(\Psi^{-1})_{ik}$ であらわす.いま $N>0$ に対し

$$\theta_{ik}^{(N)}(s,\omega) = \begin{cases} (\Psi^{-1})_{ik}(s,\omega), & \text{すべての } i,k \text{ で} \\ & |(\Psi^{-1})_{ik}(s,\omega)| \leq N \\ & \text{のとき} \\ 0, & \text{そうでないとき} \end{cases}$$

とおく.あきらかに $\theta_{ik}^{(N)} \in \mathscr{L}_2(\mathscr{F}_t)$, また任意の i,j に対し,

$$\int_0^t E\left[\left| \sum_{k,k'=1}^{d} \theta_{ik}^{(N)}(s,\omega) \theta_{jk'}^{(N)}(s,\omega) \Phi_{kk'}(s,\omega) - \delta_{ij} \right|^2 \right] ds$$
$$\to 0 \quad (N \to \infty) \tag{5.5}$$

がなりたつ.いま $X_i^{(N)} = \sum_{k=1}^{d} \int_0^t \theta_{ik}^{(N)}(s,\omega) dM_k(s,\omega)$ とおくと $X_i^{(N)} \in \mathscr{M}_2^c(\mathscr{F}_t)$ $(i=1,2,\cdots,d)$ であり

$$\langle X_i^{(N)}, X_j^{(N)} \rangle_t = \int_0^t \sum_{k,k'=1}^{d} \theta_{ik}^{(N)}(s,\omega) \theta_{jk'}^{(N)}(s,\omega)$$
$$\times \Phi_{kk'}(s,\omega) ds \tag{5.6}$$

である.すると (5.5) と空間 $\mathscr{M}_2^c(\mathscr{F}_t)$ の完備性(補題 1.2)より,$X_i^{(N)}$ は $N\to\infty$ のとき,ある $X_i\in\mathscr{M}_2^c(\mathscr{F}_t)$ に収束し,$\langle X_i, X_j\rangle_t = \delta_{ij} t\ (i,j=1,2,\cdots,d)$ がなりたつ.定理3.6 より $X(t)=(X_1(t), X_2(t), \cdots, X_d(t))$ は $\mathscr{F}_t$-d 次元ブラウン運動である.また

$$\sum_{k=1}^{d}\int_0^t \Psi_{ik}(s,\omega) dX_k^{(N)}(s,\omega) = \int_0^t I_A(s,\omega) dM_i(s)$$

ここで,

$$I_A(s,\omega) = \begin{cases} 1, & \text{もしすべての } (i,k) \text{ で} \\ & |(\Psi^{-1})_{ik}(s,\omega)| \leq N \text{ のとき,} \\ 0, & \text{そうでないとき} \end{cases}$$

である.これより,$N\to\infty$ として

$$M_i(t) = \sum_{k=1}^{d}\int_0^t \Psi_{ik}(s,\omega) dX_k(s,\omega), \quad i=1,2,\cdots,d$$

となることがわかる.

定理 5.2 (A) $M\in\mathscr{M}_2^{c,loc}(\mathscr{F}_t)$ とする.さらに,$\langle M\rangle\in\mathscr{A}_+^{loc}$ が確率 1 で

$$\lim_{t\uparrow\infty}\langle M\rangle(t) = \infty \tag{5.7}$$

をみたすとする.このとき,$\tau_t = \inf\{u ; \langle M\rangle_u > t\}$ とおくと,$X(t)=M(\tau_t)$ は $\tilde{\mathscr{F}}_t = \mathscr{F}_{\tau_t}$ に関する 1 次元ブラウン運動になる*.したがってとくに $M(t)$ は,1 次元ブラ

---

* 各 t に対し,τ_t は $\mathscr{F}_t$ に関するマルコフ時間で,$\mathscr{F}_{\tau_t}$ は第 1 章,定義 3.3 によって定義される.

ウン運動 $X(t)$ によって,
$$M(t) = X(\langle M \rangle(t)) \tag{5.8}$$
と表現される**.

証明 まず最初に $X(t) = M(\tau_t)$ は確率 1 で t について連続であることを注意する. そのため, 任意の $r < r'$ に対し, 確率 0 の集合を除いて,

$$\{\langle M \rangle_{r'} = \langle M \rangle_r\} \subset \{M_u = M_r, \ \forall u \in [r', r]\} \tag{5.9}$$

がなりたつことをいう. 実際, $\sigma = \inf\{s > r : \langle M \rangle_s > \langle M \rangle_r\}$ とおくと σ は $\mathscr{F}_t$ に関するマルコフ時間であり, したがって, $N(s) = M(\sigma \wedge (r_1 + s)) - M(r_1)$ は $\hat{\mathscr{F}}_s = \mathscr{F}_{\sigma \wedge (r_1 + s)}$ に関する連続なマルチンゲールになる. また $\langle N \rangle(s) = \langle M \rangle(\sigma \wedge (r_1 + s)) - \langle M \rangle(r_1) = 0, \ \forall s \in [0, \infty)$ であるので $N = 0$. このことは, 確率 1 で
$$M(\sigma \wedge (r_1 + s)) = M(r_1), \ \forall s \in [0, \infty)$$
がなりたつことを示している. とくに確率 0 の集合を除いて,

$$\{\langle M \rangle_{r'} = \langle M \rangle_r\} \subset \{\sigma \geqq r'\}$$
$$\subset \{M_u = M_r, \ \forall u \in [r', r]\}$$

となり (5.9) がなりたつ. ところで r, r' を有理数全体をうごかし M や $\langle M \rangle$ の連続性に注意すれば容易に, 確率 1 で "任意の $r < r'$ に対し $\langle M \rangle_{r'} = \langle M \rangle_r$ ならば任意の $u \in [r, r']$ で $M_u = M_r$ がなりたつ" ことがわかる. するとあきらかに $M(\tau_t)$ は, 確率 1 で t について連続である.

** このとき, 各 $t \geqq 0$ に対し $\langle M \rangle(t)$ は $\hat{\mathscr{F}}_u$-マルコフ時間である. 実際, $\{\langle M \rangle(t) \leqq u\} = \{\tau_u \geqq t\} \in \mathscr{F}_{\tau_u} = \hat{\mathscr{F}}_u$.

つぎに，Doob の任意抽出定理より*，各 $n=1, 2, \cdots$ に対し，$E[M(\tau_t \wedge n)^2] = E[\langle M \rangle(\tau_t \wedge n)] \leqq E[\langle M \rangle(\tau_t)] = t$ である．ゆえに $n \to \infty$ として $E[M(\tau_t)^2] = t$. すると，やはり Doob の同じ定理によって $X(t) = M(\tau_t) \in \mathscr{M}_2^c(\mathscr{F}_{\tau_t})$ かつ $\langle X \rangle_t = t$. したがって，定理 3.6 より $X(t)$ は $\tilde{\mathscr{F}}_t = \mathscr{F}_{\tau_t}$-ブラウン運動である．

この定理は，F. Knight [29] によってつぎのように一般化された．

定理 5.3 (A) $M_i \in \mathscr{M}_2^{c, loc}(\mathscr{F}_t)$, $i = 1, 2, \cdots, d$ とする．さらに

$$\langle M_i, M_j \rangle = 0, \quad i \neq j, \tag{5.10}$$

確率 1 で

$$\lim_{t \uparrow \infty} \langle M_i \rangle(t) = \infty, \quad i = 1, 2, \cdots, d \tag{5.11}$$

がなりたつとする．このとき $\tau_t^i = \inf\{u : \langle M_i \rangle(u) > t\}$ $(i = 1, 2, \cdots, d)$ とおくと，$X_i(t) = M_i(\tau_t^i)$ $(i = 1, 2, \cdots, d)$ は互いに独立な d 個の 1 次元ブラウン運動になる．とくに $M(t) = (M_1(t), M_2(t), \cdots, M_d(t))$ は d 次元ブラウン運動 $X(t) = (X_1(t), X_2(t), \cdots, X_d(t))$ によって，

$$M_i(t) = X_i(\langle M_i \rangle(t)), \quad i = 1, 2, \cdots, d \tag{5.12}$$

と表現される．

---

* 付録 II 参照．

証明 前定理によって各 $X_i = \{X_i(t)\}$ は 1 次元ブラウン運動になるので，証明すべきことはその独立性である．

そこで，帰納法で示すことにし，$X_1, X_2, \cdots, X_i$ が互いに独立，すなわち $(X_1, X_2, \cdots, X_i)$ が i 次元ブラウン運動になっていると仮定したとき X_{i+1} と $(X_1, X_2, \cdots, X_i)$ とが独立になることを示せばよい．いま $(X_1, X_2, \cdots, X_i)$ で張られる**σ-集合体を $\mathscr{G}$，$\{X_1(s), X_2(s), \cdots, X_i(s), s \leqq t\}$ で張られる σ-集合体を $\mathscr{G}_t$，また X_{i+1} で張られる σ-集合体を $\mathscr{H}$，$\{X_{i+1}(s), s \leqq t\}$ で張られる集合体を $\mathscr{H}_t$ であらわす．P の $\mathscr{G}$ に関する条件つき確率分布を $P(\cdot|\mathscr{G})$ とするとき，確率 1 で $X_{i+1} = \{X_{i+1}(t)\}$ が $P(\cdot|\mathscr{G})$ に関し 1 次元ブラウン運動になることがわかれば，X_{i+1} と $\mathscr{G}$ の独立性がいえたことになる．このことは定理 3.6 に注意すれば，任意の $t > s$ と有界な $\mathscr{H}_s$-可測関数 $F_1(\omega)$ に対し，確率 1 で，

$$E[(X_{i+1}(t) - X_{i+1}(s))F_1(\omega) \mid \mathscr{G}] = 0 \qquad (5.13)$$

$$E[X_{i+1}(t) - X_{i+1}(s)]^2 F_1(\omega) \mid \mathscr{G}] = t - s \qquad (5.14)$$

をいえば十分である．したがって結局，任意の $t > s$ と有界な $\mathscr{H}_s$-可測関数 $F_1(\omega)$ および有界な $\mathscr{G}$-可測関数 $F_2(\omega)$ に対し，

$$E[(X_{i+1}(t) - X_{i+1}(s))F_1(\omega)F_2(\omega)] = 0 \qquad (5.15)$$

$$E[((X_{i+1}(t) - X_{i+1}(s))^2 - (t-s))F_1(\omega)F_2(\omega)] = 0$$

$$\qquad (5.16)$$

** このとき P-測度 0 の集合全体 $\mathscr{N}$ をすべてつけ加える．このことは以下で同様である．

を示せばよい.

どちらでも同様であるので (5.15) のみ証明する. いま $\mathscr{G}^{(k)} = \{X_k(s),\ 0 \leq s < \infty\}$ で生成される σ-集合体とする $(k = 1, 2, \cdots, i)$. $F_2(\omega)$ は $\prod_{k=1}^{i} G_k(\omega)$ (ここで $G_k(\omega)$ は $\mathscr{G}^{(k)}$-可測な有界関数) の形の関数の有限和で近似できるので始めから $F_2(\omega) = \prod_{k=1}^{i} G_k(\omega)$ と仮定してよい. 定理 4.1 系 2 より

$$F_1(\omega) = c + \int_0^s \Phi(u, \omega) dX_{i+1}(u)$$
$$G_k(\omega) = c_k + \int_0^\infty \Psi_k(u, \omega) dX_k(u),\ k = 1, 2, \cdots, i^*$$

と表現される. ここで $\Phi \in \mathscr{L}_2(\mathscr{H}_t)$, $\Psi_k \in \mathscr{L}_2(\mathscr{G}_t^{(k)})$.

一方, 補題 1.1 に注意すれば, Φ は

$$\hat{\Phi}(u, \omega) = \sum_{j=0}^{\infty} h_j(\omega) I_{[t_j, t_{j+1})}(u)$$

の形の $\hat{\Phi}$ により, いくらでも近似できる ($h_j(\omega)$ は H_{t_j}-可測). このとき, $h_j(\omega)$ は $\prod_{l=1}^{N} f_l(X_{i+1}(u_l)), u_l \leq t_j$ の形であると仮定してよい. ここで $f_l(x)$ は $\boldsymbol{R}$ 上の有界連続関数. Ψ_k に関しても同様の近似ができる. したがって, 結局 (5.15) における $F_1(\omega), F_2(\omega)$ は

$$F_1(\omega) = c + \int_0^s \Phi(u, \omega) dX_{i+1}(u),$$

---

* c, c_k は定数.

$$F_2(\omega) = \prod_{k=1}^{i} G_k(\omega),$$
$$G_k(\omega) = c_k + \int_0^\infty \Psi_k(u,\omega)dX_k(u),$$
$$k = 1, 2, \cdots$$

の形であると仮定してよい. ここで,
$$\Phi(u,\omega) = \prod_{l=1}^{N} f_l(X_{i+1}(u_l))I_{[t_1,t_2)}(u)$$
$$(u_1 < u_2 < \cdots < u_N \leqq t_1 < t_2)$$
$$\Psi_k(u,\omega) = \prod_{l=1}^{M} g_l(X_k(v_l))I_{[s_1,s_2)}(u)$$
$$(v_1 < v_2 < \cdots < v_M \leqq s_1 < s_2).$$

このとき,
$$\tilde{\Phi}(u,\omega) = \prod_{l=1}^{N} f_l(M_{i+1}(\tau_{u_l}^{i+1}))I_{[\tau_{t_1}^{i+1},\tau_{t_2}^{i+1})}(u)$$
とおくと $\tilde{\Phi} \in \mathscr{L}_2(M_{i+1})$ であり, あきらかに
$$F_1(\omega) = c + \int_0^{\tau_s} \tilde{\Phi}(u,\omega)dM_{i+1}(u)$$
同様に,
$$\tilde{\Psi}_k(u,\omega) = \prod_{l=1}^{M} g_l(M_k(\tau_{v_l}^k))I_{[\tau_{s_1}^k,\tau_{s_2}^k)}(u)$$
とおくと
$$G_k(\omega) = c_k + \int_0^\infty \tilde{\Psi}_k(u,\omega)dM_k(u).$$

すると, $\langle M_k, M_l \rangle = 0$, $k \neq l$, に注意して, 伊藤の公式

より
$$F_2(\omega) = \prod_{k=1}^{i} G_k(\omega)$$
$$= \prod_{k=1}^{i} \left(c_k + \int_0^\infty \tilde{\Psi}_k(u,\omega) dM_k(u) \right)$$
$$= c_1 c_2 \cdots c_k$$
$$+ \sum_{k=1}^{i} \int_0^\infty \prod_{\substack{l=1 \\ l \neq k}}^{i} \left\{ c_l + \int_0^t \tilde{\Psi}_l(u,\omega) dM_l(u) \right\} \tilde{\Psi}_k(t,\omega) dM_k(t)$$
$$\equiv c' + \sum_{k=1}^{i} \int_0^\infty \Theta_k(t,\omega) dM_k(t),$$

となる. したがって (5.15) は,
$$E[(X_{i+1}(t) - X_{i+1}(s))F_1(\omega)F_2(\omega)]^*$$
$$= E\bigg[(M_{i+1}(\tau_t) - M_{i+1}(\tau_s)) \left(c + \int_0^{\tau_s} \tilde{\Phi}_1(u,\omega) dM_{i+1}(u) \right)$$
$$\cdot \left\{ \sum_{k=1}^{i} \int_0^\infty \Theta_k(u,\omega) dM_k(u) \right\} \bigg]$$
$$= \sum_{k=1}^{i} E\bigg[(M_{i+1}(\tau_t) - M_{i+1}(\tau_s)) \left(c + \int_0^{\tau_s} \tilde{\Phi}_1(u,\omega) dM_{i+1}(u) \right)$$
$$\cdot \int_0^\infty \Theta_k(u,\omega) dM_k(u) \bigg]$$
$$= \sum_{k=1}^{i} E\bigg[E\bigg[(M_{i+1}(\tau_t) - M_{i+1}(\tau_s)) \int_{\tau_s}^\infty \Theta_k(u,\omega) dM_k(u) \,\bigg|\, \mathscr{F}_{\tau_s} \bigg]$$
$$\cdot \left(c + \int_0^{\tau_s} \tilde{\Phi}_1(u,\omega) dM_{i+1}(u) \right) \bigg]$$
$$+ \sum_{k=1}^{i} E\bigg[E[(M_{i+1}(\tau_t) - M_{i+1}(\tau_s)) \mid \mathscr{F}_{\tau_s}]$$

---

* $E[(X_{i+1}(t) - X_i(t))F_1(\omega)] = 0$ はあきらか.

$$\cdot \left(c + \int_0^{\tau_s} \tilde{\Phi}_1(u, \omega) dM_{i+1}(u) \right) \int_0^{\tau_s} \Theta_k(u, \omega) dM_k(u) \Big]$$

いま $\langle M_{i+1}, M_k \rangle = 0$ より第1項は0であり,あきらかに,第2項は0である.

証明おわり

いままでの定理は,すべて四つ組 $(\Omega, \mathscr{F}, P ; \mathscr{F}_t)$ に関する連続マルチンゲールを,この空間の上のブラウン運動を用いて表現するものであったが,ブラウン運動が与えられた空間 Ω 上にとれるためマルチンゲールの方にいろいろ制限がついた.以下でこの制限をはずすことを考える.その場合ブラウン運動は,一般には Ω よりもっと広い空間の上につくられるのである.この準備として,Ω をひろげた空間という概念を明確にしよう.

定義 5.1 四つ組 $(\hat{\Omega}, \hat{\mathscr{F}}, \hat{P} ; \hat{\mathscr{F}}_t)$ が $(\Omega, \mathscr{F}, P ; \mathscr{F}_t)$ の**拡張**であるとは,写像 $\pi : \hat{\Omega} \to \Omega$ で,$\hat{\mathscr{F}}_\infty / \mathscr{F}_\infty$**-可測なるものが存在して,

(ⅰ) $\hat{\mathscr{F}}_t \supset \pi^{-1}(\mathscr{F}_t)$

(ⅱ) $P = \pi(\hat{P}) \ (= \hat{P} \circ \pi^{-1})$

(ⅲ) 任意の $X(\omega) \in L^\infty(\Omega, \mathscr{F}, P)$ に対し,
$$\hat{X}(\hat{\omega}) = X(\pi\hat{\omega}) \tag{5.17}$$
とおくとき
$$\hat{E}[\hat{X}(\hat{\omega}) | \hat{\mathscr{F}}_t] = E[X | \mathscr{F}_t](\pi\hat{\omega}) \quad \hat{P}\text{-a.s.} \tag{5.18}$$

** $\mathscr{F}_\infty = \bigvee_{t>0} \mathscr{F}_t, \ \hat{\mathscr{F}}_\infty = \bigvee_{t>0} \hat{\mathscr{F}}_t.$

の条件がみたされていることをいう.

定義 5.2 二つの四つ組 $(\Omega, \mathscr{F}, P ; \mathscr{F}_t), (\Omega', \mathscr{F}', P' ; \mathscr{F}'_t)$ を考える. いま
$$\hat{\Omega} = \Omega \times \Omega'$$
$$\hat{\mathscr{F}} = \mathscr{F} \times \mathscr{F}'^{*}$$
$$\hat{P} = P \otimes P'$$
$$\pi\hat{\omega} = \omega \quad (\hat{\omega} = (\omega, \omega') \text{ のとき})$$
とおく. もし $\hat{\Omega}$ 上の σ-集合体 $\hat{\mathscr{F}}_t$ が
$$\mathscr{F}_t \times \mathscr{F}'_t \supset \hat{\mathscr{F}}_t \supset \mathscr{F}_t \times \{\Omega', \phi\} \equiv \pi^{-1}(\mathscr{F}_t) \quad (5.19)$$
をみたすとき, 四つ組 $(\hat{\Omega}, \hat{\mathscr{F}}, \hat{P} ; \hat{\mathscr{F}}_t)$ を $(\Omega, \mathscr{F}, P ; \mathscr{F}_t)$ の**標準的拡張**という.

$\hat{\mathscr{F}}_t$ が (5.19) をみたすとき (5.18) をみたすことは容易に示される.

$(\hat{\Omega}, \hat{\mathscr{F}}, \hat{P} ; \hat{\mathscr{F}}_t)$ が $(\Omega, \mathscr{F}, P ; \mathscr{F}_t)$ のある拡張であるとする. このとき $M \in \mathscr{M}_2(\mathscr{F}_t)$ に対し $\hat{M} = \{\hat{M}_t(\hat{\omega})\}$ を $\hat{M}_t(\hat{\omega}) = M_t(\pi\hat{\omega})$ で定義すると (5.18) より容易に $\hat{M}_t \in \mathscr{M}_2(\hat{\mathscr{F}}_t)$ であり $\langle\hat{M}\rangle_t(\hat{\omega}) = \langle M\rangle_t(\pi\hat{\omega})$ もなりたつ. この意味で, 写像 π によって Ω 上のマルチンゲールの構造はそのまま $\hat{\Omega}$ の上へ移され, $\mathscr{M}_2(\mathscr{F}_t)$ は $\mathscr{M}_2(\hat{\mathscr{F}}_t)$ に自然にうめこまれる. 以後 $M \in \mathscr{M}_2(\mathscr{F}_t)$ と $\hat{M} \in \mathscr{M}_2(\hat{\mathscr{F}}_t)$ を区別せず同じ記号であらわし, 自由に拡張 $\hat{\Omega}$ の上に移し

---

* $\mathscr{F} \times \mathscr{F}'$ は $\hat{P}$ に関し完備化されているものとする. この種の注意は以後くりかえさないが, 二つの σ-集合体の直積を考えるとき P-測度 0 の集合はすべて加えてあるとする.

て考える．以下の三つの定理は上の三つの定理の自然な拡張である．

定理 5.1 (B) $(\Omega, \mathscr{F}, P ; \mathscr{F}_t)$ を四つ組とし，$M_i \in \mathscr{M}_2^{c,loc}(\mathscr{F}_t)$ $(i=1,2,\cdots,d)$ とする．さらに $\Phi_{ij} \in \mathscr{L}_1^{loc}(\mathscr{F}_t)$ $(i,j=1,2,\cdots,d)$，$\Psi_{ik} \in \mathscr{L}_2^{loc}(\mathscr{F}_t)$ $(i=1,2,\cdots,d,\ k=1,2,\cdots,r)$ が存在し

$$\langle M_i, M_j \rangle(t) = \int_0^t \Phi_{ij}(s,\omega)ds, \ i,j=1,2,\cdots,d \quad (5.20)$$

$$\Phi_{ij}(s,\omega) = \sum_{k=1}^r \Psi_{ik}(s,\omega)\Psi_{jk}(s,\omega), \ i,j=1,2,\cdots,d \quad (5.21)$$

がなりたつとする**．このとき $(\Omega,\mathscr{F},P;\mathscr{F}_t)$ のある拡張 $(\hat{\Omega},\hat{\mathscr{F}},\hat{P};\hat{\mathscr{F}}_t)$ と，その上の r 次元の $\hat{\mathscr{F}}_t$-ブラウン運動 $X(t) = (X_1(t), X_2(t), \cdots, X_r(t))$ $(X(0)=0)$ が存在し

$$M_i(t) = \sum_{k=1}^r \int_0^t \Psi_{ik}(s)dX_k(s) \quad (5.22)$$

と表現できる．

証明 必要ならば $M_i(t) \equiv 0$ または $\Psi_{ik} \equiv 0$ を補うことにより $d=r$ と仮定してさしつかえない．このとき $\Phi = (\Phi_{ij}(u,\omega))$ は各 (u,ω) に対し $d \times d$ 非負定値対称行列であり，したがって $\Phi^{\frac{1}{2}}$ が一意的に定まりその各成分は $\mathscr{L}_2^{loc}(\mathscr{F}_t)$ の元を定義する．上の証明では $\Psi = \Phi^{\frac{1}{2}}$ として

** すなわち $\Phi = \Psi \cdot {}^T\Psi$，$\Phi = (\Phi_{ij})$，$\Psi = (\Psi_{ik})$．

よい．実際，一般のときは各成分が p-可測過程よりなる $d \times d$ 直交行列 P が存在して $\Phi^{\frac{1}{2}} = \Psi \cdot P$ とできる．したがって

$$M_i(t) = \sum_{k=1}^d \int_0^t (\Phi^{\frac{1}{2}})_{ik}(s) dX_k(s)$$

と表現できると，

$$M_i(t) = \sum_{k=1}^d \int_0^t \Psi_{ik}(s) d\tilde{X}_k(s),$$

ここで，$\tilde{X}_k(t) = \sum_{l=1}^d \int_0^t P_{kl}(s) dX_l(s)$ は例 3.2 より d 次元ブラウン運動である．

そこで $\Psi = \Phi^{\frac{1}{2}}$ としよう．

$$\tilde{\Psi}(u) = \lim_{\varepsilon \downarrow 0} \Phi^{\frac{1}{2}}(u)(\Phi(u) + \varepsilon I)^{-1*}$$

とおくと $\tilde{\Psi}(u) \cdot \Psi(u) = \Psi(u) \cdot \tilde{\Psi}(u) = E_R(u)$．ここで行列 $E_R(u)$ は $\Phi(u)$ による像空間への射影をあらわす．$I - E_R(u) = E_N(u)$ とおく．いま，ある四つ組 $(\Omega', \mathscr{F}', P' ; \mathscr{F}'_t)$ 上に d 次元の $\mathscr{F}'_t$-ブラウン運動 $X'(t) = (X'_1(t), X'_2(t), \cdots, X'_d(t))$ を用意する．$\hat{\Omega} = \Omega \times \Omega'$，$\hat{\mathscr{F}} = \mathscr{F} \times \mathscr{F}'$，$\hat{P} = P \times P'$，$\hat{\mathscr{F}}_t = \mathscr{F}_t \times \mathscr{F}'_t$，$\pi : \hat{\Omega}$ から Ω への射影とおくとき $(\hat{\Omega}, \hat{\mathscr{F}}, \hat{P} ; \hat{\mathscr{F}}_t)$ は $(\Omega, \mathscr{F}, P ; \mathscr{F}_t)$ の標準拡張で $\mathscr{M}_2^{loc}(\mathscr{F}_t)$ や $\mathscr{M}_2^{loc}(\mathscr{F}'_t)$ は自然に $\mathscr{M}_2^{loc}(\hat{\mathscr{F}}_t)$ にうめこまれる．このとき $(M_i, X'_i)_{i=1}^d \in \mathscr{M}_2^{loc}(\hat{\mathscr{F}}_t)$ かつ

---

* I は単位行列．

§5 連続マルチンゲールの表現定理

$$\left.\begin{array}{l}\langle M_i, M_j\rangle(t) = \int_0^t \Phi_{ij}(u)du \\ \langle M_i, X_j'\rangle(t) = 0, \quad i,j=1,2,\cdots,d \\ \langle X_i', X_j'\rangle(t) = \delta_{ij}\cdot t\end{array}\right\} \quad (5.23)$$

がなりたっている.そこで

$$X_i(t) = \sum_{k=1}^d \int_0^t \tilde{\Psi}_{ik}(u)dM_k(u) \\ + \sum_{k=1}^d \int_0^t (E_N)_{ik}(u)dX_k'(u) \quad (5.24)$$

とおくと (5.23) より

$$\begin{aligned}\langle X_i, X_j\rangle(t) &= \int_0^t \sum_{k,l=1}^d \tilde{\Psi}_{ik}(u)\tilde{\Psi}_{jl}(u)\Phi_{kl}(u)du \\ &\quad + \int_0^t (E_N)_{ij}(u)du \\ &= \int_0^t (E_R)_{ij}(u)du + \int_0^t (E_N)_{ij}(u)du \\ &= \delta_{ij}t.\end{aligned}$$

ゆえに $\{X_i(t)\}$ は d 次元の $\hat{\mathscr{F}}_t$-ブラウン運動である.

そして,$\Psi(u)\cdot E_N = E_N\cdot \Psi(u) = 0$ に注意して

$$\sum_{k=1}^d \int_0^t \Psi_{ik}(u)dX_k(u) \\ = \sum_{k,l=1}^d \int_0^t \Psi_{ik}(u)\tilde{\Psi}_{kl}(u)dM_l(u) \\ + \sum_{k,l=1}^d \int_0^t \Psi_{ik}(u)(E_N)_{kl}(u)dX_l'(u)$$

$$= M_i(t) - \sum_{l=1}^{d} \int_0^t (E_N)_{il}(u) dM_l(u)$$

$$+ \sum_{l=1}^{d} \int_0^t (\Psi(u) \cdot E_N)_{il}(u) dX'_l(u)$$

$$= M_i(t),$$

ここで $\sum_{l=1}^{d} \int_0^t (E_N)_{il}(u) dM_l(u) = 0$ なることは,

$$\left\langle \sum_{l=1}^{d} \int_0^t (E_N)_{il}(u) dM_l(u) \right\rangle$$

$$= \int_0^t (E_N(u)\Psi(u) \cdot \Psi(u) E_N(u))_{ii} du = 0$$

からわかる.

証明おわり

定理 5.2 (B) $(\Omega, \mathscr{F}, P; \mathscr{F}_t)$ をある四つ組とし, $M \in \mathscr{M}_2^{c,loc}(\mathscr{F}_t)$ とする.

$$\tau_t = \begin{cases} \inf\{u \,;\, \langle M \rangle_u > t\} \\ \infty, \quad \text{もし } \langle M \rangle_\infty = \lim_{u \uparrow \infty} \langle M \rangle_u \leqq t \end{cases}$$

とおき, $\tilde{\mathscr{F}}_t = \mathscr{F}_{\tau_t}$ とする. このとき $(\Omega, \mathscr{F}, P; \tilde{\mathscr{F}}_t)$ の拡張 $(\hat{\Omega}, \hat{\mathscr{F}}, \hat{P}; \hat{\mathscr{F}}_t)$ とその上の 1 次元 $\hat{\mathscr{F}}_t$-ブラウン運動 $X(t)$ が存在し

$$X(t) = M(\tau_t), \quad t \in [0, \langle M \rangle_\infty)$$

となる. とくに $M(t)$ は 1 次元ブラウン運動 $X(t)$ によって

$$M(t) = X(\langle M \rangle(t)) \tag{5.25}$$

と表現される*.

証明 Doob の任意抽出定理により, $s \geq s'$ かつ $u \geq v$ に対し

$$E[M_{\tau_u \wedge s} \mid \mathscr{F}_{\tau_v \wedge s'}] = M_{\tau_v \wedge s'} \tag{5.26}$$

かつ

$$\begin{aligned}
&E[(M_{\tau_u \wedge s} - M_{\tau_v \wedge s'})^2 \mid \mathscr{F}_{\tau_v \wedge s'}] \\
&= E[\langle M \rangle_{\tau_u \wedge s} - \langle M \rangle_{\tau_v \wedge s'} \mid \mathscr{F}_{\tau_v \wedge s'}]
\end{aligned} \tag{5.27}$$

このことより, $\tilde{X}(u) = \lim_{s \to \infty} M_{\tau_u \wedge s}$ が存在し

$$E[\tilde{X}(u) \mid \tilde{\mathscr{F}}_v] = \tilde{X}(v) \tag{5.28}$$

$$\begin{aligned}
&E[(\tilde{X}(u) - \tilde{X}(v))^2 \mid \tilde{\mathscr{F}}_v] \\
&= E[\langle M \rangle_\infty \wedge u - \langle M \rangle_\infty \wedge v \mid \tilde{\mathscr{F}}_v]
\end{aligned} \tag{5.29}$$

となることがわかる. いま, ある四つ組 $(\Omega', \mathscr{F}', P'; \mathscr{F}'_t)$ の上に $\mathscr{F}'_t$-ブラウン運動 Y_t を用意する. そして標準拡張, $\hat{\Omega} = \Omega \times \Omega'$, $\hat{\mathscr{F}} = \mathscr{F} \times \mathscr{F}'$, $\hat{P} = P \times \hat{P}$, $\hat{\mathscr{F}}_t = \tilde{\mathscr{F}}_t \times \mathscr{F}'_t$ を考えると $\tilde{X}(t)$ や $Y(t)$ はこの標準拡大上の $\hat{\mathscr{F}}_t$-マルチンゲールであり, 容易にわかるように $\langle M \rangle_t (0 \leq t \leq \infty)$ は $\hat{\mathscr{F}}_t$ に関するマルコフ時間になるので

$$X(t) = Y(t) - Y(t \wedge \langle M \rangle_\infty) + \tilde{X}(t)$$

とおくと $X(t)$ は連続な $\hat{\mathscr{F}}_t$-マルチンゲールで $\langle X \rangle(t) = t$ となり, したがって $\hat{\mathscr{F}}_t$-ブラウン運動である. この $X(t)$ に対し定理の主張はあきらかである.

---

* 定理 5.2 (A) と同様に, このとき, 各 $t \geq 0$ に対し, $\langle M \rangle(t)$ は $\mathscr{F}$-マルコフ時間である.

定理 5.3 (B) $(\Omega, \mathscr{F}, P ; \mathscr{F}_t)$ をある四つ組とし, $M_i \in \mathscr{M}_2^{c.loc}(\mathscr{F}_t)$, $i=1,2,\cdots,d$ とする. さらに
$$\langle M_i, M_j \rangle = 0, \ i \neq j \tag{5.30}$$
がなりたつとする. このとき $(\Omega, \mathscr{F}, P)$ のある拡張 $(\hat{\Omega}, \hat{\mathscr{F}}, \hat{P})$ 上に独立な d 個のブラウン運動 $X_1(t), X_2(t), \cdots, X_d(t)$ が存在して,
$$X_i(t) = M_i(\tau_t^i), \ t \in [0, \langle M_i \rangle_\infty), \ i=1,2,\cdots,d$$
となる. ここで
$$\tau_t^i = \begin{cases} \inf\{u : \langle M_i \rangle_u > t\} \\ \infty, \ \text{もし} \ \langle M \rangle_\infty = \lim_{u \uparrow \infty} \langle M \rangle_u \leqq t \end{cases}$$
とくに $(M_1(t), M_2(t), \cdots, M_d(t))$ は, d 次元ブラウン運動 $(X_1(t), X_2(t), \cdots, X_d(t))$ によって
$$M_i(t) = X_i(\langle M_i \rangle(t)), \ i=1,2,\cdots,d$$
と表現される.

証明は定理 5.2 と同様にやればよい. とくに $\langle M_1 \rangle = \langle M_2 \rangle = \cdots = \langle M_d \rangle$ のときは, d 次元ブラウン運動 $X(t)$ から共通の時間変更によって $M(t) = X(\langle M \rangle(t))$ ($M = (M_1, M_2, \cdots, M_d)$) と表現されることになる.

第3章 確率積分の応用

 この章では,前章で論じた確率積分を主として1次元ブラウン運動の見本関数の研究に応用する.Lévy によって発見された,1次元ブラウン運動の局所時間(local time)の概念は確率論においてきわめて重要なものであり,その存在をくわしく調べる.さらに1次元ブラウン運動から導かれる基本的拡散過程について,その見本関数の確率論的構造をのべる.

§1 拡散過程*

 $(\Omega, \mathscr{F})$ をある可測空間,すなわち Ω はある抽象空間で $\mathscr{F}$ はその上の Borel 集合体とする.$\mathscr{F}_t$, $t \in [0, \infty)$ を $\mathscr{F}$ の部分 Borel 集合体の族で

 (i) $t < s$ ならば $\mathscr{F}_t \subset \mathscr{F}_s$,

 (ii) (右連続) $\mathscr{F}_{t+0} (= \bigcap_{\varepsilon > 0} \mathscr{F}_{t+\varepsilon}) = \mathscr{F}_t$

をみたすものとする.

 E を可分で局所コンパクトな距離空間とし,$\mathscr{B}(E)$ をその位相的 Borel 集合体,すなわち E の開集合を含む最

---

 * 本書では時間的に一様な場合のみをとりあつかう.

小の Borel 集合体とする. つぎのような $X = (X_t, P_x)$ を考える.

(i) X_t は写像 $[0, \infty) \times \Omega \ni (t, \omega) \mapsto X_t(\omega) \in E$ で, 各 $t \geq 0$ を固定するとき, 写像 $\omega \mapsto X_t(\omega)$ は $\mathscr{F}_t/\mathscr{B}(E)$-可測.

(ii) P_x, $x \in E$ は $(\Omega, \mathscr{F})$ 上の確率測度の系であって,
$$P_x\{\omega : X_0(\omega) = x\} = 1 \tag{1.1}$$

$$\left.\begin{array}{l} \text{各}\, t \geq 0 \, \text{および}\, A \in \mathscr{B}(E) \,\text{に対し, 写} \\ \text{像}\, x \mapsto P_x\{\omega ; X_t(\omega) \in A\}^* \text{は}\, \mathscr{B}(E), \\ \text{または}\, \mathscr{B}^*(E)\text{-可測. ここで}\, \mathscr{B}^*(E)\, \text{は}\, \mu \\ \text{が}\, \mathscr{B}(E) \text{上の確率測度をうごくとき}, \\ \mathscr{B}^*(E) = \bigcap_\mu \overline{\mathscr{B}^\mu}(E) \quad (\overline{\mathscr{B}^\mu}(E)\, \text{は}\, \mu\, \text{による} \\ \text{完備化}) \text{で定義される}^{**}. \end{array}\right\} \tag{1.2}$$

このような組 $X = (X_t, P_x)$ がつぎの性質をみたすとき, 我々は**状態空間** E 上に**マルコフ過程** X が与えられたという.

$$\left.\begin{array}{l} (\text{マルコフ性}) \quad \text{すべての}\, x \in E \, \text{と}\, A \in \mathscr{B}(E) \\ \text{と}\, t \geq s \geq 0 \,\text{に対し} \\ \quad P_x\{X_t \in A \mid \mathscr{F}_s\} \\ \quad = P_{X_s(\omega)}\{X_{t-s} \in A\} \, \text{a.a.}\, \omega. \\ \text{がなりたつ}^{***}. \end{array}\right\} \tag{1.3}$$

---

* 以下 $P_x\{X_t \in A\}$ と略記する.

** E 上の関数が $\mathscr{B}(E)$-可測のときは Borel 可測, $\mathscr{B}^*(E)$-可測のときは**普遍可測** (universally-measurable) であるという.

E 上のマルコフ過程 $X=(X_t, P_x)$ が与えられたとき，確率核 $p(t, x, A)$, $t\geq 0$, $x\in E$, $A\in \mathscr{B}(E)$ を次式によって定義する．

$$p(t, x, A) = P_x\{X_t \in A\} \tag{1.4}$$

定義 1.1 $\{p(t, x, A)\}$ をマルコフ過程 X の**推移確率系**とよぶ．

このとき，(1.3) はつぎのようにいっても同じである．

$$\left.\begin{array}{l} \text{すべての } x\in E \text{ と, } A\in \mathscr{B}(E) \text{ と, } t\geq \\ s\geq 0 \text{ と } \varGamma \in \mathscr{F}_s \text{ に対し} \\ \quad P_x(\{\omega\,;\,X_t(\omega)\in A\}\cap \varGamma) \\ \quad\quad = E_x[p(t-s, X_s(\omega), A)I_\varGamma(\omega)] \\ \text{がなりたつ．} \end{array}\right\} \tag{1.3}'$$

または

$$\left.\begin{array}{l} \text{すべての } E \text{ 上の } \mathscr{B}(E)\text{-可測な実有界関数} \\ f(x) \text{ と, } t\geq s\geq 0 \text{ と, } \varGamma \in \mathscr{F}_s \text{ と } x\in E \\ \text{に対し,} \\ \quad E_x[f(X_t(\omega))\cdot I_\varGamma(\omega)] \\ \quad\quad = E_x[(H_{t-s}f)(X_s(\omega))\cdot I_\varGamma(\omega)] \\ \text{がなりたつ．} \end{array}\right\} \tag{1.3}''$$

ここで

$$H_t f(x) = E_x[f(X_t)] = \int_E f(y)p(t, x, dy) \tag{1.5}$$

*** a.a. ω は almost all ω の意．すなわち，ほとんどすべての ω の意．

いま $t_0 = 0 < t_1 < t_2 < \cdots < t_n$, $A_i \in \mathscr{B}(E)$ ($i = 1, 2, \cdots, n$) とするとき (1.3)′ または (1.3)″ をくりかえし用いると

$$P_x\{X_{t_1} \in A_1, X_{t_2} \in A_2, \cdots, X_{t_n} \in A_n\}$$
$$= \int_{A_1} p(t_1, x, dx_1) \int_{A_2} p(t_2 - t_1, x_1, dx_2) \int_{A_3} \cdots$$
$$\int_{A_n} p(t_n - t_{n-1}, x_{n-1}, dx_n) \qquad (1.6)$$

がなりたつことが容易にたしかめられる.これより,E 上の二つのマルコフ過程があってその推移確率系が一致するならば,その有限次元結合分布はすべて一致する.このとき,この二つのマルコフ過程は**同値**であるといい,本質的に同じものと考える.

$\boldsymbol{B}(E)$ を E 上で定義された有界な $\mathscr{B}^*(E)$-可測実関数の全体とする.$f \in \boldsymbol{B}(E)$ に対し,$H_t f$ ($t \geq 0$) を (1.5) で定義すると,それは $\boldsymbol{B}(E)$ 上の線型作用素 H_t を定義する.(1.3)″ よりただちに,

$$H_0 = I \text{ (恒等作用素)},$$
$$H_{t+s} = H_t \cdot H_s \quad (t, s \geq 0)$$

がなりたつことがわかる.

定義 1.2 この作用素の系 $(H_t)_{t \geq 0}$ をマルコフ過程 X に付随する**半群** (semi group) という.

もし E のマルコフ過程が二つあって,それぞれの半群が一致するならば,もちろんその推移確率系が一致するか

ら，同値なマルコフ過程になる．

$X=(X_t, P_x)$ を E 上のマルコフ過程とし（もし必要ならば，上の $\mathscr{F}, \mathscr{F}_t$ を適当に拡大することにより），各 x に対し $(\Omega, \mathscr{F}, P_x)$ は完備であり，また $\mathscr{F}_0$（したがってすべての $\mathscr{F}_t$）はすべての P_x-零集合を含んでいるものと仮定する．いま，各 $x \in E$ に対し，
$$P_x\{\omega ; t \in [0, \infty) \mapsto X_t(\omega) \in E \text{ が右連続}\} = 1$$
がなりたつとき，このマルコフ過程 X は**右連続**であるという．**以下で考えるマルコフ過程はすべて右連続なものとし，いちいち断らない．**

いま E の1点 Δ が，すべての $x \in E$ に対して
$$P_x\left\{\omega ; \begin{matrix} X_t(\omega) = \Delta \text{ ならば，すべての} \\ s \geqq t \text{ に対し } X_s(\omega) = \Delta \end{matrix}\right\} = 1$$
をみたすとき，Δ を**わな**（trap）であるという．ある一つのわな Δ を特別視し，$X_t = \Delta$ となっているときは粒子は消滅したと考えると都合がよい．このような点 Δ を**終点**（または**死点**）という．

以後，我々の考えるマルコフ過程は終点 Δ をもっていると仮定する．（もしもっていなければ，E に別の1点 Δ をつけ加え，また Ω に1点 ω_Δ をつけ加え，$\mathscr{F}_t$ はもとの $\mathscr{F}_t$ と ω_Δ で生成されるものとし，$X_t(\omega_\Delta) \equiv \Delta$, $P_\Delta(\{\omega_\Delta\}) = 1$ としておけばよい．）そして，見本関数 $X_t(\omega)$ は $t = \infty$ でも定義され $X_\infty(\omega) = \Delta$ ($\forall \omega$) となっているものとする．

定義 1.3

$$\zeta(\omega) = \inf\{t : X_t(\omega) = \Delta\} \tag{1.7}$$

とおき,これを X の**生存時間**(life time)という.また,$P_x\{\zeta(\omega)=\infty\}=1$ $(\forall x \in E\setminus\{\Delta\})$ のとき,X は**保存的**(conservative)であるという*.

空間 $(\Omega, \mathscr{F}, P_x ; \mathscr{F}_t)$ に対し,マルコフ時間の概念は第1章と同様に定義される.σ をマルコフ時間とし,$\mathscr{F}_\sigma$ を σ に付随した Borel 集合体(第1章,定義 3.3)とするとき,E 値確率変数 $X_\sigma = X_{\sigma(\omega)}(\omega)$ は $\mathscr{F}_\sigma$-可測である(第1章,命題 3.3).

定義 1.4
マルコフ過程 $X=(X_t, P_x)$ がつぎの条件をみたすとき,それは**強マルコフ過程**であるといわれる.任意の $f \in B(E)$ で $f(\Delta)=0$ なるものと任意の $\mathscr{F}_t$-マルコフ時間 σ に対し,

$$E_x[f(X_{t+\sigma})|\mathscr{F}_\sigma] = H_t f(X_\sigma) \text{ a.a.} \omega \quad (t \geqq 0, x \in E) \tag{1.8}$$

がなりたつ**.または,同じことであるが,任意の $\Gamma \in \mathscr{F}_\sigma$ に対し

$$E_x[f(X_{t+\sigma}) \cdot I_\Gamma] = E_x[H_t f(X_\sigma) \cdot I_\Gamma] \tag{1.8}'$$

---

* 保存的な場合は,終点 Δ は本質的には必要でない.以下この場合には,Δ を無視することが多い.
** σ としては有限な $\mathscr{F}_t$-マルコフ時間のみ考えれば十分である.(1.8)' で σ を $\sigma \wedge n$,Γ を $\Gamma \cap \{\sigma \leqq n\}$ でおきかえ $n \to \infty$ とすればよい.

がなりたつ.

定義 1.5 E 上の強マルコフ過程 $X = (X_t, P_x)$ で,X_t が t について生存時間まで連続

$$P_x\{\omega ; [0, \zeta(\omega)) \ni t \mapsto X_t(\omega) \in E \backslash \{\Delta\} \text{ が連続}\} = 1$$
$$(x \in E \backslash \{\Delta\})$$

となるとき,X を E 上の**拡散過程**という.

強マルコフ過程,および拡散過程の存在に関してはつぎの定理が知られている.これはマルコフ過程論における基本的な定理の一つであるがここでは証明しない[***].E' を可分な局所コンパクト距離空間,$E = E' \cup \{\Delta\}$ をその 1 点コンパクト化とする(E' がすでにコンパクトのときは Δ は孤立点としてつけ加える).$\boldsymbol{C}_0(E)$ は E 上の実連続関数の全体で $f(\Delta) = 0$ となるものの全体とする.$\boldsymbol{C}_0(E)$ は $\|f\| = \max_x |f(x)|$ によってノルムを定義することにより,Banach 空間になる.

定理 1.1 $(H_t)_{t \in [0, \infty)}$ を $\boldsymbol{C}_0(E)$ 上の有界線型作用素のなす半群,$H_0 = I$,$H_{t+s} = H_t \cdot H_s$,でつぎの 2 条件をみたすものとする.

 (i) (強連続性) すべての $f \in \boldsymbol{C}_0(E)$ に対し
$$\lim_{t \downarrow 0} \|H_t f - f\| = 0,$$

[***] たとえば [2],[6] 参照.

（ⅱ） $f \in \boldsymbol{C}_0(E)$ が $0 \leqq f \leqq 1$ ならば，$0 \leqq H_t f \leqq 1$.

このとき，E 上に $\varDelta$ を終点にもつ強マルコフ過程 $X = (X_t, P_x)$ が存在し，
$$H_t f(x) = E_x[f(X_t)], \quad f \in \boldsymbol{C}_0(E)$$
となる．このような X は同値の意味でただ一つ定まる．さらに $U^\varepsilon(x) = \{y\,;\,\rho(y, x) < \varepsilon\}^*$ $(x \in E')$ とするとき，
$$p(t, x, U^\varepsilon(x)^C) = P_x[X_t \notin U^\varepsilon(x)] = o(t) \quad (t \to 0)$$
が $x \in E'$ に対して各コンパクト集合上で一様になりたつならば，この X は E 上の拡散過程となる．

この定理における（ⅰ），（ⅱ）の性質をもつ $\boldsymbol{C}_0(E)$ 上の半群はしばしば，**Feller 半群**とよばれる．このような半群は，よく知られた Hille-吉田の定理により，その生成作用素から決定される．生成作用素を定める解析的量（拡散過程の場合は，雑にいって，ある微分作用素とその定義域を定める条件）は，そのまま対応するマルコフ過程を決定する量になる．その意味で，生成作用素の理論はマルコフ過程を記述，決定する問題において本質的重要性をもつ．しかし本書では Feller 半群の Hille-吉田の定理は論じない．以下では，マルコフ過程に即した生成作用素の定義を行い，それを通じてマルコフ過程を定める解析的データとしての作用素の概念を明確にする．なお，マルコフ過程を数学的に記述，決定する問題は Kolmogoroff [30] によって提起された．彼は，常微分方程式によって記述さ

---

* ρ は E' の距離．

れる決定的な系に対比して，"確率的に定義された"系の概念を定式化し，その数学的記述の方法を論じて，近代マルコフ過程論の基礎をつくったのである**.

$X=(X_t, P_x)$ を E 上の強マルコフ過程，$\Delta \in E$ をその終点とする．$\hat{\boldsymbol{B}}(E)$ を E 上の $\mathscr{B}^*(E)$-可測な有界実関数で $f(\Delta)=0$ なるものの全体，$\hat{\boldsymbol{C}}(E)=\{f \in \hat{\boldsymbol{B}}(E) ; f$ は $E \backslash \{\Delta\}$ で連続$\}$ とおく．

定義 1.6 $f \in \hat{\boldsymbol{B}}(E)$ が細連続***であるとは，すべての $x \in E$ に対し，
$$P_x\{\omega ; [0, \infty) \ni t \mapsto f(X_t) \in E が右連続\} = 1$$
となることである．

細連続な $\hat{\boldsymbol{B}}(E)$ の元全体を $\hat{\boldsymbol{C}}_\varphi(E)$ であらわす．あきらかに $\hat{\boldsymbol{C}}_\varphi(E) \supset \hat{\boldsymbol{C}}(E)$ である．

いま $\hat{\boldsymbol{C}}_\varphi(E)$ の線型部分空間 $\mathscr{D}(A)$ をつぎのように定める．

$\mathscr{D}(A) = \{u \in \hat{\boldsymbol{C}}_\varphi(E) ;$ ある $v \in \hat{\boldsymbol{C}}_\varphi(E)$
が存在して

$$M_t = u(X_t) - u(X_0) - \int_0^t v(X_s)ds$$

は各 $x \in E$ に対し $(\Omega, \mathscr{F}, P_x ; \mathscr{F}_t)$ 上の 2 乗可積分

** 第 4 章，§6 および §8 で，拡散過程の場合に，この問題に対する確率微分方程式の方法について論ずる．

*** finely continuous.

マルチンゲール*（すなわち，$M_t \in \mathcal{M}_2(\mathcal{F}_t)$）}
$$(1.9)$$

$u \in \mathscr{D}(A)$ に対し，(1.9) における v は u から一意的に定まる．実際 M_t がマルチンゲールだから

$$H_t u(x) - u(x) = E_x[u(X_t)] - u(x)$$
$$= E_x\left[\int_0^t v(X_s)ds\right] = \int_0^t H_s v(x)ds.$$
$$(1.10)$$

ここで $v(X_s)$ が s について右連続なことより，

$$v(x) = \lim_{t \downarrow 0} E_x\left[\frac{1}{t}\int_0^t v(X_s)ds\right] = \lim_{t \downarrow 0} \frac{1}{t}(H_t u - u)(x).$$

この v を $v = Au$ であらわす．

定義 1.7 $\mathscr{D}(A)$ を定義域とする作用素 A を強マルコフ過程 $X = (X_t, P_x)$ の（広義の）**生成作用素**という．

$u \in \mathscr{D}(A)$ で $v = Au$ なることと，$u, v \in \hat{C}_\varphi(E)$ で (1.10)，すなわち，$H_t u - u = \int_0^t H_s v ds$ なることとは同値である．実際，$u \in \mathscr{D}(A)$ で $v = Au$ ならば $H_t u - u = \int_0^t H_s v ds$ となることは上でみた．逆をいうには，上の M_t が，$\mathcal{F}_t$-マルチンゲール（$\forall P_x$ に関し）となることをいえばよいが，それは

---

* M_t は各 t で有界だから 2 乗可積分性はあきらか．
** 本書では，これ以外の生成作用素（たとえば Feller 半群のときの Hille-吉田の生成作用素）は論じないので，以後「広義の」は省略する．

$$E_x[M_{t+s} - M_s | \mathscr{F}_s]$$
$$= E_x\left[u(X_{t+s}) - u(X_s) - \int_s^{t+s} v(X_\tau) d\tau \bigg| \mathscr{F}_s\right]$$
$$= E_x[u(X_{t+s})|\mathscr{F}_s] - u(X_s) - \int_s^{t+s} E[v(X_\tau)|\mathscr{F}_s] d\tau$$
$$= H_t u(X_s) - u(X_s) - \int_s^{t+s} H_{\tau-s} v(X_s) d\tau$$
$$= \left(H_t u - u - \int_0^t H_\tau v d\tau\right)(X_s)$$
$$= 0$$

となることよりあきらかである.

定理 1.2 生成作用素 $(A, \mathscr{D}(A))$ はマルコフ過程 X を決定する. すなわち, E 上に二つのマルコフ過程があり, その生成作用素が一致するならば, これらのマルコフ過程は同値になる.

証明 以後この定理を直接用いることはないので, 簡単に筋だけのべる. $G_\alpha f = \int_0^\infty e^{-\alpha t} H_t f dt$ によって $\hat{\boldsymbol{B}}(E)$ 上の作用素を定義する***（$\alpha > 0$）.

$f \in \hat{\boldsymbol{B}}(E)$ のとき, $G_\alpha f \in \hat{\boldsymbol{C}}_\varphi(E)$ **** となることはよく知られている. そこで $f \in \hat{\boldsymbol{C}}_\varphi(E)$ に対し $u = G_\alpha f$,

---

*** G_α をレゾルベント作用素という.
**** たとえば [2] (Th. 2.12).

$v = \alpha u - f$ とおくと,簡単な計算で,$H_t u - u = \int_0^t H_s v ds$ が示される.すると $u \in \mathscr{D}(A)$,かつ $v = Au$.逆に,$u \in \mathscr{D}(A)$,$v = Au$ とすると,$H_t u - u = \int_0^t H_s v ds$ であるが,この式の両辺を $\alpha e^{-\alpha t}$ をかけて積分することにより,ただちに $u = G_\alpha(\alpha u - v)$ がなりたつ.以上より,結局 $\mathscr{D}(A) = G_\alpha\{\hat{\boldsymbol{C}}_\varphi(E)\}$ かつ $A = \alpha - G_\alpha^{-1}$ となることがわかる.すると,$(A, \mathscr{D}(A))$ から $G_\alpha = (\alpha - A)^{-1}$ が一意的に定まり,Laplace 変換の一意性より H_t が定まる.ゆえに X は同値の意味で一意的に定まる.

証明おわり

例 1.1(d 次元の拡散過程としてのブラウン運動) $E = \boldsymbol{R}^d$ とし,$\boldsymbol{C}_0(\boldsymbol{R}^d)^*$ 上のつぎの半群

$$H_t f(x) = (2\pi t)^{-\frac{d}{2}} \int_{\boldsymbol{R}^d} \exp\left(-\frac{1}{2t}|x-y|^2\right) f(y) dy \tag{1.11}$$

に対応する拡散過程 $X = (X_t, P_x)$ を d 次元ブラウン運動という.この拡散過程は第1章で論じたブラウン運動と本質的に同じものであり,実際,$X = (X_t, P_x)$ は第1章の Wiener 測度(第1章,定義 2.1)を用いてつぎのように実現される.

まず,$\Omega = W^d = \boldsymbol{C}([0, \infty) \to \boldsymbol{R}^d)$ とし,P_μ を初期分布 μ の Wiener 測度,$\mu = \delta_x$ のときは単に P_x とあらわ

---

* 保存的な場合を考えるので終点 $\varDelta$ は考えない.$\boldsymbol{C}_0(\boldsymbol{R}^d)$ は $|x| \to \infty$ のとき 0 へ収束するような $\boldsymbol{R}^d$ 上の実連続関数全体.

す. $\mathscr{F}$ を $\mathscr{B}(W^d)$ のあらゆる μ による完備化：$\mathscr{F} = \bigcap_\mu \mathscr{B}(\overline{W^d})^{P_\mu}$, $\mathscr{F}_t = \{A \in \mathscr{F} ; \forall \mu, \exists B_\mu \in \mathscr{B}_t(W), P_\mu(A \triangle B_\mu) = 0\}$** とおく $(t \geq 0)$. そして $w \in W^d$ に対し $X_t(w) = w(t)$ と定める. このとき $X = (X_t, P_x)$ は $(\Omega, \mathscr{F} ; \mathscr{F}_t)$ 上に実現された d 次元ブラウン運動である. $\mathscr{D}(L) = \boldsymbol{C}^2_K(\boldsymbol{R}^d)$***. $u \in \mathscr{D}(L)$ に対し

$$Lu = \frac{1}{2}\Delta = \frac{1}{2}\left(\frac{\partial^2}{\partial x_1^2} + \frac{\partial^2}{\partial x_2^2} + \cdots + \frac{\partial^2}{\partial x_d^2}\right)$$

とおくと, $\{A, \mathscr{D}(A)\}$ を X の生成作用素とするとき $\mathscr{D}(L) \subset \mathscr{D}(A)$, かつ, $A|_{\mathscr{D}(L)} = L$ がなりたつ. 実際, 伊藤の公式より, $u \in \mathscr{D}(L)$ に対し

$$u(X_t) - u(X_0) = \sum_{i=1}^n \int_0^t \frac{\partial u}{\partial x_i}(X_s) dX_s^i + \int_0^t \frac{1}{2}\Delta u(X_s) ds$$

であるので, $u(X_t) - u(X_0) - \int_0^t Lu(X_s) ds \in \mathscr{M}_2^c(\mathscr{F}_t)$.

さらに, $\boldsymbol{R}^d$ 上の保存的拡散過程でその生成作用素が $(L, \mathscr{D}(L))$ の拡張になっているものは d 次元ブラウン運動である. すなわち微分作用素 $(L, \mathscr{D}(L))$ は $\boldsymbol{R}^d$ 上の保存的拡散過程のうちでブラウン運動を決定づける.

この証明のために $u_n^i(x) \in \boldsymbol{C}^2_K(\boldsymbol{R}^d)$ $(i = 1, 2, \cdots, d)$ を,
$$u_n^i(x) = x^i, \quad |x| \leq n+1 ****$$

 ** $A \triangle B$ は対称差.

 *** $\boldsymbol{C}^2_K(\boldsymbol{R}^d)$ は台がコンパクトで 2 階までの微分がすべて連続な関数の全体.

**** x^i は x の i 座標.

なるようにとる．すると，生成作用素が L の拡張になっていることから

$$u_n^i(X_t) - u_n^i(X_0) - \int_0^t \left(\frac{1}{2}\Delta\right) u_n^i(X_s) ds$$

はマルチンゲールである．とくに

$$\sigma_n = \inf\{t : |X_t| \geqq n\}$$

とおいて

$$M_n^i(t) = X_{t\wedge\sigma_n}^i - X_0^i$$

はマルチンゲールである．同様に

$$u_n^i \cdot u_n^j(X_t) - u_n^i \cdot u_n^j(X_0) - \int_0^t \left(\frac{1}{2}\Delta(u_n^i \cdot u_n^j)(X_s)\right) ds$$

もマルチンゲールであるから

$$(X^i X^j)_{t\wedge\sigma_n} - (X^i X^j)_0 - \delta_{ij} \cdot t \wedge \sigma_n$$

もマルチンゲールである．このことより

$$\langle M_n^i(t), M_n^j(t)\rangle = \delta_{ij} \cdot t \wedge \sigma_n.$$

$n \to \infty$ とすれば，$M^i(t) = X^i(t) - X^i(0)$ は局所2乗可積分マルチンゲールの系で $\langle M^i, M^j\rangle_t = \delta_{ij} t$ となることがわかる．これより，$X_t - X_0$ は d 次元ブラウン運動となる（第2章，定理3.6）．

例 1.2 $X = (X_i, P_x)$ を d 次元ブラウン運動とし，これがある空間 $(\Omega, \mathscr{F}; \mathscr{F}_t)$ 上で実現されているとする（たとえば例1.1のように実現する）．$c \in \mathbf{R}^d$ に対し

$$Y_t = X_t + c \cdot t$$

とおく．このとき $Y = (Y_t, P_x)$ は同じ $(\Omega, \mathscr{F}; \mathscr{F}_t)$ 上に

実現された保存的拡散過程になる. Y の強マルコフ性は X のそれからただちにしたがう. また, その半群は $\boldsymbol{C}_0(\boldsymbol{R}^d)$ 上の Feller 半群を定義し,

$$H_t f(x) = (2\pi t)^{-\frac{d}{2}} \int_{\boldsymbol{R}^d} \exp\left(-\frac{1}{2t}|x-y+c\cdot t|^2\right) f(y) dy$$

(1.12)

で与えられる. 例 1.1 と同様にして作用素 $Lu = \frac{1}{2}\Delta u + \sum_{i=1}^{d} c_i \frac{\partial u}{\partial x_i}$, $\mathscr{D}(L) = \boldsymbol{C}_K^2$ は, この拡散過程を決定する.

例 1.3(反射壁ブラウン運動) d 次元ブラウン運動 $X = (X_i, P_x)$ が, ある空間 $(\Omega, \mathscr{F}; \mathscr{F}_t)$ 上に実現されているとする. これを用いて半空間 $\boldsymbol{R}_+^d = \{x = (x_1, x_2, \cdots, x_d) \in \boldsymbol{R}^d : x_d \geqq 0\}$ 上の拡散過程が, つぎのようにして構成される. まず写像 $x^+ : x \in \boldsymbol{R}^d \mapsto x^+ \in \boldsymbol{R}_+^d$ を $x = (x_1, x_2, \cdots, x_d)$ のとき $x^+ = (x_1, x_2, \cdots, x_{d-1}, |x_d|)$ によって定義する. また, 写像 $\hat{x} : \boldsymbol{R}^d \ni x \mapsto \hat{x} \in \boldsymbol{R}^d$ を $x = (x_1, x_2, \cdots, x_d)$ のとき $\hat{x} = (x_1, x_2, \cdots, x_{d-1}, -x_d)$ と定義する. そして $X^+(t) = [X(t)]^+$ とおく. このとき $X^+ = (X^+(t), P_x)_{x \in \boldsymbol{R}_+^d}$ は, 同じ空間 $(\Omega, \mathscr{F}; \mathscr{F}_t)$ 上に定義された保存的拡散過程になる. これを**境界** $\partial \boldsymbol{R}_+^d = \{x \in \boldsymbol{R}^d : x_d = 0\}$ **を反射壁としてもつブラウン運動**という. X^+ の強マルコフ性は X のそれから容易に導かれる. 実際 $f \in \boldsymbol{C}_0(\boldsymbol{R}_+^d)$ に対し $\tilde{f} \in \boldsymbol{C}_0(\boldsymbol{R}^d)$ を $\tilde{f}(x) = f(x^+)$ によって定義すると $\tilde{f}$ は対称な関数 : $\tilde{f}(x) = \tilde{f}(\hat{x})$ になる.

H_t を (1.11) で定義するとき,σ を $\mathscr{F}_t$-マルコフ時間として,

$$E_x[f(X_{t+\sigma}^+)|\mathscr{F}_\sigma] = E_x[\tilde{f}(X_{t+\sigma})|\mathscr{F}_\sigma]$$
$$= H_t\tilde{f}(X_\sigma), \quad t \geqq 0, \ x \in \boldsymbol{R}_+^d.$$

ところで g が対称のとき $H_t g$ が対称になることはすぐわかるので,$H_t\tilde{f}$ は対称な関数である.そこで $H_t\tilde{f}|_{\boldsymbol{R}_+^d} = H_t^+ f$ によって作用素 H_t^+ を定めると $H_t^+ f(x^+) = H_t\tilde{f}(x)$ であるので,結局 $H_t\tilde{f}(X_\sigma) = H_t^+ f(X_\sigma^+)$ となり,強マルコフ性の証明をおわる.また X^+ の半群 H_t^+ は,

$$\begin{aligned}H_t^+ f(x) &= H_t\tilde{f}|_{\boldsymbol{R}_+^d} \\ &= (2\pi t)^{-\frac{d}{2}} \int_{\boldsymbol{R}^d} \exp\Big(-\frac{1}{2t}|x-y|^2\Big)\tilde{f}(y)dy \\ &= (2\pi t)^{-\frac{d}{2}} \int_{\boldsymbol{R}_+^d} \Big\{\exp\Big(-\frac{1}{2t}|x-y|^2\Big) \\ &\quad + \exp\Big(-\frac{1}{2t}|x-\hat{y}|^2\Big)\Big\}f(y)dy \end{aligned} \quad (1.13)$$

で与えられ,これは $\boldsymbol{C}_0(\boldsymbol{R}_+^d)$ 上の Feller 半群を定義する.また X^+ は微分作用素 $L=\dfrac{1}{2}\Delta$,$\mathscr{D}(L)=\Big\{u\in \boldsymbol{C}_K^2(\boldsymbol{R}_+^d);\dfrac{\partial u}{\partial x_d}(x)=0\ (x\in\partial\boldsymbol{R}_+^d)\Big\}$ の拡張をその生成作用素にもつ $\boldsymbol{R}_+^d$ 上の保存的拡散過程として特徴づけられる.

例 1.4 (弾性壁ブラウン運動) 簡単のため,1 次元で論ずる.$\boldsymbol{R}_+^1 = [0,\infty)$ とし,そこでの微分作用素を,与えられたパラメータ $0\leqq\gamma\leqq 1$ に対し

$$Lu = \frac{1}{2}u'',$$

$$\mathscr{D}(L) = \boldsymbol{C}_K^2([0,\infty)) \cap \{u ; (1-\gamma)u(0) = \gamma u'(0)\}$$

と定める.このとき作用素 $\{L, \mathscr{D}(L)\}$ の拡大を生成作用素としてもつ $\boldsymbol{R}_+^1 \cup \{\Delta\}$ 上の(終点 Δ をもつ)拡散過程 $X=(X_t, P_x)$ が一意的に存在する*.これを弾性壁ブラウン運動という.$\gamma=1$ のときは例 1.3 の反射壁ブラウン運動である.$\gamma=0$ のときはいわゆる吸収壁ブラウン運動といわれるもので,1 次元ブラウン運動 $x(t)$ が 0 へ到達したらただちにそこへ止めて得られる(この 0 を終点 Δ と同一視する).

少し話題をかえて,伊藤の公式を応用して到達時間の分布を求めてみよう.$X=(X_t, P_x)$ を E 上の拡散過程とし,$a \in E \setminus \{\Delta\}$ に対し

$$\sigma_a = \inf\{t ; X_t = a\}$$

とおいて,これを点 a への**到達時間**という.

定理 1.3 $X=(X_t, P_x)$ を 1 次元ブラウン運動(例 1.1)とする.このとき,$a < x < b$ に対し($\lambda > 0$),

$$E_x[e^{-\lambda \sigma_b} ; \sigma_b < \sigma_a] = \frac{e^{\sqrt{2\lambda}(x-a)} - e^{-\sqrt{2\lambda}(x-a)}}{e^{\sqrt{2\lambda}(b-a)} - e^{-\sqrt{2\lambda}(b-a)}} \quad (1.14)$$

$$E_x[e^{-\lambda \sigma_a} ; \sigma_a < \sigma_b] = \frac{e^{\sqrt{2\lambda}(b-x)} - e^{-\sqrt{2\lambda}(b-x)}}{e^{\sqrt{2\lambda}(b-a)} - e^{-\sqrt{2\lambda}(b-a)}} \quad (1.15)$$

とくに (1.14) で $a \downarrow -\infty$,(1.15) で $b \uparrow \infty$ として,

---

* $\gamma=0$(吸収壁の場合)には Δ と 0 とは同一視される.

$$E_x[e^{-\lambda \sigma_b}] = e^{-\sqrt{2\lambda}(b-x)}, \quad x < b \tag{1.16}$$

$$E_x[e^{-\lambda \sigma_a}] = e^{-\sqrt{2\lambda}(x-a)}, \quad x > a^* . \tag{1.17}$$

証明 $u(t,x) = e^{-\lambda t} e^{\sqrt{2\lambda} x}$ に伊藤の公式を応用すると

$$u(t, X_t) - u(0, X_0) = \int_0^t \frac{\partial u}{\partial x}(s, X_s) dX_s$$
$$+ \int_0^t \left[\frac{\partial u}{\partial t} + \frac{1}{2}\frac{\partial^2 u}{\partial x^2}\right](s, X_s) ds$$

となるが**, $\dfrac{\partial u}{\partial t} + \dfrac{1}{2}\dfrac{\partial^2 u}{\partial x^2} = 0$ だから, $u(t, X_s)$ は局所2乗可積分マルチンゲールになる. ゆえに $\tau = \sigma_a \wedge \sigma_b$ とおくと $u(t \wedge \tau, X_{t \wedge \tau}) - u(0, x)$ は P_x に関し有界なマルチンゲール ($a < x < b$). したがって $t \uparrow \infty$ として $E_x[u(\tau, X_\tau)] = u(0, x)$. すなわち

$$e^{\sqrt{2\lambda} b} E_x[e^{-\lambda \sigma_b}; \sigma_b < \sigma_a] + e^{\sqrt{2\lambda} a} E_x[e^{-\lambda \sigma_a}; \sigma_a < \sigma_b]$$
$$= e^{\sqrt{2\lambda} x}.$$

同様にして, $v(t, x) = e^{-\lambda t} e^{-\sqrt{2\lambda} x}$ で考えることにより,

$$e^{-\sqrt{2\lambda} b} E_x[e^{-\lambda \sigma_b}; \sigma_b < \sigma_a] + e^{-\sqrt{2\lambda} a} E_x[e^{-\lambda \sigma_a}; \sigma_a < \sigma_b]$$
$$= e^{-\sqrt{2\lambda} x}.$$

この2式から (1.14), (1.15) がただちに得られる.

証明おわり

---

* (1.16), (1.17) をまとめると $E_x[e^{-\lambda \sigma_y}] = e^{-\sqrt{2\lambda}|x-y|}$ ($x, y \in \mathbf{R}^1$).
** 右辺第1項は確率積分.

つぎに $X=(X_t, P_x)$ を 1 次元ブラウン運動とし $Y_t = X_t - t$ と定義すると $Y=(Y_t, P_x)$ は作用素 $L = \dfrac{1}{2}\dfrac{d^2}{dx^2} - \dfrac{d}{dx}$, $\mathscr{D}(L) = \boldsymbol{C}_K^2(\boldsymbol{R}^1)$ で生成される 1 次元拡散過程である (例 1.2).

定理 1.4 $Y=(Y_t, P_x)$ に対し,
$$E_x[e^{-\lambda \sigma_a}] = e^{-(\sqrt{1+2\lambda}-1)(x-a)} \quad (a < x) \quad (1.18)$$

証明 $u(t,x) = e^{-\lambda t} e^{-(\sqrt{1+2\lambda}-1)x}$ とおき, 伊藤の公式を用いると,

$$\begin{aligned}
u(t, Y_t) &- u(0, Y_0) \\
&= u(t, X_t - t) - u(0, Y_0) \\
&= \int_0^t \frac{\partial u}{\partial x}(s, Y_s) dX_s \\
&\quad + \int_0^t \left[\frac{\partial u}{\partial t} - \frac{\partial u}{\partial x} + \frac{1}{2}\frac{\partial^2 u}{\partial x^2}\right](s, Y_s) ds
\end{aligned}$$

ところで $\dfrac{\partial u}{\partial t} - \dfrac{\partial u}{\partial x} + \dfrac{1}{2}\dfrac{\partial^2 u}{\partial x^2} = u\left[-\lambda + (\sqrt{1+2\lambda}-1) + \dfrac{1}{2}(\sqrt{1+2\lambda}-1)^2\right] = 0$ であるので $u(t, Y_t)$ は局所 2 乗可積分マルチンゲール. したがって $u(t \wedge \sigma_a, Y_{t \wedge \sigma_a})$ は, $a < x$ のとき, P_x に関して有界なマルチンゲールである. ゆえに
$$E_x[u(\sigma_a, Y_{\sigma_a})] = u(0, x) \quad (a < x).$$
すなわち
$$e^{-(\sqrt{1+2\lambda}-1)a} E_x(e^{-\lambda \sigma_a}) = e^{-(\sqrt{1+2\lambda}-1)x},$$

これより (1.18) はただちにしたがう.

　　　　　　　　　　　　　　　　　証明おわり

§2　1次元ブラウン運動の局所時間

1次元ブラウン運動, $X = (X_t, P_x)$, すなわち $\boldsymbol{R}^1$ 上の保存的拡散過程でその半群 H_t が

$$H_t f(x) = (2\pi t)^{-\frac{1}{2}} \int \exp\left(-\frac{1}{2t}|x-y|^2\right) f(y) dy \quad (2.1)$$

で与えられるものが, ある空間 $(\Omega, \mathscr{F}, P; \mathscr{F}_t)$ 上に実現されているとする (例1.1). 各 x を固定するとき, $X_t(\omega)$ は四つ組 $(\Omega, \mathscr{F}, P; \mathscr{F}_t)$ 上の $\mathscr{F}_t$-ブラウン運動であるから, 第2章の確率積分の理論がそのまま適用できる. 以下ではその応用として, 1次元ブラウン運動 X_t の局所時間 (local time, または sojourn time density) の存在を示す.

局所時間は P. Lévy によって発見され, ブラウン運動とその応用を考える際きわめて重要な役割をはたす.

定義2.1　1次元ブラウン運動 $X = (X_t, P_x)$ の局所時間とは, つぎの性質をみたす非負確率変数の系 $\{\varphi(t, x, \omega) (\geq 0), t \in [0, \infty), x \in \boldsymbol{R}^1, \omega \in \Omega\}$ のことである. 確率1の $\omega \in \Omega$ に対し (この意味は正確にいうと "$\Omega_0 \subset \Omega$ ですべての x に対し $P_x(\Omega_0) = 1$ なるものがあり, $\omega \in \Omega_0$ に対し" ということである. 以下でも同様のいい方を用いる), つぎの (ⅰ), (ⅱ) がなりたつ.

（ i ） 写像
$$(t, x) \in [0, \infty) \times \boldsymbol{R}^1 \mapsto \varphi(t, x) \in [0, \infty)$$
は連続である．

（ ii ） 任意の $A \in \mathscr{B}(\boldsymbol{R}^1)$ に対し，
$$\int_0^t I_A(X_s) ds = 2 \int_A \varphi(t, x) dx \quad (t \geq 0)$$
がなりたつ．

もしこのような系 $\{\varphi(t, x)\}_{t \geq 0, x \in \boldsymbol{R}^1}$ が存在すれば一意的で，実際それは，
$$\varphi(t, x) = \lim_{\varepsilon \downarrow 0} \frac{1}{4\varepsilon} \int_0^t I_{[-\varepsilon+x, \varepsilon+x]}(X_s) ds \tag{2.2}$$
で定まり，t について $\mathscr{F}_t$ に適合した連続過程を定義する．つぎの定理は H. Trotter による．また以下の証明のアイデアは田中洋による．

定理 2.1 X の局所時間 $\{\varphi(t, x)\}_{t \geq 0, x \in \boldsymbol{R}^1}$ が存在する．

証明 いま $g_n(x)$ を，その台が $\left(-\frac{1}{n}+a, a+\frac{1}{n}\right)$ に含まれる連続関数で，$g_n \geq 0$, $\int_{-\infty}^{\infty} g_n(x) dx = 1$ なるものとし，$u_n(x) = \int_{-\infty}^x dy \int_{-\infty}^y g_n(z) dz$ で $u_n(x)$ を定義する $(n = 1, 2, \cdots)$．

$u_n \in \boldsymbol{C}^2(\boldsymbol{R}^1)$ であるから，伊藤の公式により
$$u_n(X_t) - u_n(X_0) = \int_0^t u_n'(X_s) dX_s + \frac{1}{2} \int_0^t u_n''(X_s) ds.$$
もし，いま局所時間が存在するとすれば，

$$\frac{1}{2}\int_0^t u_n''(X_s)ds = \frac{1}{2}\int_0^t g_n(X_s)ds$$
$$= \int_{-\infty}^{\infty} g_n(y)\varphi(t,y)dy$$
$$\to \varphi(t,a) \quad (n\to\infty).$$

また
$$u_n(x) \to (x-a)^+, {}^*$$
$$u_n'(x) \to I_{(a,\infty)}(x) \quad (n\to\infty)$$

であるので,結局

$$\varphi(t,a) = (X_t-a)^+ - (X_0-a)^+ - \int_0^t I_{(a,\infty)}(X_s)dX_s$$

で与えられることになる.この考察のもとに,我々はまず $\{\tilde\varphi(t,a)\}$ を

$$\tilde\varphi(t,a) = (X_t-a)^+ - (X_0-a)^- - \int_0^t I_{(a,\infty)}(X_s)dX_s \tag{2.3}$$

によって定義する.そしてこれが上の(ⅰ),(ⅱ)をみたす $\{\varphi(t,a)\}$ に修正可能なことを示す.そこで $\{\tilde\varphi(t,a)\}_{t\geq 0, a\in R}$ を (2.3) で定義する.a を固定したとき $t\mapsto \tilde\varphi(t,a)$ は連続である.また (2.3) の右辺のうち $(X_t-a)^+ - (X_0-a)^-$ は (t,a) について連続である.そこで

---

* $x^+ = x\ (x\geq 0), = 0\ (x<0).$

§2 1次元ブラウン運動の局所時間

$$Y_a(t) = \int_0^t I_{(a,\infty)}(X_s)dX_s$$

とおいて，これが (t,a) について連続にできることを示す．そのために $T>0$ を固定して

$$\|Y_a - Y_b\| = \max_{0 \leq t \leq T} |Y_a(t) - Y_b(t)|$$

とおくとき，定数 $K = K(T) > 0$ が存在して

$$E_x[\|Y_a - Y_b\|^4] \leq K|b-a|^2 \tag{2.4}$$

となることを証明する．まず，$a < b$ として

$$Y_a(t) - Y_b(t) = \int_0^t I_{(a,b]}(X_s)dX_s$$

である．

補題 2.1 $\Phi(t,\omega)$ を $\mathscr{F}_t$ に適合した有界可測過程とするとき，

$$E_x\left[\left(\max_{0 \leq t \leq T} \int_0^t \Phi(s,\omega)dX_s\right)^4\right]$$
$$\leq \left(\frac{4}{3}\right)^4 6^2 E_x\left[\left(\int_0^T \Phi^2(s,\omega)ds\right)^2\right] \tag{2.5}$$

証明 $M_t = \int_0^t \Phi(s,\omega)dX_s$ とおき，伊藤の公式を用いると，

$$M_t^4 = 4 \cdot \int_0^t M_s^3 \Phi(s,\omega)dX_s + 6\int_0^t M_s^2 \Phi^2(s,\omega)ds$$

ゆえに*,

$$E_x[M_t^4] = 6E_x\left[\int_0^t M_s^2 \Phi^2(s,\omega)ds\right]$$

$$= 6E_x\left[M_t^2 \int_0^t \Phi^2(s,\omega)ds\right]$$

$$- 6E_x\left[\int_0^t (M_t^2 - M_s^2)\Phi^2(s,\omega)ds\right]$$

ところで,再び伊藤の公式により

$$E_x\left[\int_0^t (M_t^2 - M_s^2)\Phi^2(s,\omega)ds\right]$$

$$= 2E_x\left[\int_0^t \left(\int_s^t M_u \Phi(u,\omega)dX_u\right)\Phi^2(s,\omega)ds\right]$$

$$+ E_x\left[\int_0^t \left(\int_s^t \Phi^2(u,\omega)du\right)\Phi^2(s,\omega)ds\right]$$

となり,右辺第1項は $E\left[\int_s^t M_u \cdot \Phi(u,\omega)dX_u \bigg| \mathscr{F}_s\right] = 0$ によって0になる.ゆえに

$$E[M_t^4] = 6E_x\left[M_t^2 \int_0^t \Phi^2(s,\omega)ds\right]$$

$$- 6E_x\left[\int_0^t \left(\int_s^t \Phi^2(u,\omega)du\right)\Phi^2(s,\omega)ds\right]$$

$$\leq 6E_x\left[M_t^2 \cdot \int_0^t \Phi^2(s,\omega)ds\right]$$

---

* 以下の証明で $|M_t|^n$ $(n=1,2,\cdots)$ の可積分性は保証される.たとえば第4章,命題4.2系から e^{M_t} の可積分性が保証される.

$$\leq 6 E_x[M_t^4]^{\frac{1}{2}} E_x\left[\left(\int_0^t \Phi^2(s,\omega)ds\right)^2\right]^{\frac{1}{2}}$$

これより,

$$E_x[M_t^4] \leq 6^2 E_x\left[\left(\int_0^t \Phi^2(s,\omega)ds\right)^2\right].$$

マルチンゲール不等式により**,

$$E_x[\max_{0\leq t\leq T} M_t^4] \leq \left(\frac{4}{3}\right)^4 \cdot E_x[M_T^4]$$

$$\leq \frac{2^{10}}{3^2} E_x\left[\left(\int_0^T \Phi^2(s,\omega)ds\right)^2\right].$$

この補題を用いると,

$$E_x[\|Y_a - Y_b\|^4]$$

$$= E_x\left[\max_{0\leq t\leq T}\left(\int_0^t I_{(a,b]}(X_s)dX_s\right)^4\right]$$

$$\leq \frac{2^{10}}{3^2} E_x\left[\left(\int_0^T I_{(a,b]}(X_s)ds\right)^2\right]$$

$$= \frac{2^{11}}{3^2} E_x\left[\int_0^T I_{(a,b]}(X_s)ds \int_s^T I_{(a,b]}(X_u)du\right]$$

$$= \frac{2^{11}}{3^2} \int_0^T ds \int_s^T du\, E_x(I_{(a,b]}(X_s)I_{(a,b]}(X_u))$$

$$= \frac{2^{11}}{3^2} \int_0^T ds \int_s^T du \int_a^b \frac{1}{\sqrt{2\pi s}} e^{-\frac{(x-y)^2}{2s}} dy$$

** 付録II参照.

$$\times \int_a^b \frac{1}{\sqrt{2\pi(u-s)}} e^{-\frac{(y-z)^2}{2(u-s)}} dz$$
$$\leq \frac{2^{11}}{3^2}(b-a)^2 \int_0^T \frac{ds}{\sqrt{2\pi s}} \int_s^T \frac{du}{\sqrt{2\pi(u-s)}}$$
$$= K(T)(b-a)^2.$$

ゆえに (2.4) が証明できた.

このとき, 付録 I の定理 2.2 系* より, $\hat{Y}_a(t)$ ($a \in \boldsymbol{R}^1$, $t \geq 0$) が存在して確率 1 で, $\boldsymbol{R}^1 \ni a \mapsto \hat{Y}_a \in W^1 = \boldsymbol{C}([0, \infty) \to \boldsymbol{R})$ は連続 (したがって, もちろん, $(t, a) \mapsto \hat{Y}_a$ は連続) で, かつ $P_x\{Y_a(t) = \hat{Y}_a(t)\} = 1$ ($t \geq 0$, $a \in \boldsymbol{R}^1$) となる. そこで

$$\varphi(t, a) = (X_t - a)^+ - (X_0 - a)^+ - \hat{Y}_a(t)$$

とおくと, $\varphi(t, a)$ は確率 1 で (t, a) について連続であって, $P_x\{\varphi(t, a) = \tilde{\varphi}(t, a)\} = 1$ ($t \geq 0, a \in \boldsymbol{R}^1$) となる.

$\varphi(t, a)$ が X の局所時間であることをいうには, 確率 1 で, すべての $A \in \mathscr{B}(E)$ に対し

$$\int_0^t I_A(X_s) ds = 2 \int_A \varphi(t, x) dx$$

のなりたつことをいえばよい. そのためには, $f \in \boldsymbol{C}_K(\boldsymbol{R}^1)$ に対し

$$\int_0^t f(X_s) ds = 2 \int_{-\infty}^\infty \varphi(t, x) f(x) dx \qquad (2.6)$$

---

* d 次元確率過程で論じているが, 任意の距離空間上の確率過程でなりたつ.

がなりたつことをいえばよい．このとき，
$$F(x) = \int_{-\infty}^{\infty} f(a)(x-a)^+ da$$
とおくと，$F \in \boldsymbol{C}^2(\boldsymbol{R}^1)$ かつ，
$$F'(x) = \int_{-\infty}^{\infty} f(a) I_{(a,\infty)}(x) da = \int_{-\infty}^{x} f(a) da,$$
$$F''(x) = f(x),$$
となることはすぐわかる．すると伊藤の公式から
$$F(X_t) - F(X_0) - \int_0^t F'(X_s) dX_s = \frac{1}{2} \int_0^t f(X_s) ds.$$
一方，この左辺は
$$\int_{-\infty}^{\infty} f(a) \left[(X_t - a)^+ - (X_0 - a)^+ - \int_0^t I_{(a,\infty)}(X_s) dX_s \right] da$$
とかけるから**，$\displaystyle\int_{-\infty}^{\infty} f(a) \varphi(t,a) da$ に等しい．ゆえに (2.6) が証明された．

証明おわり

§3 反射壁ブラウン運動と Skorohod 方程式

高次元でも同じであるが，簡単のため 1 次元で論ずる．

**　　　$\displaystyle\int_{-\infty}^{\infty} f(a) \left[\int_0^t I_{(a,\infty)}(X_s) dX_s \right] da$
$\displaystyle = \int_0^t \left[\int_{-\infty}^{\infty} f(a) I_{(a,\infty)}(X_s) da \right] dX_s$

は積分の Riemann 和による近似によって容易にたしかめられる（確率積分に関する Fubini の定理）．

例1.3で説明したように，半区間 $[0, \infty)$ 上の反射壁ブラウン運動 $X^+ = (X_t^+, P_x)_{x \in [0, \infty)}$ は，$\mathbf{R}^1$ 上の1次元ブラウン運動 $X = (X_t, P_x)_{x \in \mathbf{R}}$ により $X_t^+ = |X_t|$ として得られるものである．

ところで，Skorohod は反射壁ブラウン運動がつぎの方程式で特性づけられることを示した．

定理3.1 ある確率空間上に与えられた三つの実確率過程の組 $\{X(t), B(t), \varphi(t)\}$ があり，確率1でつぎのことがなりたつとする．

(ⅰ) $X(t), B(t), \varphi(t)$ は $t \in [0, \infty)$ について連続，$B(0) = 0$, $\varphi(0) = 0$.

(ⅱ) $X(t) \geqq 0 \ (\forall t)$ かつ $\varphi(t)$ は非減少で $X(t) = 0$ となる t の集合の上でのみ増加する．すなわち，

$$\int_0^t I_{\{0\}}(X(s)) d\varphi_s = \varphi(t) \quad (\forall t).$$

(ⅲ) $B(t)$ は $X(0)$ と独立な1次元ブラウン運動．

(ⅳ) $X(t) = X(0) + B(t) + \varphi(t) \quad (\forall t)$.

このとき，$X(t)$ は $[0, \infty)$ 上の反射壁ブラウン運動である．すなわち，$(X^+(t), P_x)_{x \in [0, \infty)}$ を例1.3で定義された拡散過程とするとき $\{X(t)\}$ の法則は $\{X^+(t)\}$ の P_μ (μ は $X(0)$ の分布)*に関する法則に等しい．また，$\{X(t), \varphi(t)\}$ は $\{B(t), X(0)\}$ のある定まった関数にな

---

* $P_\mu(\cdot) = \displaystyle\int_{[0, \infty)} P_x(\cdot) \mu(dx)$.

る.

証明 まず与えられた1次元ブラウン運動 $[B(t)]$ で $B(0)=0$ となるものと,それと独立な $[0,\infty)$ の値をとる確率変数 $X(0)$ に対し,二つの確率過程
$$\{X(t)\} = \Phi(\{B(t)\}, X(0))$$
$$\{\varphi(t)\} = \Psi(\{B(t)\}, X(0))$$
を
$$X(t) = X(0) + B(t) - \min_{0 \leq s \leq t}\{(X(0)+B(s)) \wedge 0\}$$
$$\varphi(t) = -\min_{0 \leq s \leq t}\{(X(0)+B(s)) \wedge 0\}^{**}$$
によって定める.$\{X(t), B(t), \varphi(t)\}$ は上の (ⅰ)〜(ⅳ) をみたす.実際 (ⅰ), (ⅲ), (ⅳ) はあきらかで,(ⅱ) も図をかいてみると容易にわかる.つぎに上の性質をみたす任意の $\{X'(t), B'(t), \varphi'(t)\}$ があったとしよう[***].
$$\{X''(t)\} = \Phi(\{B'(t)\}, X'(0))$$
$$\{\varphi''(t)\} = \Psi(\{B'(t)\}, X'(0))$$
とおくと $\{X''(t), B'(t), \varphi''(t)\}$ もまた Skorohod 方程式の解である.そして $X''(0) = X'(0)$. ゆえに (ⅳ) よりただちに
$$X'(t) - X''(t) = \varphi'(t) - \varphi''(t) \qquad (\forall t \geq 0)$$
となる.ところで,ある $\bar{t}$ で $X'(\bar{t}) - X''(\bar{t}) > 0$ とし,$\underline{t} = \max\{t < \bar{t} ; X'(t) - X''(t) = 0\}$ とおくと $t \in (\underline{t}, \bar{t}]$ で

[**] $a \wedge b = \min(a, b)$.

[***] このような確率過程の組を Skorohod 方程式の解という.

$X'(t) > X''(t) \geqq 0$ であるので (ii) より $\varphi'(\bar{t}) = \varphi'(\underline{t})$. 一方 φ'' は非減少だから

$$0 < X'(\bar{t}) - X''(\bar{t}) = \varphi'(\bar{t}) - \varphi''(\bar{t}) \leqq \varphi'(\underline{t}) - \varphi''(\underline{t})$$
$$= X'(\underline{t}) - X''(\underline{t}) = 0$$

となり矛盾する. $X'(t) < X''(t)$ となる t が存在しても同様に矛盾する. すなわち, 任意の解 $\{X(t), B(t), \varphi(t)\}$ に対し, $\{X(t)\} = \varPhi(\{B(t)\}, X(0))$, $\{\varphi(t)\} = \varPsi(\{B(t)\}, X(0))$ として $\{X(t)\}, \{\varphi(t)\}$ は $\{B(t)\}$ と $X(0)$ から一意的にきまることがわかった. 最後に $x(t)$ を 1 次元ブラウン運動, $X(t) = |x(t)|$ とするとき, これがある $\{B(t), \varphi(t)\}$ とともに Skorohod 方程式の解になることをみる. §2 でみたごとく, $\varphi(t, 0) = \lim_{\varepsilon \downarrow 0} \dfrac{1}{4\varepsilon} \int_0^t I_{(-\varepsilon, \varepsilon)}(x_s) ds$ を $x(t)$ の局所時間の $x = 0$ におけるものとするとき

$$\varphi(t, 0) = x_t^+ - x_0^+ - \int_0^t I_{(0, \infty)}(x_s) dx_s$$

がなりたつ. 同様にして $x_t^- = -(x_t \wedge 0)$ とおくと

$$\varphi(t, 0) = x_t^- - x_0^- + \int_0^t I_{(-\infty, 0)}(x_s) dx_s$$

がなりたつ. そこで, この 2 式を加えると

$$2\varphi(t, 0) = |x_t| - |x_0| - \int_0^t \mathrm{sgn}(x_s) dx_s$$

がなりたつ. したがって, $\varphi(t) = 2\varphi(t, 0) = \lim_{\varepsilon \downarrow 0} \dfrac{1}{2\varepsilon}$ $\cdot \int_0^t I_{[0, \varepsilon)}(|x_s|) ds$, $B(t) = \int_0^t \mathrm{sgn}(x_s) dx_s$ とおくと $\{X(t), B(t), \varphi(t)\}$ は Skorohod 方程式の解になっていることは

ただちにたしかめられる.

証明おわり

系(P. Lévy) $B(t)$ を1次元ブラウン運動で $B(0)=0$ となるものとする. このとき

(i) $\{|B(t)|\}$ と $\{B(t) - \min_{0 \leq s \leq t} B(s)\}$ は同法則の連続確率過程,

(ii) $\displaystyle \frac{1}{2\varepsilon} \lim_{\varepsilon \downarrow 0} \int_0^t I_{[0,\varepsilon)}(B(s) - \min_{0 \leq s \leq t} B(s))ds = -\min_{0 \leq s \leq t} B(s).$

いま $x(t)$ を1次元ブラウン運動とする. 上でみたように,

$$x(t)^+ - x(0)^+ = \int_0^t I_{(0,\infty)}(x(s))ds + \varphi(t,0)$$

である. また $M(t) = \displaystyle\int_0^t I_{[0,\infty)}(x(s))dx(s)$ は連続なマルチンゲールで $\langle M \rangle(t) = \displaystyle\int_0^t I_{[0,\infty)}(x(s))ds$ である. 一方 1次元ブラウン運動の強マルコフ性より確率1で $\lim_{t \to \infty} \langle M \rangle(t) = \infty$ となることが容易にわかる. 実際 $\sigma_1 = \min\{t : x(t) = 0\}$, $\tau_1 = \min\{t > \sigma_0 : x(t) = -1\}$, $\cdots$, $\sigma_n = \min\{t > \tau_{n-1} : x(t) = 0\}$, $\tau_n = \min\{t > \sigma_n : x(t) = -1\}$, $\cdots$ とし, $\xi_n = \displaystyle\int_{\sigma_n}^{\tau_n} I_{[0,\infty)}(x(s))ds$ とおくとき, ξ_n は $P(\xi_n > 0) > 0$ であるような独立同分布確率変数列を定義する. ゆえに大数の強法則により, 確率1で $\xi_1 + \xi_2 + \cdots + \xi_n \to \infty$ となる. このことから $\displaystyle\int_0^t I_{[0,\infty)}(x_s)ds \to \infty$

が確率1でなりたつことはあきらかである．第2章，定理5.2（A）により $\tau_t = \inf\left\{u : \int_0^u I_{[0,\infty)}(x(s))ds > t\right\}$ とおくとき $M(\tau_t)$ は1次元ブラウン運動である．また $x(s)<0$ のとき $u_1<s<u_2$ であるような u_1, u_2 があって $\int_{u_1}^{u_2} I_{[0,\infty)}(x(t))dt = 0$ となる．したがって $\tau_t > s > \tau_{t-1}$ をみたす t がある．このことは $x(\tau_t) \geqq 0$ を意味している．また $x(\tau_t)$ が t の連続関数になることもあきらかである．ゆえに，$X(t) = x(\tau_t)(=x(\tau_t)^+)$ とおいて，
$$X(t) = X(0) + M(\tau_t) + \varphi(\tau_t, 0)$$
となる．この式より $\varphi(\tau_t, 0)$ は t の非減少連続関数であり，$X(t)>0$ となる t では増加しないこともあきらかである．ゆえに $\{X(t), B(t)=M(\tau_t), \xi(t)=\varphi(\tau_t,0)\}$ は Skorohod 方程式の解である．したがってつぎの定理が示された．

定理 3.2 $x(t)$ を1次元ブラウン運動とし，$\tau_t = \inf\left\{u ; \int_0^u I_{[0,\infty)}(x(s))ds > t\right\}$ とおくとき，$X(t) = x(\tau_t)$ は $x(0)^+$ より出発する反射壁ブラウン運動の見本関数を与える．

同様にして
$$x(t)^- - x(0)^- = -\int_0^t I_{(-\infty,0)}(x(s))dx(s) + \varphi(t,0)$$
において，$\theta_t = \inf\left\{u ; \int_0^u I_{(-\infty,0]}(x(s))ds > t\right\}$ によっ

§3 反射壁ブラウン運動と Skorohod 方程式

て $Y(t)=x(\theta_t)=x(\theta_t)^-$ を定義すると,$Y(t)$ は $x(0)^-$ より出発する $[0,\infty)$ 上の反射壁ブラウン運動になる. $N(t)=\int_0^t I_{(-\infty,0]}(x(s))ds(s)$ とおくと $\langle M,N\rangle=0$ であるので第 2 章,定理 5.3 (A) により $M(\tau_t)$ と $N(\theta_t)$ は互いに独立な 1 次元ブラウン運動である.上でみたように $X(t)$ は $X(0)=x(0)^+$ と $\{M(\tau_t)\}$ の関数として定まり,$Y(t)$ は $Y(0)=x(0)^-$ と $\{N(\theta_t)\}$ の関数として定まる.ゆえにもし $x(0)^+$ と $x(0)^-$ が独立ならば(たとえば $x(0)=x$(定点)の場合とか,$x(0)\geq 0$ の場合など),$[0,\infty)$ 上の反射壁過程 $X(t)$ と $[0,\infty)$ 上の反射壁過程 $Y(t)$ は互いに独立である.この事実はブラウン運動の正の側の行動と負の側の行動のある意味の独立性を示しており,そのくわしい分析はブラウン運動の excursion をしらべることによって可能であるが,本書ではこれ以上ふれないことにする(Lévy [35],Itô-McKean [21] 参照).ここではこの $X(t)$ と $Y(t)$ の独立性から,たとえばつぎのような事実がしたがうことを注意するにとどめる.

(1) 1 次元ブラウン運動 $x(t)$ から上のように $[0,\infty)$ 上の反射壁過程 $X(t)=x(\tau_t)$ を定義する.また与えられた定数 γ ($0\leq\gamma\leq 1$) に対し $l=-\dfrac{\gamma}{1-\gamma}$ とおき,$\sigma_l=\inf\{t:x(t)=l\}$($l$ への到達時間)とおく.$[0,\infty)\cup\{\Delta\}$ 上の終点 Δ をもつ過程 $X^*(t)$ を

$$X^*(t)=\begin{cases} x(\tau_t)=X(t), & \tau_t<\sigma_l \\ \Delta & \tau_t\geq\sigma_l \end{cases}$$

とおくと $X^*(t)$ は $[0, \infty)$ 上の終点 Δ をもつ拡散過程であって，それは例1.4の弾性壁ブラウン運動と一致する（渡辺 [61]）．

これは弾性壁ブラウン運動をブラウン運動 $x(t)$ より構成する一方法である．いま一つの方法は
$$\varphi(t) = \lim_{\varepsilon \downarrow 0} \frac{1}{2\varepsilon} \int_0^t I_{[0,\varepsilon)}(|x(s)|)ds$$
を用いて
$$X^*(t) = \begin{cases} |x|(t), & t < \zeta \equiv \inf\{t : \varphi(t) > e\} \\ \Delta & t \geq \zeta \end{cases}$$
と定義することである．ここで e はブラウン運動 $x(t)$ と独立で平均 $\dfrac{\gamma}{1-\gamma}$ の指数分布にしたがう確率変数である（Itô-McKean [21]）．

(2) 簡単のため $x(0) = 0$ となる1次元ブラウン運動 $x(t)$ を考える．上のように定義された $[0, \infty)$ 上の反射壁ブラウン運動 $X(t)$，その0での局所時間 $\xi_t = \lim_{\varepsilon \downarrow 0} \dfrac{1}{2\varepsilon} \int_0^t I_{[0,\varepsilon)}(X(s))ds$ および $[0, \infty)$ 上の反射壁ブラウン運動 $Y(t)$，その0での局所時間 $\eta_t = \lim_{\varepsilon \downarrow 0} \dfrac{1}{2\varepsilon} \int_0^t I_{[0,\varepsilon)}(Y(s))ds$ を考えると，$(X(t), \xi_t)$ と $(Y(t), \eta_t)$ は独立であった．また $\xi_t = \varphi(\tau_t, 0)$, $\eta_t = \varphi(\theta_t, 0)$．ただし τ_t は $t \mapsto \int_0^t I_{[0,\infty)}(x(s))ds$ の逆関数であり，θ_t は $t \mapsto \int_0^t I_{(-\infty,0]}(x(s))ds$ の逆関数であった．

$\tau_t^{-1} + \theta_t^{-1} = t$ なる関係より，つぎの関係が示され

る．
$$\tau_t = t + \eta^{-1}(\xi_t).$$

いま確率過程 $X(t)$ の張る Borel 集合体を $\mathscr{B}_X$ とするとこれはブラウン運動 $M(\tau_t)$ の張る Borel 集合体と同じであるから，ξ_t は $\mathscr{B}_X$-可測で，η_t は $\mathscr{B}_X$ と独立である．ゆえに，
$$E[e^{-\lambda \tau_t}|\mathscr{B}_X] = e^{-(\lambda t + \sqrt{2\lambda}\xi_t)}$$
が得られる．(ここで $E[e^{-\lambda \eta^{-1}(t)}] = e^{-\sqrt{2\lambda}t}$ となることを用いた．このことは，上の系でみたように，$\eta(t)$ と $\max_{0 \leq u \leq t} x(u)$ が同法則であるので $\eta^{-1}(t)$ と $\sigma_t = \inf\{u : x(u) = t\}$ とが同法則になることに注意すれば (1.16) よりしたがう．) 同様の考えで，$\varphi(t,b)$ を $x(t)$ の点 b での局所時間とするとき，$b<0$ ならば
$$E[e^{-\lambda \varphi(\tau_t, b)}|\mathscr{B}_X] = e^{-\frac{\lambda \xi}{1 - b\lambda}}$$
が示される．くわしくは McKean [38], Williams [66] を参照せられたい．

第 4 章 確率微分方程式

§1 定義,解の一意性

$\boldsymbol{R}^n$ を n 次元ユークリッド空間,$W^n = \boldsymbol{C}([0, \infty) \to \boldsymbol{R}^n)$ を $[0, \infty)$ で定義された $\boldsymbol{R}^n$-値連続関数 $w:[0, \infty) \ni t \mapsto w(t) \in \boldsymbol{R}^n$ の全体とする.$w_1, w_2 \in W^n$ に対し

$$\rho(w_1, w_2) = \sum_{k=1}^{\infty} 2^{-k} (\max_{0 \leq t \leq k} |w_1(t) - w_2(t)| \wedge 1)$$

とおくと,W^n はこの距離に関し完備,可分な距離空間になる.W^n の位相的 Borel 集合体を $\mathscr{B}(W^n)$ とする.各 $t \in [0, \infty)$ に対し

$$\rho_t : W^n \to W^n$$

を

$$(\rho_t w)(s) = w(t \wedge s)$$

で定義し,

$$\begin{aligned}\mathscr{B}_t(W^n) &= \rho_t^{-1}[\mathscr{B}(W^n)] \\ &= \{[w \,;\, \rho_t(w) \in A] \,;\, A \in \mathscr{B}(W^n)\}\end{aligned}$$

とおくとあきらかに $\{\mathscr{B}_t(W^n)\}_{t \geq 0}$ は $\mathscr{B}(W^n)$ の増加する部分 Borel 集合体の族をなす.

定義 1.1 $\alpha(t, w)$ を $[0, \infty) \times W^n$ で定義された $\boldsymbol{R}^n \otimes$

$\boldsymbol{R}^r$ 値*可測関数で,

(i) $[0,\infty) \times W^n \ni (t,w) \mapsto \alpha(t,w) \in \boldsymbol{R}^n \otimes \boldsymbol{R}^r$ は $\mathscr{B}[0,\infty) \times \mathscr{B}(W^n)/\mathscr{B}(\boldsymbol{R}^n \otimes \boldsymbol{R}^r)$-可測,

(ii) 各 $t \in [0,\infty)$ に対し,$W^n \ni w \mapsto \alpha(t,w) \in \boldsymbol{R}^n \otimes \boldsymbol{R}^r$ は $\mathscr{B}_t(W^n)/\mathscr{B}(\boldsymbol{R}^n \otimes \boldsymbol{R}^r)$-可測

なるものとする.このような α の全体を $\mathscr{A}^{n,r}$ であらわす.またその (i,j)-成分を $\alpha_j^i(t,w)$ であらわす.$\alpha(t,w) = (\alpha_j^i(t,w))_{\substack{i=1,2,\cdots,n \\ j=1,2,\cdots,r}}$.

いま $\alpha \in \mathscr{A}^{n,r}, \beta \in \mathscr{A}^{n,1}$ が与えられたとする.$\boldsymbol{B} = (B_t)_{t \geq 0}$ をある四つ組 $(\Omega, \mathscr{F}, P : \mathscr{F}_t)$ 上で与えられた r 次元の $\mathscr{F}_t$-ブラウン運動とし,つぎの方程式

$$dx_t^i = \sum_{j=1}^r \alpha_j^i(t, \boldsymbol{x})dB_t^j + \beta^i(t, \boldsymbol{x})dt, \quad i = 1, 2, \cdots, n \tag{1.1}$$

を考える.あるいは,略して簡単に

$$dx_t = \alpha(t, \boldsymbol{x})dB_t + \beta(t, \boldsymbol{x})dt \tag{1.1}'$$

と記すことも多い.この正確な定式化はつぎのとおりである.

定義 1.2 与えられた $\alpha \in \mathscr{A}^{n,r}, \beta \in \mathscr{A}^{n,1}$ に対し,方程式 (1.1) の解とは,ある四つ組 $(\Omega, \mathscr{F}, P : \mathscr{F}_t)$ 上で定義された,確率過程の系 $(\boldsymbol{x}, \boldsymbol{B}) = (x(t), B(t))_{t \geq 0}$ でつぎの性質をみたすもののことである.

---

* $\boldsymbol{R}^n \otimes \boldsymbol{R}^r = $ 実 $n \times r$ matrix の全体.

(ⅰ)　$B(t) = (B^1(t), B^2(t), \cdots, B^r(t))$ は r 次元の $\mathscr{F}_t$-ブラウン運動（第1章，定義3.4）で $B(0) = 0$ なるもの,

(ⅱ)　$x(t) = (x^1(t), x^2(t), \cdots, x^n(t))$ は $\mathscr{F}_t$ に適合した連続な n 次元過程，すなわち $\boldsymbol{x} : \Omega \ni \omega \mapsto \boldsymbol{x}(\omega) \in W^n$ なる写像で $\mathscr{F}/\mathscr{B}(W^n)$ 可測，かつ各 $t \in [0, \infty)$ に対し $\mathscr{F}_t/\mathscr{B}_t(W^n)$-可測なるもの,

(ⅲ)　((ⅱ) の仮定より $\Phi = \{\Phi_j^i(t,\omega)\}$: $\Phi_j^i(t,\omega) = \alpha_j^i(t, \boldsymbol{x}(\omega))$, $\Psi = \{\Psi^i(t,\omega)\}$; $\Psi^i(t,\omega) = \beta^i(t, \boldsymbol{x}(\omega))$ で定義される Φ, Ψ は $\mathscr{F}_t$ に適合した可測過程になるが，) $\Phi_j^i \in \mathscr{L}_2^{loc}(\mathscr{F}_t)$ （第2章，定義1.6），$\Psi^i \in \mathscr{L}_1^{loc}(\mathscr{F}_t)$ （第2章，定義2.1），

(ⅳ)　確率1で，
$$x^i(t) - x^i(0)$$
$$= \sum_{j=1}^{r} \int_0^t \alpha_j^i(s, \boldsymbol{x}) dB^j(s) + \int_0^t \beta^i(s, \boldsymbol{x}) ds,$$
$$i = 1, 2, \cdots, n \quad (1.2)$$

がなりたつ．ここで右辺第1項は第2章で定義された確率積分である*．

注意 1.1　もし上の $\alpha \in \mathscr{A}^{n,r}, \beta \in \mathscr{A}^{n,1}$ が有界ならば，(ⅲ) の条件は自動的にみたされる．確率微分方程式は局所的な概念であるため，解の局所的性質に注目するかぎり

---

* 確率微分方程式（1.1）または（1.2）において右辺第1項を**拡散項**，第2項を**ずれ項**という．

係数 α, β は有界であると仮定してあまり一般性は失われない.

定義 1.3 $[0, \infty) \times \boldsymbol{R}^n$ で定義された Borel 可測関数 $a(t, x) = (a_j^i(t, x)) \in \boldsymbol{R}^n \otimes \boldsymbol{R}^r,\ b(t, x) = (b^i(t, x)) \in \boldsymbol{R}^n$ によって,

$$\alpha(t, w) = a(t, w(t)),\quad \beta(t, w) = b(t, w(t))$$

と定義すると, $\alpha \in \mathscr{A}^{n,r}, \beta \in \mathscr{A}^{n,1}$ である. このような場合の確率微分方程式を**マルコフ型**（Markovian type）の確率微分方程式という. さらに $a(t, x), b(t, x)$ が t によらないとき, **時間的に一様な**マルコフ型の確率微分方程式という.

従来の確率微分方程式の研究ではマルコフ型のものがおもに考察されてきたので, 単に確率微分方程式というときはマルコフ型のものを意味することが多い. しかし P. Lévy や伊藤清が始めて確率微分方程式の概念を導いたときには, たしかに上でのべた過去の履歴にも関係する一般のものを念頭においており, また近年は stochastic control や filtering の理論の方からもこのような一般の確率微分方程式が注目されている. マルコフ型の方程式で $a \equiv 0$ の場合は, これは常微分方程式系（力学系）

$$\dot{x}_t = b(t, x_t)$$

にほかならない. この意味でマルコフ型の確率微分方程式は, 力学系のランダム化であり, ランダムな力学系の方程式ということができる.

つぎに解の一意性の定義を与えよう．

定義 1.4 与えられた $\alpha \in \mathscr{A}^{n,r}, \beta \in \mathscr{A}^{n,1}$ に対し確率微分方程式 (1.1) を考える．与えられた $\boldsymbol{R}^n$ 上の Borel 確率測度 μ に対し，**初期分布 μ の解が一意**であるとは，(1.1) の解 $(x(t), B(t))$ で $x(0)$ の分布が μ に一致するものが存在するとき，そのような $\boldsymbol{x} = (x(t))$ の W^n 上の分布はすべて一致することをいう．とくにすべての $\boldsymbol{R}^n$ の Borel 確率測度 μ に対し，初期分布 μ の解が一意であるとき，**方程式 (1.1) の解は一意的**であるという．

注意 1.2 すべての $x \in \boldsymbol{R}^n$ に対し，初期分布 δ_x (x の単位分布) の解が一意的であるならば，方程式 (1.1) の解は一意的である．実際，いまある確率空間 $(\Omega, \mathscr{F}, P ; \mathscr{F}_t)$ 上に (1.1) の解 $(x(t), B(t))$ があったとき，$P^\omega = P(\cdot | \mathscr{F}_0)$ を考えると，確率 1 の ω で $(x(t), B(t))$ は $(\Omega, \mathscr{F}, P^\omega ; \mathscr{F}_t)$ 上の解で，$x(0)$ の分布は $\delta_{x(0,\omega)}$ であることに注意すればよい．

定義 1.4 は解 $x(t)$ の法則の一意性に注目したもので，しばしば，**法則の意味の一意性** (uniqueness in the law sense) ともいわれる．それに対し，確率微分方程式が確率過程の見本過程 (path function) を定める方程式であるという立場からは，つぎのような定義が考えられる．

定義 1.5 (**道ごとの一意性** (pathwise uniqueness))
与えられた $\alpha \in \mathscr{A}^{n,r}$ と $\beta \in \mathscr{A}^{n,1}$ に対する方程式 (1.1)

の解が**道ごとに一意的**であるとは，同じ確率空間 $(\Omega, \mathscr{F}, P ; \mathscr{F}_t)$ 上の二つの解 $(x(t), B(t)), (x'(t), B'(t))$ で（確率 1 で）
$$x(0) = x'(0), \quad B(t) \equiv B'(t)$$
となるものが存在するならば，必ず $x(t) \equiv x'(t)$ となることである．

注意 1.3 注意 1.2 と同様の考察で，道ごとの一意性がなりたつためには，同じ確率空間上の二つの解 $(x(t), B(t)), (x'(t), B'(t))$ で（確率 1 で）
$$x(0) = x'(0) = x, \quad (x \text{ は } \boldsymbol{R}^n \text{ の定点})$$
$$B(t) \equiv B'(t)$$
となるもの（もし存在すれば）に対しては，必ず $x(t) \equiv x'(t)$ となることがいえれば十分である．

ここで当然，分布の意味の一意性と道ごとの一意性の関係があきらかにされねばならない．そのためには，つぎの概念を導入するのが便利である．

定義 1.6（**強い解**（strong solution））$\alpha \in \mathscr{A}^{n,r}, \beta \in \mathscr{A}^{n,1}$ に対して方程式 (1.1) を考える．ある確率空間 $(\Omega, \mathscr{F}, P ; \mathscr{F}_t)$ 上の解 $(x(t), B(t))$ が (1.1) の**強い解**（strong solution）であるとは $F(x, w) : \boldsymbol{R}^n \times W^r \to W^n$ なる関数で，

（ⅰ） $\overline{\mathscr{E}(\boldsymbol{R}^n) \times \mathscr{B}(W^r)}/\mathscr{B}(W^n)$ 可測*
（ⅱ） $x \in \boldsymbol{R}^n$ を固定したとき，$w \mapsto F(x,w)$ は各 $t \geq 0$ で $\overline{\mathscr{B}_t^R(W^r)}/\mathscr{B}_t(W^n)$-可測

なるものが存在し，確率 1 で
$$\boldsymbol{x}(\omega) = F(x(0,\omega), \boldsymbol{B}(\omega))$$
となることである．ここで $\boldsymbol{x}(\omega) = (x(t,\omega))$，$\boldsymbol{B}(\omega) = (B(t,\omega))$．

方程式（1.1）が**一意的な強い解**をもつとは，上のような関数 $F(x,w) : \boldsymbol{R}^n \times W^r \to W^n$ がただ一つ**定まって，ある空間 $(\Omega, \mathscr{F}, P ; \mathscr{F}_t)$ とその上の $\mathscr{F}_0$-可測な $\boldsymbol{R}^n$ 値確率変数 η，および r 次元の $\mathscr{F}_t$-ブラウン運動 $\boldsymbol{B} = (B(t))_{t \geq 0}$ $(B(0) = 0)$ に対し $\boldsymbol{x} = F(\eta, \boldsymbol{B})$ とおくと $(\boldsymbol{x} = (x(t)), \boldsymbol{B} = (B(t)))$ は $(\Omega, \mathscr{F}, P ; \mathscr{F}_t)$ 上の $x(0) = \eta$ となる解であり，さらに（1.1）の任意の解 $(\boldsymbol{x} = (x(t)), \boldsymbol{B} = (B(t)))$ に対し，確率 1 で $\boldsymbol{x} = F(x(0), \boldsymbol{B})$ がなりたつことである．

あきらかに，方程式（1.1）が一意的な強い解をもつならば，任意の初期分布 μ をもつ（1.1）の解は存在し分布の意味で一意的である．しかし逆は正しくない．つぎの反

---

* $\overline{\mathscr{E}(\boldsymbol{R}^n) \times \mathscr{B}(W^r)} = \bigcap_\mu \overline{\mathscr{B}(\boldsymbol{R}^n) \times \mathscr{B}(W^r)}^{\mu \times R}$: μ は $\boldsymbol{R}^n$ 上の Borel 確率測度をうごく．R は 0 から出発する r 次元 Wiener 測度．
** 正確にいうと，任意の $\boldsymbol{R}^n$ の確率分布 μ と W^r 上の r 次元 Wiener 測度 R（出発点 0 の）に対し，$\mu \times R$ 測度 0 をのぞいて一意的に定まる．

例は田中洋によるものである.

例 1.1 $n=r=1$ とし,時間的に一様なマルコフ型の方程式で $a(x)=1$ $(x\geq 0)$, $=-1$ $(x<0)$, $b(x)=0$ となる場合を考える.
$$dx(t) = a(x(t))dB(t).$$
このとき,任意の $\boldsymbol{R}^1$ の確率分布 μ に対しそれを $x(0)$ の分布としてもつ解が分布の意味で一意的に存在する.実際,ある $(\Omega, \mathscr{F}, P; \mathscr{F}_t)$ 上に 1 次元の $\mathscr{F}_t$-ブラウン運動 $B(t)$ ($B(0)=0$) と,分布が μ であるような $\mathscr{F}_0$-可測確率変数 η を用意し $x(t)=\eta+B(t)$ とおく.$\tilde{B}(t) = \int_0^t a(x(s))dB(s)$ とおくとこれは連続な $\mathscr{F}_t$-マルチンゲールで $\langle\tilde{B}\rangle_t = \int_0^t a^2(x(s))ds = t$ だから,第 2 章,定理 3.6 より $\tilde{B}(t)$ は $\mathscr{F}_t$-ブラウン運動であり,$x(t)=\eta+\int_0^t a(x(s))d\tilde{B}(s)$ がなりたつ.すなわち $(x(t), \tilde{B}(t))$ は初期値 $x(0)$ が η に等しい解である.また解の(分布の意味の)一意性も $\int_0^t a(x(s))dB(s)$ がつねに $\mathscr{F}_t$-ブラウン運動になることからあきらかである.

しかし,この確率微分方程式は強い解をもたない.実際 $x(0)=0$ をみたす強い解 $(x(t), B(t))$ が存在したとしよう.すると,もちろん $\sigma\{x(s); s\leq t\} \subset \sigma\{B(s); s\leq t\}$ でなければならない.しかし $\sigma\{B(s); s\leq t\} = \sigma\{|x(s)|; s\leq t\}$ となるので,この包含関係はあきらかになりたたない.$\sigma\{B(s); s\leq t\} = \sigma\{|x(s)|; s\leq t\}$ となることは,

つぎのようにしてわかる.

$$x(t) = \int_0^t a(x(s))dB(s)$$

より

$$B(t) = \int_0^t a(x(s))dx(s)$$
$$= |x(t)| - \lim_{\varepsilon\downarrow 0} \frac{1}{2\varepsilon}\int_0^t I_{[0,\varepsilon)}(|x(s)|)ds$$

(第3章, §3参照). これより $\sigma\{B(s); s \leq t\} \subset \sigma\{|x(s)|; s \leq t\}$.

一方

$$x(t)^2 = 2\int_0^t x(s)dx(s) + t$$
$$= 2\int_0^t |x(s)|dB(s) + t$$

ゆえに $Y(t) = |x(t)|^2$ とおくと,

$$dY(t) = 2\{Y(t)\vee 0\}^{\frac{1}{2}}dB(t) + dt.$$

以下の §7, 例 7.1 で示すようにこの方程式には道ごとの一意性が成立するので, つぎの定理 1.1 の結果より $\sigma\{Y(s); s\leq t\} = \sigma\{|x(s)|; s\leq t\} \subset \sigma\{B(s); s\leq t\}$ となる.

定理 1.1 与えられた $\alpha \in \mathscr{A}^{n,r}, \beta \in \mathscr{A}^{n,1}$ に対する方程式 (1.1) が, 一意的な強い解をもつための必要十分条

件は，任意の $\boldsymbol{R}^n$ の確率分布 μ に対し μ を $x(0)$ の分布としてもつ (1.1) の解が存在し*，さらに道ごとの一意性がなりたつことである．

証明 方程式 (1.1) が一意的な強い解をもつならば，関数 $F(x, w)$ が一意的に存在し任意の解 $(x(t), B(t))$ は $\boldsymbol{x} = F(x(0), \boldsymbol{B})$ をみたす．ある空間 $(\Omega, \mathscr{F}, P ; \mathscr{F}_t)$ 上に分布 μ をもつ $\mathscr{F}_0$-可測な $\boldsymbol{R}^n$-値確率変数 $x(0)$ と r 次元 $\mathscr{F}_t$-ブラウン運動 $\boldsymbol{B} = (B(t))$ を用意し $\boldsymbol{x} = F(x(0), \boldsymbol{B})$ とおけば $(\boldsymbol{x} = (x(t)), \boldsymbol{B} = (B(t)))$ は $(\Omega, \mathscr{F}, P ; \mathscr{F}_t)$ 上の (1.1) の解である．また，ある $(\Omega, \mathscr{F}, P ; \mathscr{F}_t)$ 上に二つの解 $(\boldsymbol{x}, \boldsymbol{B}), (\boldsymbol{x}', \boldsymbol{B}')$ があり $x(0) = x'(0)$, $\boldsymbol{B} = \boldsymbol{B}'$ が確率1でなりたつならば，$\boldsymbol{x} = F(x(0), \boldsymbol{B}) = F(x'(0), \boldsymbol{B}') = \boldsymbol{x}'$ となり，道ごとの一意性のなりたつことがわかる．問題はこの逆を示すことである．

そこで任意の μ に対し（上で注意したように，μ の台はコンパクトであると制限してもよい），$x(0)$ の分布が μ であるような解 $(\boldsymbol{x}, \boldsymbol{B})$ が存在し，さらに道ごとの一意性がなりたつことを仮定しよう．いま $x \in \boldsymbol{R}^n$ を固定し，$x(0)$ の分布が δ_x，すなわち $x(0) = x$ となる解 $(\boldsymbol{x} = (x(t)), \boldsymbol{B} = (B(t)))$ を考える．このような解を任意に二つとり，それを $(\boldsymbol{x}, \boldsymbol{B}), (\boldsymbol{x}', \boldsymbol{B}')$ とし，それが空間 $W^n \times W^r$ に導入する分布をそれぞれ P_x, P_x' であらわす．射影 $\pi : (w_1, w_2) \in W^n \times W^r \mapsto w_2 \in W^r$ による像測

---

* これは，μ をコンパクトな台をもつ $\boldsymbol{R}^n$ の分布に制限しても以下の議論はそのままなりたつ．

度 $\pi \cdot P_x, \pi \cdot P'_x$ はともに W^r 上の Wiener 測度 R と一致する. いま $Q_x^{w_2}(dw_1)$ $(Q_x'^{w_2}(dw_1))$ をそれぞれ P_x (P'_x) の w_2 による条件つき確率測度, すなわち

(i) $w_2 \in W^r$ を固定すると $Q_x^{w_2}(dw_1)$ $(Q_x'^{w_2}(dw_1))$ は $(W^n, \mathscr{B}(W^n))$ 上の測度

(ii) $B \in \mathscr{B}(W^n)$ を固定すると $Q_x^{w_2}(B)$ $(Q_x'^{w_2}(B))$ は w_2 に関し $\overline{\mathscr{B}}^R(W^r)$-可測な関数

(iii) 任意の $B_1 \in \mathscr{B}(W^n), B_2 \in \mathscr{B}(W^r)$ に対し

$$P_x(B_1 \times B_2) = \int_{B_2} Q_x^{w_2}(B_1) R(dw_2)$$

$$(P'_x(B_1 \times B_2) = \int_{B_2} Q_x'^{w_2}(B_1) R(dw_2))$$

となるものとする. 空間 $\Omega = W^n \times W^n \times W^r$ 上に確率測度 Q を

$$Q(dw_1 dw_2 dw_3) = Q_x^{w_3}(dw_1) Q_x'^{w_3}(dw_2) R(dw_3)$$

で定義する. Ω 上の増加する Borel 集合体の系 $\mathscr{F}_t$ をまず $\mathscr{B}_t = \sigma\{w_1(s), w_2(s), w_3(s) ; s \leq t\}$ とおき $\bigcap_{\varepsilon > 0} \mathscr{B}_{t+\varepsilon} \vee \mathscr{N}$ ($\mathscr{N}$ は Q-null set の全体) によって定義する. あきらかに (w_1, w_3) と $(\boldsymbol{x}, \boldsymbol{B})$ は同分布であり, (w_2, w_3) と $(\boldsymbol{x}', \boldsymbol{B}')$ は同分布である. このこととつぎの補題 1.1 より, (w_1, w_3) と (w_2, w_3) はともに (1.1) の同じ空間 $(\Omega, \mathscr{F}, Q ; \mathscr{F}_t)$ 上の解になることがわかる.

補題 1.1 $w_3 = (w_3(t))$ は (Ω, Q) 上の r 次元 $\mathscr{F}_t$-ブラ

§1 定義,解の一意性

ウン運動である.

証明 任意の $s>t$ に対し $w_3(s)-w_3(t)$ と $\mathscr{F}_t$ が独立なことをいえばよい. このためには任意の $B_1, B_2 \in \mathscr{B}_t(W^n)$, $B_3 \in \mathscr{B}_t(W^r)$ に対し

$$E^Q(e^{i\langle \xi, w_3(s)-w_3(t)\rangle} \cdot I_{B_1 \times B_2 \times B_3})$$
$$= e^{-\frac{|\xi|^2}{2}(s-t)} Q(B_1 \times B_2 \times B_3)$$

がいえればよいが,つぎの補題 1.2 と $w_3(t)$ が R に関しブラウン運動になることから,

$$\text{左辺} = \int_{B_3} e^{i\langle \xi, w_3(s)-w_3(t)\rangle} Q_x^{w_3}(B_1) Q_x^{\prime w_3}(B_2) R(dw_3)$$
$$= e^{-\frac{|\xi|^2}{2}(s-t)} \int_{B_3} Q_x^{w_3}(B_1) Q_x^{\prime w_3}(B_2) R(dw_3)$$
$$= e^{-\frac{|\xi|^2}{2}(s-t)} Q(B_1 \times B_2 \times B_3)$$

補題 1.2 $B \in \mathscr{B}_t(W^n)$ のとき $Q^w(B)$ $(Q^{\prime w}(B))$ は $\overline{\mathscr{B}}_t^R(W^r)$-可測である.

証明 $B \in \mathscr{B}_t(W^n)$ のとき $Q^w(B) = P_x(B|\mathscr{B}_t(W^r))$ なること,すなわち,任意の $C \in \mathscr{B}(W^r)$ に対し $P_x(B \times C) = \int_C P_x(B|\mathscr{B}_t(W^r)) R(dw)$ となることがいえればよい. ところで

$$C = \{w \in W^r ; \rho_t w \in B_1, \eta_t w \in B_2\},$$
$$B_1, B_2 \in \mathscr{B}(W^r)$$

の形の集合のときにいえばよいが(ただし,ρ_t, η_t は $(\rho_t w)(s) = w(t \wedge s)$, $(\eta_t w)(s) = w(t+s) - w(t)$ で定義

される)．このときは，$\eta_t w$ と $\mathscr{B}_t(W^r)$ が R に関し独立なことより，

$$\int_C P_x(B|\mathscr{B}_t(W^r))R(dw)$$
$$= \int_{\{\rho_t w \in B_1\}} P_x(B|\mathscr{B}_t(W))R(B_2)R(dw)$$
$$= R(B_2)P_x(B \times \{\rho_t w \in B_1\})$$
$$= P_x(W^n \times \{\eta_t w \in B_2\})P_x(B \times \{\rho_t w \in B_1\})$$
$$= P\{\eta_t \boldsymbol{B}(\omega) \in B_2\}P\{\boldsymbol{x}(\omega) \in B, \rho_t \boldsymbol{B}(\omega) \in B_1\}$$
$$= P\{\boldsymbol{x} \in B, \rho_t \boldsymbol{B} \in B_1, \eta_t \boldsymbol{B} \in B_2\}$$
$$= P\{\boldsymbol{x} \in B, \boldsymbol{B} \in C\}$$
$$= P_x(B \times C)$$

かくして $(w_1, w_3), (w_2, w_3)$ は同じ空間 $(\Omega, \mathscr{F}, P; \mathscr{F}_t)$ 上の二つの解で $w_1(0) = w_2(0) = x$ かつそのブラウン運動 w_3 は等しい．すると道ごとの一意性の仮定より $Q\{w_1 = w_2\} = 1$．このことは，ほとんどすべての w_3 に対し $Q_x^{w_3} \times Q_x^{\prime w_3}\{w_1 = w_2\} = 1$ となることを意味する．このとき，ある関数 $w \in W^r \mapsto F_x(w) \in W^n$ が存在し，$w_1 = w_2 = F_x(w_3)$ a.a. $w_3(R)$，となることは容易にわかる．さらに補題 1.2 より，この写像は各 $t \geqq 0$ に対し $\overline{\mathscr{B}}_t^R(W^r)/\mathscr{B}_t(W^n)$-可測である．また，このことは $\boldsymbol{x} = F_x(\boldsymbol{B})$, $\boldsymbol{x}' = F_x(\boldsymbol{B}')$ a.s. なることを意味する．任意の二つの解から出発して上のことがいえたのであるから，関

数 $F_x(w)$ は R-測度 0 をのぞいて一意的にきまる.

つぎに任意の $\mathbf{R}^n$ の確率分布 μ に対し $x(0)$ の分布が μ となる解 $(\boldsymbol{x}, \boldsymbol{B})$ がある空間 $(\Omega, \mathscr{F}, P; \mathscr{F}_t)$ 上に与えられたとする. このとき上で注意したように (注意 1.2) 確率 1 の ω で $(\boldsymbol{x}, \boldsymbol{B})$ は $(\Omega, \mathscr{F}, P^\omega = P(\cdot|\mathscr{F}_0); \mathscr{F}_t)$ 上の $x(0) = x(0, \omega)$ となる解である. したがって上のことより $\boldsymbol{x} = F_{x(0, \omega)}(\boldsymbol{B})$ a.s. P^ω. ゆえに $\boldsymbol{x} = F_{x(0)}(\boldsymbol{B})$ a.s. P. このことが任意の確率分布 μ でなりたつので, $F(x, w) = F_x(w)$ は $\overline{\mathscr{E}(R^n) \times \mathscr{B}(W^r)}/\mathscr{B}(W^n)$-可測となることがわかる. また, x を固定したとき, $w \mapsto F(x, w)$ は $\overline{\mathscr{B}}_t^R(W^r)/\mathscr{B}_t(W^n)$ 可測であることも上で示されている.

証明おわり

この定理によって道ごとの一意性は非常に強いことを意味することがわかる. それは単に分布の意味の一意性を意味するだけでなく, 解が存在すればそれは初期値 $x(0)$ とブラウン運動 $\boldsymbol{B} = (B(t))$ の定まった関係になることを示している.

§2 Lipschitz 条件

強い解の一意的存在のよく知られた十分条件はつぎの Lipschitz 条件である. この場合, 次節でのべる存在定理と上の定理 4.1 をあわせれば, 道ごとの一意性を示すだけのことで強い解の一意的存在はいえるわけである. しかし逐次近似の方法でこのことは直接示されるし, それは一

つの標準的議論であるのでそれを以下で論ずる.

与えられた $\alpha \in \mathscr{A}^{n,r}, \beta \in \mathscr{A}^{n,1}$ に対し確率微分方程式
$$dx(t) = \alpha(t,\boldsymbol{x})dB(t) + \beta(t,\boldsymbol{x})dt \qquad (1.1)$$
を考える. いま, 係数 α, β につぎの仮定をおく.

$[0, \infty)$ 上に非負の Radon 測度 $dK(t)$ が存在し, 各 $T > 0$ に対しある正定数 L_T が定まって, $t \in [0, T]$, $w, w' \in W^n$ に対し,

$$\|\alpha(t,w) - \alpha(t,w')\|^2 + \|\beta(t,w) - \beta(t,w')\|^2$$
$$\leq L_T \left(\int_0^t \|w(s) - w'(s)\|^2 dK(s) + \|w(t) - w'(t)\|^2 \right) \qquad (2.1)$$

$$\|\alpha(t,w)\|^2 + \|\beta(t,w)\|^2$$
$$\leq L_T \left(\int_0^t \|w(s)\|^2 dK(s) + \|w(t)\|^2 + 1 \right) \qquad (2.2)$$

がなりたつ*.

定理 2.1 $\alpha \in \mathscr{A}^{n,r}, \beta \in \mathscr{A}^{n,1}$ が仮定 (2.1) および (2.2) をみたすときは, 方程式 (1.1) の強い解が一意的に存在する. そしてその解 $x(t)$ は, $E[|x(0)|^{2m}] < \infty$, $m \geq 1$, のときは,
$$E[|x(t)|^{2m}] < \infty, \qquad t \geq 0 \qquad (2.3)$$
をみたす.

証明 まず, 道ごとの一意性 (定義 1.5) がなりたつこ

---

* $a \in \boldsymbol{R}^n \otimes \boldsymbol{R}^r$ に対し $\|a\|^2 = \sum_{i=1}^n \sum_{j=1}^r |a_j^i|^2$. なお, $a \in \boldsymbol{R}^n$ ($\cong \boldsymbol{R}^n \otimes \boldsymbol{R}^1$) に対しては $\|a\|$ を単に $|a|$ とかくことも多い.

とを示す. そこで, $(x(t), B(t)), (x'(t), B'(t))$ を同じ空間 $(\Omega, \mathscr{F}, P ; \mathscr{F}_t)$ 上の解で $x(0) = x'(0), B(t) \equiv B'(t)$ となるものとする. すると

$$x(t) - x'(t) = \int_0^t [\alpha(s, \boldsymbol{x}) - \alpha(s, \boldsymbol{x}')] dB(s)$$
$$+ \int_0^t [\beta(s, \boldsymbol{x}) - \beta(s, \boldsymbol{x}')] ds$$

である. いま $I_t^N(w) = I_{\{\sup_{s \leq t}(|x(s)|^2 + |x'(s)|^2) \leq N\}}$ とおく. 各 N に対し $I_t^N(w)$ は $\mathscr{F}_t$ に適合した可測過程で, $s \leq t$ のとき $I_t^N \cdot I_s^N = I_t^N$ をみたすことは容易にわかる. そこで

$I_t^N \cdot |x(t) - x'(t)|^2$
$$\leq 2 I_t^N \cdot \left\{ \left| \int_0^t I_s^N \cdot [\alpha(s, \boldsymbol{x}) - \alpha(s, \boldsymbol{x}')] dB(s) \right|^2 \right.$$
$$\left. + \left| \int_0^t I_s^N \cdot [\beta(s, \boldsymbol{x}) - \beta(s, \boldsymbol{x}')] ds \right|^2 \right\}$$

がなりたつが, $I_s^N \cdot [\alpha(s, \boldsymbol{x}) - \alpha(s, \boldsymbol{x}')]$, $I_s^N \cdot [\beta(s, \boldsymbol{x}) - \beta(s, \boldsymbol{x}')]$ は (2.2) によって有界になる. したがって, $t \in [0, T]$ のとき

$E[I_t^N \cdot |x(t) - x'(t)|^2]$
$$\leq 2 \int_0^t E[I_s^N \cdot \|\alpha(s, \boldsymbol{x}) - \alpha(s, \boldsymbol{x}')\|^2] ds$$
$$+ 2t \int_0^t E[I_s^N \cdot \|\beta(s, \boldsymbol{x}) - \beta(s, \boldsymbol{x}')\|^2] ds$$

$$\leq 2L_T(1+T)\int_0^t \left\{ E\left[I_s^N \cdot \int_0^s |x(u)-x'(u)|^2\, dK(u) \right] \right.$$
$$\left. + E[I_s^N \cdot |x(s)-x'(s)|^2] \right\} ds$$

ゆえに,いま $c(t) = \sup_{0 \leq s \leq t} E[I_s^N \cdot |x(s)-x'(s)|^2]$ とおくと,$t \in [0, T]$ に対し

$$c(t) \leq 2L_T(1+T)\int_0^t (K(s)+1)c(s)ds$$
$$\leq 2L_T(1+T)(K(T)+1)\int_0^t c(s)ds.$$

この不等式より容易に $c(t) \equiv 0, t \in [0, T]$ が結論される*.

ゆえに,すべての $t \in [0, T]$ に対し

$$P\{|x(t)-x'(t)| > 0\}$$
$$\leq P\{\sup_{0 \leq s \leq T} (|x(s)|^2+|x'(s)|^2) > N\}$$

となるが $x(t), x'(t)$ は連続過程であるので $N \to \infty$ とすると右辺は 0 へ収束する.したがって

$$P\{|x(t)-x'(t)| = 0\} = 1$$

となり,再び $x(t), x'(t)$ が連続過程ということから,$x(t) \equiv x'(t)$ a.s. が結論される.

---

* 一般に,非負有界な関数 $c(t)$ が,
$$c(t) \leq a_0 + a_1 \int_0^t c(s)ds,\ t \in [0, T].$$
をみたせば $c(t) \leq a_0 e^{a_1 t},\ t \in [0, T]$ となる(以下の補題 2.2 をみよ).

かくして道ごとの一意性が示されたので，定理 1.1 を用いると，次節の存在定理と合わせて強い解の一意的存在がわかるわけである．しかし強い解の存在もいまの場合はつぎのようにして，逐次近似の方法により直接示すことができる．

$x \in \mathbf{R}^n$ とある空間 $(\Omega, \mathscr{F}, P ; \mathscr{F}_t)$ 上の r 次元ブラウン運動 $\mathbf{B} = (B(t))$ に対して，$\mathscr{F}_t$ に適合した $\mathbf{R}^n$ 値連続確率過程 $\mathbf{x} = (x(t))$ で，各 $T > 0$ に対し $\sup_{0 \leq t \leq T} E[|x(t)|^2] < \infty$ なるもの全体を X であらわす．X から X への写像 Φ：

$$\mathbf{x} \in X \mapsto \mathbf{y} = \Phi \mathbf{x} \in X$$

を

$$y(t) = x + \int_0^t \alpha(s, \mathbf{x}) dB(s) + \int_0^t \beta(s, \mathbf{x}) ds \qquad (2.4)$$

で定義する．$\mathbf{y} \in X$ となることはつぎのようにしてわかる．まず

$|y(t)|^2$
$$\leq 3 \left(|x|^2 + \left| \int_0^t \alpha(s, \mathbf{x}) dB(s) \right|^2 + \left| \int_0^t \beta(s, \mathbf{x}) ds \right|^2 \right)$$

であるが (2.2) によって，$t \in [0, T]$ に対し，

$$E\left[\left| \int_0^t \alpha(s, \mathbf{x}) dB(s) \right|^2 \right]$$
$$= E\left[\int_0^t \|\alpha(s, \mathbf{x})\|^2 ds \right]$$

$$\leq L_T \int_0^t \left\{ E\left[\int_0^s |x(u)|^2 \, dK(u) \right] + E\,|x(s)|^2 + 1 \right\} dt$$
$$< \infty,$$

また同様にして $E\left[\left| \int_0^t \beta(s, \boldsymbol{x}) ds \right|^2 \right] < \infty$ となることがわかる.

補題2.1 任意の $T > 0$ に対し定数 $M_T > 0$ が存在し $t \in [0, T]$ に対し

$$E[\sup_{0 \leq s \leq t} |\boldsymbol{\Phi x} - \boldsymbol{\Phi y}|^2 (s)]$$
$$\leq K_T \int_0^t \sup_{0 \leq u \leq s} E[\,|x(u) - y(u)|^2\,] ds$$
$$\leq K_T \int_0^t E[\sup_{0 \leq u \leq s} |x(u) - y(u)|^2\,] ds \qquad (2.5)$$

証明

$$[\boldsymbol{\Phi x} - \boldsymbol{\Phi y}](t)$$
$$= \int_0^t (\alpha(s, \boldsymbol{x}) - \alpha(s, \boldsymbol{y})) dB_s$$
$$+ \int_0^t (\beta(s, \boldsymbol{x}) - \beta(s, \boldsymbol{y})) ds$$
$$= I_1(t) + I_2(t)$$

とおく. ゆえに
$$|\boldsymbol{\Phi x} - \boldsymbol{\Phi y}|^2 (t) \leq 2(|I_1(t)|^2 + |I_2(t)|^2)$$

かつ, マルチンゲール不等式*より

---

* 付録II参照.

$$E[\sup_{0\le s\le t} |I_1(s)|^2] \le 4\cdot E[\,|I_1(t)|^2\,]$$
$$= 4\cdot E\left[\int_0^t \|\alpha(s,\boldsymbol{x})-\alpha(s,\boldsymbol{y})\|^2\,ds\right]$$

また，

$$|I_2(s)|^2 \le s\cdot \int_0^s |\beta(u,\boldsymbol{x})-\beta(u,\boldsymbol{y})|^2\,du$$
$$\le t\cdot \int_0^t |\beta(u,\boldsymbol{x})-\beta(u,\boldsymbol{y})|^2\,du \quad (s\le t)$$

より

$$E[\sup_{0\le s\le t}|I_2(s)|^2] \le t\cdot E\left[\int_0^t |\beta(s,\boldsymbol{x})-\beta(s,\boldsymbol{y})|^2\,ds\right]$$

ゆえに (2.1) より，ある定数 C_T, K_T に対し，

$$E[\sup_{0\le s\le t} |\boldsymbol{\Phi x}-\boldsymbol{\Phi y}|^2(s)]$$
$$\le C_T E\left[\int_0^t \int_0^s |x(u)-y(u)|^2\,dK(u)ds \right.$$
$$\left. + \int_0^t |x(u)-y(u)|^2\,du\right]$$
$$\le K_T \int_0^t \sup_{0\le u\le s} E[\,|x(u)-y(u)|^2\,]ds,\ t\in[0,T]$$

いま，$x\in\boldsymbol{R}^n$ に対し，$\boldsymbol{x}^{(i)}\in X,\ i=0,1,2,\cdots,$ を

$$\begin{cases} x^{(0)}(t)\equiv x \\ x^{(i)}(t)\equiv (\Phi\boldsymbol{x}^{i-1})(t),\ i=1,2,\cdots \end{cases}$$

で定義する．

補題より，$T>0$ に対し定数 K_T が存在し

$$E[\sup_{0 \le t \le T} |x^{(i+1)}(t) - x^{(i)}(t)|^2]$$
$$\le K_T^i \int_0^T dt_1 \int_0^{t_1} dt_2 \cdots \int_0^{t_{i-1}} dt_i$$
$$\times \sup_{0 \le u \le t_i} E[|x^{(1)}(u) - x^{(0)}(u)|^2]$$
$$\le \frac{K_T^i}{i!} \cdot T^i \times \text{const}.$$

ゆえに, $\sum_{i=1}^{\infty} E[\sup_{0 \le t \le T} |x^{(i+1)}(t) - x^{(i)}(t)|^2]^{\frac{1}{2}} < \infty.$
また,

$$P\left\{\sup_{0 \le t \le T} |x^{(i+1)}(t) - x^{(i)}(t)| > \frac{1}{2^i}\right\}$$
$$\le \frac{(4K_T \cdot T)^i}{i!} \times \text{const}.$$

右辺は収束列であるから,Borel-Cantelli の補題より,確率 1 で $x^i(t)$ は $i \to \infty$ のとき $[0, T]$ 上で一様収束することがわかる.T は任意であるから,結局確率 1 で $x^{(i)}(t)$ は任意の有限区間上で一様に収束する.この極限を $x(t)$ とすると,補題 2.1 に注意して,容易に $\boldsymbol{x} = \boldsymbol{\Phi x}$ となることがわかる.すなわち $\boldsymbol{x}$ は確率微分方程式 (1.1) の $x(0) = x$ をみたす解である.この解の構成からあきらかに,$F(x, w): \boldsymbol{R}^n \times W^r \to W^n$ なる関数で定義 1.6 の可測性の条件をみたすものが存在し,$\boldsymbol{x} = F(x, \boldsymbol{B})$ a.s. となる.つぎに任意の $\mathscr{F}_0$-可測な $\boldsymbol{R}^n$-値確率変数 $x(0)$ に対し,

$$\boldsymbol{x} = F(x(0), \boldsymbol{B})$$

とおくとこれは初期値が $x(0)$ の (1.1) の解である．すでに示した道ごとの一意性により (1.1) の任意の解はこのようにして得られる．

最後に，$E[\,|x(0)|^{2m}\,]<\infty$，$m\geqq 1$ のときに (2.3) が示せればよいが，この部分はそれ自身つぎの独立した命題として証明することにする．

定理 2.2 $\alpha\in\mathscr{A}^{n,r}$，$\beta\in\mathscr{A}^{n,1}$ が仮定 (2.2) をみたすとする．$x(t)$ を (1.1) の解で $E[\,|x(0)|^{2m}\,]<\infty$ をみたすものとするとき，各 $T>0$ に対し，m と，(2.2) における L_T と $K(T)$ にのみ依存する定数 c が存在して

$$E[\,|x(t)|^{2m}\,]\leqq(1+E[\,|x(0)|^{2m}\,])^{e^{ct}}-1,\ \forall t\in[0,T]$$
(2.6)

がなりたつ．

証明 本質的に違いはないので記号を簡単にするため $n=r=1$ と仮定して証明する．

$T>0$ を固定し，以下，$t\in[0,T]$ で考える．与えられた解 $\boldsymbol{x}=(x(t))$ に対し，

$$I_N(t,\omega)=\begin{cases}1,\ \sup_{s\leqq t}|x(s)|\leqq|x(0)|+N\\0,\ \sup_{s\leqq t}|x(s)|>|x(0)|+N\end{cases}$$

また

$$J_N(\omega)=\begin{cases}1,\ |x(0)|\leqq N\\0,\ |x(0)|>N\end{cases}$$

とおく．伊藤の公式より

$$x^{2m}(t) = x^{2m}(0) + 2m \int_0^t x^{2m-1}(s)\alpha(s, \boldsymbol{x})dB(s)$$
$$+ 2m \int_0^t x^{2m-1}(s)\beta(s, \boldsymbol{x})ds$$
$$+ m(2m-1) \int_0^t x^{2m-2}(s)\alpha^2(s, \boldsymbol{x})ds$$

がなりたつ．一方，
$$I_N(t) \cdot J_N = I_N(t) \cdot I_N(s) J_N^2, \quad s \leq t$$
であるので，

$$x^{2m}(t) \cdot I_N(t) \cdot J_N$$
$$= I_N(t) \cdot J_N \bigg[J_N \cdot x^{2m}(0) + 2m \int_0^t J_N \cdot I_N(s) x^{2m-1}(s)$$
$$\times \alpha(s, \boldsymbol{x})dB(s)$$
$$+ 2m \int_0^t J_N \cdot I_N(s) x^{2m-1}(s)\beta(s, \boldsymbol{x})ds$$
$$+ m(2m-1) \int_0^t J_N \cdot I_N(s) x^{2m-2}(s)\alpha^2(s, \boldsymbol{x})ds \bigg]$$
$$\leq J_N \cdot x^{2m}(0)$$
$$+ 2m \int_0^t J_N \cdot I_N(s) x^{2m-1}(s)\alpha(s, \boldsymbol{x})dB(s)$$
$$+ 2m \int_0^t J_N \cdot I_N(s) x^{2m-1}(s)\beta(s, \boldsymbol{x})ds$$
$$+ m(2m-1) \int_0^t J_N \cdot I_N(s) x^{2m-2}(s)\alpha^2(s, \boldsymbol{x})ds.$$

ところで $J_N, I_N(s)$ の定義と (2.2) より

$$E\left[\int_0^t J_N \cdot I_N(s) x^{4m-2}(s)\alpha^2(s,\boldsymbol{x})ds\right] < \infty$$

となるので,右辺第2項の確率積分の項は平均が0である.ゆえに両辺の平均をとって,

$E[x^{2m}(t) \cdot I_N(t) \cdot J_N]$

$\leq E[x^{2m}(0)]$

$\quad + 2m \int_0^t E[J_N \cdot I_N(s) |x^{2m-1}(s)\beta(s,\boldsymbol{x})|]ds$

$\quad + m(2m-1) \int_0^t E[J_N \cdot I_N(s) x^{2m-2}(s)\alpha^2(s,\boldsymbol{x})]ds$

ここで,Hölder の不等式の証明に用いられるよく知られた不等式(たとえば [24] p. 165)

$$a^{\frac{1}{p}} b^{\frac{1}{q}} \leq \frac{a}{p} + \frac{b}{q}$$

$$a \geq 0, b \geq 0, \ p > 0, q > 0, \ \frac{1}{p} + \frac{1}{q} = 1 \quad (2.7)$$

を用いると,まず $p = 2m \cdot (2m-1)^{-1}$, $q = 2m$ として,

$$|x^{2m-1}(s)||\beta(s,x)| \leq |x^{2m}(s)|^{\frac{1}{p}} |\beta^{2m}(s,x)|^{\frac{1}{q}}$$

$$\leq \frac{2m-1}{2m} x^{2m}(s) + \frac{1}{2m}\beta^{2m}(s,\boldsymbol{x}).$$

同様に,$p = \dfrac{m}{m-1}$, $q = m$ として,

$$x^{2m-2}(s)\alpha^2(s,\boldsymbol{x}) \leq \frac{m-1}{m} x^{2m}(s) + \frac{1}{m}\alpha^{2m}(s,\boldsymbol{x}).$$

ゆえに定数 a_1(以下,単に定数というときは,$L_T, K(T)$ $(= \int_0^T dK(s))$ と m にのみ依存する数)が存在して

$$E[x^{2m}(t) \cdot I_N(t) \cdot J_N]$$
$$\leq E[x^{2m}(0)] + a_1 \int_0^t E\left[I_N(s) \cdot J_N \left\{ x^{2m}(s) + \left(1 + x^2(s) + \int_0^s (1+x^2(u))dK(u)\right)^m \right\}\right] ds.$$

ところで定数 a_2 を適当にとると

$$\left(1+x^2(s) + \int_0^s (1+x^2(u))dK(u)\right)^m$$
$$\leq a_2 \left(1 + x^{2m}(s) + \int_0^s (1+x^{2m}(u))dK(u)\right)$$

となるから,結局ある定数 a_3 に対し

$$E[x^{2m}(t) \cdot I_N(t) \cdot J_N]$$
$$\leq E[x^{2m}(0)] + a_3 \left(t + \int_0^t E[x^{2m}(s)I_N(s) \cdot J_N]ds + \int_0^t ds \int_0^s E[x^{2m}(u)I_N(u) \cdot J_N]dK(u)\right) \quad (2.8)$$

となる.

補題 2.2 $t \in [0, T]$ で,ある正定数 a, b に対し

$$u(t) \leq a + b\left(t + \int_0^t u(s)ds + \int_0^t ds \int_0^s u(s_1)dK(s_1)\right)$$

がなりたつとき*

$$u(t) \leq (1+a)e^{b(1+K(T))t} - 1$$

がなりたつ.

---

* $u(t)$ は $[0, T]$ で有界な関数とする.

証明

$$1 + u(t) \leq (1+a) + b\int_0^t (1+u(s))ds$$
$$+ b\int_0^t ds \int_0^s (1+u(s_1))dK(s_1)$$

より, $v(t) = 1 + u(t)$ とおくと,

$$v(t) \leq (1+a) + b\int_0^t v(s)ds + b\int_0^t ds \int_0^s v(s_1)dK(s_1). \tag{2.9}$$

いま $v(t) \leq A$, $t \in [0, T]$, とすると (2.9) より
$$v(t) \leq 1 + a + b(1 + K(T))At.$$

これを, 再び (2.9) の右辺へ代入すると

$$v(t) \leq (1+a)\{1 + b(1+K(T))\cdot t\} + \frac{\{b(1+K(T))\}^2}{2!}At^2.$$

これをくりかえすと

$$v(t) \leq (1+a)\sum_{j=0}^n \frac{\{b(1+K(T))\}^j}{j!}t^j$$
$$+ \frac{\{b(1+K(T))\}^{n+1}}{(n+1)!}A \cdot t^{n+1}.$$

$n \to \infty$ として $v(t) \leq (1+a)e^{b(1+K(T))t}$ がなりたつ.

(2.8) に補題 2.2 を適用すると, ある定数 c に対し
$$E[x^{2m}(t) \cdot I_N(t) \cdot J_N] \leq (1 + E[x^{2m}(0)])e^{ct} - 1,$$
$$t \in [0, T]$$

がなりたつ. $N \to \infty$ として Fatou の補題より (2.6) がなりたつ.

定理 2.2 の証明おわり

系 $[0, \infty) \times \boldsymbol{R}^n$ 上の関数 $a(t, x) \in \boldsymbol{R}^n \otimes \boldsymbol{R}^r$, $b(t, x) \in \boldsymbol{R}^n$ がつぎの条件をみたすとする.

任意の $T > 0$ に対し定数 $L_T > 0$ が存在して
$$\|a(t, x) - a(t, y)\|^2 + \|b(t, x) - b(t, y)\|^2 \leq L_T |x-y|^2,$$
$$\forall (t, x, y) \in [0, T] \times \boldsymbol{R}^n \times \boldsymbol{R}^n \quad (2.10)$$
$$\|a(t, x)\|^2 + \|b(t, x)\|^2 \leq L_T(1 + |x|^2),$$
$$\forall (t, x) \in [0, T] \times \boldsymbol{R}^n \quad (2.11)$$

このとき，マルコフ型方程式
$$dx(t) = a(t, x(t))dB(t) + b(t, x(t))dt \quad (2.12)$$
の強い解が一意的に存在する．そしてその解は $E[\,|x(0)|^{2m}\,] < \infty$ のとき，$E[\,|x(t)|^{2m}\,] < \infty$ $(\forall t > 0)$ をみたす．

§3 連続係数の場合の解の存在定理

与えられた $\alpha \in \mathscr{A}^{n,r}, \beta \in \mathscr{A}^{n,1}$ に対し方程式
$$dx(t) = \alpha(t, \boldsymbol{x})dB(t) + \beta(t, \boldsymbol{x})dt \quad (1.1)$$
を考える．いま，係数 α, β につぎの仮定をおく．

(i) $(t, w) \in [0, \infty) \times W^n \mapsto \alpha(t, w) \in \boldsymbol{R}^n \otimes \boldsymbol{R}^r$
$(t, w) \in [0, \infty) \times W^n \mapsto \beta(t, w) \in \boldsymbol{R}^n \otimes \boldsymbol{R}^1$

はともに連続．

(ii) $[0, \infty)$ 上の正の Radon 測度 $dK(t)$ が存在し，各 $T > 0$ に対しある正定数 L_T が定まって，すべての $(t, w) \in [0, T] \times W^n$ に対し，

$$\|\alpha(t,w)\|^2 + \|\beta(t,w)\|^2$$
$$\leq L_T \left(\int_0^t |w(s)|^2 \, dK(s) + |w(t)|^2 + 1 \right) \quad (3.1)$$

がなりたつ.

定理 3.1 上の仮定をみたす $\alpha \in \mathscr{A}^{n,r}, \beta \in \mathscr{A}^{n,1}$ が与えられたとする. このとき, 任意の $\boldsymbol{R}^n$ 上のコンパクトな台をもつ確率分布 μ に対し, $x(0)$ の分布が μ になるような方程式 (1.1) の解で $(x(t), B(t))$ が存在する. (このとき, $E[|x(0)|^{2m}] < \infty$, $m \geq 1$, であるので, 定理 2.2 により $E[|x(t)|^{2m}] < \infty$ となる.)

注意 3.1 初期分布 μ がコンパクトな台をもつという制限は不自然であるが, これを除くのは技術的に困難で面倒な議論が必要になるためここでは論じない. しかし応用上, たとえばこの定理と定理 1.1 を用いて強い解の存在を示そうとする場合, この制限は何のさまたげにもならない. また, 以下の証明をみると, 実際には, $\int |x|^4 \mu(dx) < \infty$ であれば十分で, このときの解は $E[|x(t)|^4] < \infty$ をみたす.

証明 μ を, 与えられた台がコンパクトな $\boldsymbol{R}^n$ 上の確率分布とする.

いま, $l = 1, 2, \cdots$ に対し, 関数 $\varphi_l(t)$ を
$$\varphi_l(t) = \frac{k}{2^l}, \quad \frac{k}{2^l} \leq t < \frac{k+1}{2^l} \quad (k = 0, 1, 2, \cdots)$$
によって定義する. そして

$$\alpha_l(t,w) = \alpha(\varphi_l(t), w), \quad \beta_l(t,w) = \beta(\varphi_l(t), w)$$

とおく. あきらかに $\alpha_l \in \mathscr{A}^{n,r}, \beta_l \in \mathscr{A}^{n,1}$ である.

ある適当な確率空間 $(\Omega, \mathscr{F}, P)$ 上に μ を分布としてもつ $\boldsymbol{R}^n$-値確率変数 ξ と, それと独立な r 次元ブラウン運動 $\{B(t)\}$ を用意する. このとき, 方程式

$$\left.\begin{aligned} dx(t) &= \alpha_l(t,\boldsymbol{x})dB(t) + \beta_l(t,\boldsymbol{x})dt \\ x(0) &= \xi \end{aligned}\right\} \quad (3.2)$$

は一意的な解 $\boldsymbol{x}_l = (x_l(t))$ をもつ. 実際 $x_l(t)$ が $t \le \dfrac{k}{2^l}$ で定まったとき, $\boldsymbol{x}_{l,k} = (x_{l,k}(t))$ を

$$x_{l,k}(t) = \begin{cases} x_l(t), & t \le \dfrac{k}{2^l} \\ x_l\left(\dfrac{k}{2^l}\right), & t > \dfrac{k}{2^l} \end{cases}$$

とおいて, $\dfrac{k}{2^l} < t \le \dfrac{k+1}{2^l}$ に対しては

$$\begin{aligned} x_l(t) = {}& x_l\Big(\frac{k}{2^l}\Big) + \alpha\Big(\frac{k}{2^l}, \boldsymbol{x}_{l,k}\Big)\Big(B(t) - B\Big(\frac{k}{2^l}\Big)\Big) \\ & + \beta\Big(\frac{k}{2^l}, \boldsymbol{x}_{l,k}\Big)\Big(t - \frac{k}{2^l}\Big) \end{aligned}$$

によって定まる.

以下では任意の $T > 0$ を与えて, 区間 $[0,T]$ 上で考察する. m を自然数とすると, 正の定数 $c, l_0(m)$ (定数というときは, m と T と (3.1) における L_T, $K(T) = \displaystyle\int_0^T dK(t)$ にのみ依存し l には無関係な数) が存在して

$$\begin{aligned} & E[|x_l(t)|^{2m}] \le (1 + E[|x_l(0)|^{2m}])e^{ct} - 1 \\ & t \in [0,T], \ l \ge l_0(m) \end{aligned} \quad (3.3)$$

となることを最初に示す．この証明は定理 2.2 の証明と同様に行う．まず

$$I_N(t) = \begin{cases} 1, & \max_{0 \leq s \leq t} |x_l(s)| < N \\ 0, & \text{それ以外のとき} \end{cases}$$

とおき，定理 2.2 の証明をくりかえすと，定数 a_1 があって

$$\begin{aligned}
& E[|x_l(t)|^{2m} \cdot I_N(\varphi_l(t))] \\
& \leq E[|x_l(0)|^{2m}] + a_1 \bigg\{ \int_0^t E[|x_l(s)|^{2m} I_N(\varphi_l(s))] ds \\
& \quad + \int_0^t E[\|\alpha_l(s, \boldsymbol{x}_l)\|^{2m} \cdot I_N(\varphi_l(s))] ds \\
& \quad + \int_0^t E[\|\beta_l(s, \boldsymbol{x}_l)\|^{2m} \cdot I_N(\varphi_l(s))] ds \bigg\} \quad (3.4)
\end{aligned}$$

となるが，いまの場合は仮定 (3.1) から

$$\begin{aligned}
& \|\alpha_l(t, w)\|^2 + \|\beta_l(t, w)\|^2 \\
& \leq L_T \bigg[1 + |w(\varphi_l(t))|^2 + \int_0^t |w(s)|^2 \, dK(s) \bigg] \quad (3.5)
\end{aligned}$$

となるので，ある定数 a_2 を適当にとれば，

$$\begin{aligned}
& E[|x_l(t)|^{2m} I_N(\varphi_l(t))] \\
& \leq E[|x_l(0)|^{2m}] + a_2 \bigg\{ t + \int_0^t E[I_N(\varphi_l(s)) |x_l(s)|^{2m}] ds \\
& \quad + \int_0^t E[I_N(\varphi_l(s)) \cdot |x_l(\varphi_l(s))|^{2m}] ds \\
& \quad + \int_0^t ds \int_0^s E[I_N(\varphi_l(u)) \cdot |x_l(u)|^{2m}] dK(u) \bigg\} \quad (3.6)
\end{aligned}$$

となる.一方,以下 $a_3, a_4, \cdots$ を適当な定数とするとき,

$$\int_0^t E[I_N(\varphi_l(s)) |x_l(\varphi_l(s))|^{2m}]ds$$

$$\leqq a_3 \Big\{ \int_0^t E[I_N(\varphi_l(s)) \cdot |x_l(s)|^{2m}]ds$$

$$+ \int_0^t E[I_N(\varphi_l(s)) |x_l(s) - x_l(\varphi_l(s))|^{2m}]ds \Big\}$$

$$\leqq a_3 \int_0^t E[I_N(\varphi_l(s)) \cdot |x_l(s)|^{2m}]ds$$

$$+ a_4 \Big\{ \int_0^t E[I_N(\varphi_l(s)) \|\alpha(\varphi_l(s), \boldsymbol{x}_l)\|^{2m}$$

$$\times (s - \varphi_l(s))^m]ds$$

$$+ \int_0^t E[I_N(\varphi_l(s)) \|\beta(\varphi_l(s), \boldsymbol{x}_l)\|^{2m}$$

$$\times (s - \varphi_l(s))^{2m}]ds \Big\}$$

$$\leqq a_3 \int_0^t E[I_N(\varphi_l(s)) \cdot |x_l(s)|^{2m}]ds$$

$$+ a_4 \left(\frac{1}{2^l}\right)^m \int_0^t E\{I_N(\varphi_l(s))[\|\alpha(\varphi_l(s), \boldsymbol{x}_l)\|^{2m}$$

$$+ \|\beta(\varphi_l(s), \boldsymbol{x}_l)\|^{2m}]\}ds$$

ここで再び (3.1) を用いると,最後の式は

$$a_3 \int_0^t E[I_N(\varphi_l(s)) |x_l(s)|^{2m}]ds$$

$$+ a_5 \left(\frac{1}{2^l}\right)^m \Big\{ t + \int_0^t E[I_N(\varphi_l(s)) |x_l(\varphi_l(s))|^{2m}]ds$$

$$+ \int_0^t ds \int_0^s E[I_N(\varphi_l(u)) |x_l(u)|^{2m}] dK(u) \Big\}$$

で上からおさえられる．$l_0(m)$ を十分大きくとれば，$l \geqq l_0(m)$ のとき $1 - a_5 \left(\dfrac{1}{2^l}\right)^m > \dfrac{1}{2}$ となる．そうすると右辺の

$$a_5 \left(\frac{1}{2^l}\right)^m \int_0^t E[I_N(\varphi_l(s)) |x_l(\varphi_l(s))|^{2m}] ds$$

を移項することにより，結局 $l \geqq l_0(m)$ のとき，

$$\int_0^t E[I_N(\varphi_l(s)) |x_l(\varphi_l(s))|^{2m}] ds$$
$$\leqq a_6 \left(t + \int_0^t E[I_N(\varphi_l(s)) \cdot |x_l(s)|^{2m}] ds \right.$$
$$\left. + \int_0^t ds \int_0^s E[I_N(\varphi_l(u)) \cdot |x_l(u)|^{2m}] dK(u) \right)$$

がなりたつ．この評価を (3.6) の右辺第4項に代入すると

$$E[|x_l(t)|^{2m} I_N(\varphi_l(t))]$$
$$\leqq E[|x_l(0)|^{2m}]$$
$$+ a_7 \Big\{ t + \int_0^t E[I_N(\varphi_l(s)) \cdot |x_l(s)|^{2m}] ds$$
$$+ \int_0^t ds \int_0^s E[I_N(\varphi_l(u)) |x_l(u)|^{2m}] dK(u) \Big\}$$

(3.7)

となる．するとあとは定理 2.2 の証明とまったく同じで，

補題 2.2 を用いて (3.3) が示される.

つぎに (3.3) を用いてつぎのことを示す. 定数 l_0, M (T と L_T と $K(T)$ のみに依存) が存在し, すべての $l \geqq l_0$ と $t, s \in [0, T]$ に対し
$$E[|x_l(t) - x_l(s)|^4] \leqq M |t-s|^2 \qquad (3.8)$$
がなりたつ. 以下で $a_1, a_2, \cdots$ を定数とする. まず
$$E[|x_l(t) - x_l(s)|^4] \leqq a_1 \Big\{ E\Big[\Big|\int_s^t \alpha_l(u, \boldsymbol{x}_l) dB(u)\Big|^4\Big]$$
$$+ E\Big[\Big|\int_s^t \beta_l(u, \boldsymbol{x}_l) du\Big|^4\Big] \Big\}$$
がなりたち, この右辺の第1項は第3章, 補題 2.1 におけるのと同じ方法で
$$a_2 E\Big\{ \Big(\int_s^t \|\alpha_l(u, \boldsymbol{x}_l)\|^2 du\Big)^2 \Big\}$$
で上からおさえられる. また第2項は Schwarz の不等式で
$$a_3 (t-s)^2 E\Big[\Big(\int_s^t |\beta_l(u, \boldsymbol{x}_l)|^2 du\Big)^2\Big]$$
で上からおさえられる. 結局
$$E[|x_l(t) - x_l(s)|^4]$$
$$\leqq a_4 \Big\{ E\Big[\Big(\int_s^t \|\alpha_l(u, \boldsymbol{x}_l)\|^2 du\Big)^2$$
$$+ \Big(\int_s^t \|\beta_l(u, \boldsymbol{x}_l)\|^2 du\Big)^2 \Big] \Big\}$$

$$= a_4 \int_s^t du_1 \int_s^t du_2 E[\,\|\alpha_l(u_1, \boldsymbol{x}_l)\|^2 \, \|\alpha_l(u_2, \boldsymbol{x}_l)\|^2$$
$$+ \|\beta_l(u_1, \boldsymbol{x}_l)\|^2 \, \|\beta_l(u_2, \boldsymbol{x}_l)\|^2\,]$$

ここで (3.5) を用い, (3.3) によって

$$E[|x_l(t)|^2] + E[|x_l(u)|^2 \, |x_l(v)|^2]$$
$$\leq E[|x_l(t)|^2] + E[|x_l(u)|^4]^{\frac{1}{2}} E[|x_l(v)|^4]^{\frac{1}{2}}$$
$$\leq C : 定数, \quad t, u, v \in [0, T], \quad l \geq l_0$$

となることに注意すると (3.8) のなりたつことがわかる.

(3.8) より (もちろん $E[|x_l(0)|] = E[|\xi|]$ だから) n 次元連続確率過程の列 $\boldsymbol{x}_l = (x_l(t))$, $l = 1, 2, \cdots$ は第 1 章, 定理 1.2 の条件をみたしている. ゆえにつぎのような部分列

$$l_1 < l_2 < \cdots < l_k < \cdots$$

が存在する；ある確率空間 $(\hat{\Omega}, \hat{\mathscr{F}}, \hat{P})$ 上に $\hat{\boldsymbol{x}}_l = (\hat{x}_l(t))$ が $\boldsymbol{x}_l$ と同法則 ($l = 1, 2, \cdots$) となるように構成でき, さらに n 次元連続過程 $\hat{\boldsymbol{x}} = (\hat{x}(t))$ が存在して

$$\hat{P}\left\{\begin{aligned}&\hat{x}_{l_k}(t) \text{ が } \hat{x}(t) \text{ に } k \to \infty \text{ のとき,}\\ &t \text{ について広義一様に収束する}\end{aligned}\right\} = 1$$

となる. $\hat{\boldsymbol{x}}_l$ は $\boldsymbol{x}_l$ と同法則で, $\boldsymbol{x}_l$ は (3.2) の解だから,

$$M_l(t) = (M_l^1(t), M_l^2(t), \cdots, M_l^n(t))$$
$$= \hat{x}_l(t) - \hat{x}_l(0) - \int_0^t \beta_l(s, \hat{\boldsymbol{x}}_l) ds$$

とおくとき，$M_l^i(t)$ は $(\hat{\Omega}, \hat{\mathscr{F}}, \hat{P}; \hat{\mathscr{F}}_t^l)$ *上の2乗可積分マルチンゲールの系で

$$\langle M_l^i, M_l^j \rangle(t) = \int_0^t (\alpha_l \cdot {}^T\alpha_l)_{ij}(s, \hat{\boldsymbol{x}}_l) ds **$$

をみたすことは容易にわかる．α, β の連続性の仮定より，

$$\alpha_{l_k}(s, \hat{\boldsymbol{x}}_{l_k}) = \alpha(\varphi_{l_k}(s), \hat{\boldsymbol{x}}_{l_k}) \to \alpha(s, \hat{\boldsymbol{x}}),$$
$$\beta_{l_k}(s, \hat{\boldsymbol{x}}_{l_k}) \to \beta(s, \hat{\boldsymbol{x}}) \quad (k \to \infty)$$

が確率1でなりたつ．すると，あきらかに

$$M_{l_k}(t) \to M(t) = \hat{x}(t) - \hat{x}(0) - \int_0^t \beta(s, \hat{\boldsymbol{x}}) ds$$

であり，$M(t) = (M^1(t), M^2(t), \cdots, M^n(t))$ とすると，$M^i(t)$ も $(\hat{\Omega}, \hat{\mathscr{F}}, \hat{P}; \hat{\mathscr{F}}_t)$ ***上の2乗可積分マルチンゲールの系で

$$\langle M^i, M^j \rangle(t) = \int_0^t (\alpha \cdot {}^T\alpha)_{ij}(s, \hat{\boldsymbol{x}}) ds$$

となる．第2章，定理5.1 (B) によって $(\hat{\Omega}, \hat{\mathscr{F}}, \hat{P}; \hat{\mathscr{F}}_t)$ のある拡張の上に r 次元ブラウン運動 $(\hat{B}(t))$ が構成できて

$$M(t) = \int_0^t \alpha(s, \hat{\boldsymbol{x}}) d\hat{B}(s)$$

と表現できる．すなわち

---

   * $\hat{\mathscr{F}}_t^l = \sigma\{\hat{x}_l(s); s \leq t\} \vee \mathscr{N}$ ($\mathscr{N}$ は P-null set の全体)

 ** $(\alpha \cdot {}^T\alpha)_{ij} = \sum_{k=1}^{r} \alpha_k^i \alpha_k^j$.

*** $\hat{\mathscr{F}}_t = \sigma\{\hat{x}(s); s \leq t\} \vee \mathscr{N}$.

$$\hat{x}(t) = \hat{x}(0) + \int_0^t \alpha(s, \hat{\boldsymbol{x}})dB(s) + \int_0^t \beta(s, \hat{\boldsymbol{x}})ds.$$

このことは $(\hat{x}(t), \hat{B}(t))$ が (1.1) の解であることを示している.

証明おわり

系1 係数 $\alpha \in \mathscr{A}^{n,r}$, $\beta \in \mathscr{A}^{n,1}$ が上の仮定 (i), (ii) をみたすとする. さらに, 方程式 (1.1) の解の道ごとの一意性 (定義 1.5) がなりたつとする. このとき (1.1) の強い解が一意的に存在する (定義 1.6). したがって, もちろん (1.1) は任意の初期分布 μ に対し一意的な解をもつ.

これは定理 1.1 とその脚注よりすぐわかる.

系2 $a(t, x)$, $b(t, x)$ が連続であり, 定理 2.1 の系の条件のうち (2.11) のみをみたすとする. このときマルコフ型方程式 (2.12) の解が (少なくとも初期分布の台がコンパクトのとき) 存在する.

§4 ずれの変換による解法

ある確率空間上のマルチンゲールの系は, 確率法則のある種の変換により "ずれ" (drift) の変化をうける. このことを利用して, 確率微分方程式のずれ項の変換ができ, とくにブラウン運動にずれ項のついた方程式の一意的な解を得ることができる.

$(\Omega, \mathscr{F}, P; \mathscr{F}_t)$ をある四つ組, $X = (X(t))_{t \geq 0}$ を $\mathscr{M}_{loc}^c(\mathscr{F}_t)^*$ の元で $X(0) = 0$ なるものとする.

$$M(t) = \exp\Big(X(t) - \frac{1}{2}\langle X\rangle(t)\Big) \quad (4.1)$$

とおく.

命題 4.1　$M = (M(t))_{t \geq 0} \in \mathscr{M}_{loc}^c(\mathscr{F}_t)$.

証明　一般化された伊藤の公式より,

$$\begin{aligned} M(t) - 1 &= \int_0^t M(s)dX(s) - \frac{1}{2}\int_0^t M(s)d\langle X\rangle(s) \\ &\quad + \frac{1}{2}\int_0^t M(s)d\langle X\rangle(s) \\ &= \int_0^t M(s)dX(s) \end{aligned}$$

証明おわり

したがって, とくに $P\{\sigma_n \uparrow \infty\} = 1$ となるマルコフ時間の列が存在して

$$E[M(\sigma_n \wedge t)] = 1, \quad n = 1, 2, \cdots, \ t \geq 0$$

となる. Fatou の補題によって

$$E[M(t)] \leq \varliminf_{n\to\infty} E[M(\sigma_n \wedge t)] = 1 \quad (4.2)$$

---

*　第 2 章では $\mathscr{M}_2^{c,loc}(\mathscr{F}_t)$ の記号であらわしたが, 簡単のため以下ではこの記号を用いる. すなわち $\mathscr{F}_t$ に関する連続な局所 2 乗可積分マルチンゲール M_t で $M_0 = 0$ a.s. なるものの全体である.

同様に, 一般に σ をマルコフ時間とするとき,
$$E[M(\sigma); \sigma < \infty] \leq 1 \tag{4.3}$$
となる. つぎに $X(t)$ にどんな条件があるとき, $M(t)$ がマルチンゲール, すなわち,
$$E[M(t)] = 1, \qquad \forall t \geq 0 \tag{4.4}$$
となるであろうか. 以下でその十分条件をいくつかあげるが, まず簡単なものとして

命題 4.2 $X(t) \in \mathscr{M}_{loc}^c$ がつぎの条件

$\langle X \rangle (t)$ が局所有界：すなわち, 任意の $T > 0$ に対し定数 $C_T > 0$ が存在して
$$P\{\langle X \rangle (T) \leq C_T\} = 1 \tag{4.5}$$
となっているときは, $M(t)$ はマルチンゲールである.

証明

$$M^2(t) = \exp(2X(t) - \langle X \rangle(t))$$
$$= \exp\left(2X(t) - \frac{1}{2}\langle 2X \rangle(t)\right) \exp(\langle X \rangle(t))$$

σ_n をマルコフ時間の列とするとき, (4.3) を用いて

$$E[M^2(\sigma_n \wedge t)]$$
$$\leq e^{C_t} E\left\{\exp\left(2X(t \wedge \sigma_n) - \frac{1}{2}\langle 2X \rangle(t \wedge \sigma_n)\right)\right\}$$
$$\leq e^{C_t}$$

ゆえに $M(\sigma_n \wedge t)$ は一様可積分である. とくに σ_n を $P\{\sigma_n \uparrow \infty\} = 1$ かつ $E[M(\sigma_n \wedge t)] = 1$ なるものとすれば

$$E[M(t)] = \lim_{n\uparrow\infty} E[M(\sigma_n \wedge t)] = 1.$$

系 条件 (4.5) のもとで $E[e^{X(t)}] < \infty$.

実際

$$\begin{aligned} E[e^{X(t)}] &\leq E[e^{X(t) - \frac{1}{2}\langle X \rangle(t) + \frac{1}{2}C_t}] \\ &\leq e^{\frac{1}{2}C_t} \end{aligned} \quad (4.6)$$

とくに $X(t) = B(t)$ (1次元ブラウン運動) とするとき $\langle X \rangle(t) = t$ だから (4.5) がなりたつ.

また $X(t) = \int_0^t \Phi(s,\omega) dB(s)$ で Φ が有界のときも (4.5) がなりたつ.

もう少し一般の十分条件としてつぎの Novikov [47] の結果がある.

命題 4.3 $X(t) \in \mathscr{M}_{loc}^c$ がつぎの条件

$$E[e^{\frac{1}{2}\langle X \rangle(t)}] < \infty, \ t \in [0, \infty) \quad (4.7)$$

をみたすとき, $M(t)$ はマルチンゲールである (すなわち, (4.4) がみたされる).

証明 第2章, §5の定理により, ある Ω の拡張 $(\hat{\Omega}, \hat{\mathscr{F}}, \hat{P})$ が存在し, ある $\hat{\mathscr{F}}_t$-ブラウン運動 $B(t)$ ($B(0) = 0$) を用いて

$$X(t) = B(\langle X \rangle(t))$$

と表現できる. そしてそこで注意したように, $\langle X \rangle(t)$ は

§4 ずれの変換による解法

各 t について $\hat{\mathscr{F}}_t$-マルコフ時間となっている.いま $\tau_a = \inf\{t \geq 0 ; B(t) \leq t - a\}$ とおく.これは拡散過程 $B(t) - t$ が $-a$ へ到達する時間であり,第3章,定理 1.4 より $E[e^{-\lambda \tau_a}] = e^{-(\sqrt{1+2\lambda}-1)a}$.これより $E[e^{\frac{1}{2}\tau_a}] < \infty$ であり,それは e^a に等しいことがわかる.ゆえに

$$E[e^{B(\tau_a) - \frac{1}{2}\tau_a}] = E[e^{-a + \frac{1}{2}\tau_a}] = e^{-a} \cdot e^a = 1$$

となる.このことは $[0, \infty)$ 上のマルチンゲール

$$Y(t) = \exp\left(B(\tau_a \wedge t) - \frac{1}{2}\tau_a \wedge t\right)$$

が $t = \infty$ までこめてマルチンゲールになっていることを意味し,$Y(t)$ は $t \in [0, \infty)$ で一様可積分である.ゆえに,任意のマルコフ時間 σ に対し,

$$E[e^{B(\tau_a \wedge \sigma) - \frac{1}{2}\tau_a \wedge \sigma}] = 1$$

がなりたつ.とくに

$$\begin{aligned} 1 &= E[e^{B(\langle X \rangle(t)) \wedge \tau_a) - \frac{1}{2}\langle X \rangle(t) \wedge \tau_a}] \\ &= E[I_{[\tau_a \leq \langle X \rangle(t)]} e^{-a + \frac{1}{2}\tau_a}] \\ &\quad + E[I_{[\tau_a > \langle X \rangle(t)]} e^{X(t) - \frac{1}{2}\langle X \rangle(t)}]. \end{aligned}$$

ところで,第1項は $e^{-a} E[e^{\frac{1}{2}\langle X \rangle(t)}]$ でおさえられ,$a \to \infty$ のとき 0 へ収束する.ゆえに,単調収束定理より,

$$\lim_{a \to \infty} E[I_{[\tau_a > \langle X \rangle(t)]} e^{X(t) - \frac{1}{2}\langle X \rangle(t)}]$$

$$= E[e^{X(t)-\frac{1}{2}\langle X\rangle(t)}] = 1.$$

かくして (4.4) が示された.

証明おわり

これから以後,確率空間 $(\Omega, \mathscr{F}, P)$ はいわゆる**標準空間** (standard space),すなわち $[0,1]$ のある Borel 部分集合と Borel 同型となっている場合を考える*.$\Omega = W^n \times W^r$, $\mathscr{B}(\Omega) = \mathscr{B}(W^n) \times \mathscr{B}(W^r)$ は標準空間であり,したがって,ブラウン運動や確率微分方程式の解はつねにある標準空間の上に実現できるのである.

四つ組 $(\Omega, \mathscr{F}, P; \mathscr{F}_t)$ (以後 $\bigvee_{t>0} \mathscr{F}_t = \mathscr{F}$ を仮定する) と $X \in \mathscr{M}^c_{loc}(\mathscr{F}_t)$ $(X(0)=0)$ で (4.1) の $M(t)$ が $\mathscr{F}_t$-マルチンゲールになっているものを考える.各 $t \geqq 0$ に対し

$$\hat{P}_t(B) = E[M(t); B], \quad B \in \mathscr{F}_t \qquad (4.8)$$

とおくと $\hat{P}_t(B)$ は $\mathscr{F}_t$ 上の測度であり,両立条件 $\hat{P}_t|_{\mathscr{F}_s} = \hat{P}_s$ $(t \geqq s)$ をみたす.なぜなら,$B \in \mathscr{F}_s$ とするとき,

$$\hat{P}_t(B) = E[M_t; B] = E[E[E[M_t|\mathscr{F}_s]; B]]$$
$$= E[M_s; B] = \hat{P}_s(B).$$

いま $(\Omega, \mathscr{F}, P)$ が標準空間ということからただ一つの $(\Omega, \mathscr{F})$ 上の確率測度 $\hat{P}$ が存在して $\hat{P}|_{\mathscr{F}_t} = \hat{P}_t$ となる**.

---

* このことは以下における $\hat{P}$ の存在を保証するためである.標準空間については Parthasarathy [49] (V 章) をみよ.
** [49] (p.139, 定理 3.2).

定義 4.1 この $\hat{P}$ をマルチンゲール M を密度にもつ測度といい,$\hat{P} = M \cdot P$ であらわす.

かくして,四つ組 $(\Omega, \mathscr{F}, \hat{P}; \mathscr{F}_t)$ が得られた.この上のマルチンゲールの空間は,$\hat{\mathscr{M}}_2(\mathscr{F}_t), \hat{\mathscr{M}}_2^c(\mathscr{F}_t)\cdots$ 等であらわす.

定理 4.4

(ⅰ) $Y \in \mathscr{M}_c^{loc}(\mathscr{F}_t)$ ならば,$\tilde{Y}$ を
$$\tilde{Y}(t) = Y(t) - \langle Y, X \rangle(t) \tag{4.9}$$
で定義するとき,$\tilde{Y} \in \hat{\mathscr{M}}_{loc}^c(\mathscr{F}_t)$.

(ⅱ) $Y_1, Y_2 \in \mathscr{M}_{loc}^c(\mathscr{F}_t)$ に対し,$\tilde{Y}_1, \tilde{Y}_2$ をそれぞれ (4.9) によって定義するとき,
$$\langle \tilde{Y}_1, \tilde{Y}_2 \rangle = \langle Y_1, Y_2 \rangle. \tag{4.10}$$

証明 伊藤の公式によって

$$\begin{aligned}Z(t,s) &\equiv \exp\Big(X(t) - X(s) - \frac{1}{2}(\langle X \rangle(t) - \langle X \rangle(s))\Big) \\ &\quad \times [Y(t) - Y(s) - (\langle Y, X \rangle(t) - \langle Y, X \rangle(s))] \\ &= \int_s^t \exp\Big(X(u) - X(s) \\ &\qquad\qquad - \frac{1}{2}(\langle X \rangle(u) - \langle X \rangle(s))\Big) dY(u) \\ &\quad + \int_s^t Z(u,s) dX(u)\end{aligned}$$

したがって,適当なマルコフ時間の列 σ_n で $P\{\sigma_n \uparrow \infty\} = 1$ となるものがあって
$$E[Z(t \wedge \sigma_n, s \wedge \sigma_n)|\mathscr{F}_s] = 0, \qquad n = 1, 2, \cdots$$

すると,
$$\hat{E}[\hat{Y}(t\wedge\sigma_n)-\hat{Y}(s\wedge\sigma_n)|\mathscr{F}_s]$$
$$= E[M(t\wedge\sigma_n)(\hat{Y}(t\wedge\sigma_n)-\hat{Y}(s\wedge\sigma_n))|\mathscr{F}_s]$$
$$= M(s\wedge\sigma_n)E[Z(t\wedge\sigma_n,s\wedge\sigma_n)|\mathscr{F}_s]=0$$
このことは, $\tilde{Y}\in\hat{\mathscr{M}}_{loc}^c(\mathscr{F}_t)$ なることを示している.

(ii) も同様に示せるので省略する.

系 $Y\in\mathscr{M}_{loc}^c(\mathscr{F}_t)$, $\Phi\in\mathscr{L}_2^{loc}(Y)$,
$$Z(t)=\int_0^t \Phi(s)dY(s)$$
とする. このとき, $(\Omega,\mathscr{F},\hat{P};\mathscr{F}_t)$ 上で考えると, $\Phi\in\mathscr{L}_2^{loc}(\tilde{Y})$ であり,
$$\tilde{Z}(t)\ (=Z(t)-\langle Z,X\rangle(t))\ =\int_0^t \Phi(s)d\tilde{Y}(s).$$

証明 第2章, 定理3.3の証明より, t について階段関数である $\Phi_n(t)$ があって $\int_0^t \Phi_n(s)dY_s \to \int_0^t \Phi(s)dY_s$ となる. Φ_n についてはあきらかで, $n\to\infty$ として系が示される.

上の定理は, 確率 P をマルチンゲール $M(t)=\exp\left(X(t)-\frac{1}{2}\langle X\rangle(t)\right)$ を密度にもつ確率 $\hat{P}$ に変換するとき, P に関する (局所) 連続マルチンゲール $Y(t)$ が $\hat{P}$ に関しては,

$Y=$ (局所) 連続マルチンゲール $+\langle Y,X\rangle$

となることを示している. すなわち $\langle X,Y\rangle$ だけの "ず

れ"を生ずる.この意味で,この測度の変換は"ずれ"の変換とよばれる.

さて,このずれの変換を確率微分方程式に応用しよう.いま $\alpha \in \mathscr{A}^{n,r}$, $\beta \in \mathscr{A}^{n,1}$ とし,つぎの方程式

$$dx(t) = \alpha(t, \boldsymbol{x})dB(t) + \beta(t, \boldsymbol{x})dt \tag{1.1}$$

の解 $(x(t), B(t))$ がある標準空間 $(\Omega, \mathscr{F}, P ; \mathscr{F}_t)$ 上に与えられているとしよう.有界な*$\gamma \in \mathscr{A}^{r,1}$ をとると,命題 4.1,4.2 より

$$M(t) = \exp\left\{\int_0^t \gamma(s, \boldsymbol{x})dB_s - \frac{1}{2}\int_0^t \|\gamma(s, \boldsymbol{x})\|^2 ds\right\} \tag{4.11}$$

は $\mathscr{F}_t$-マルチンゲールで,$\hat{P} = M \cdot P$ とするとき,定理 4.4 によって

$$\tilde{B}(t) = B(t) - \int_0^t \gamma(s, \boldsymbol{x})ds \tag{4.12}$$

は $(\Omega, \mathscr{F}, \hat{P} ; \mathscr{F}_t)$ 上の r 次元 $\mathscr{F}_t$-ブラウン運動になる.実際,

$$X(t) = \int_0^t \gamma(s, \boldsymbol{x})dB_s \left(= \sum_{i=1}^r \int_0^t \gamma^i(s, \boldsymbol{x})dB^i(s)\right)$$

であるので,定理 4.4(i)より

---

* 命題 4.3 を用いるならば,
$$E\left[\exp\left(\frac{1}{2}\int_0^t \|\gamma(s, \boldsymbol{x})\|^2 ds\right)\right] < \infty$$
を仮定すれば十分である.

$$\tilde{B}^i(t) = B^i(t) - \int_0^t \gamma^i(s, \boldsymbol{x}) ds$$
$$= B^i(t) - \langle B^i, X \rangle(t) \in \hat{\mathscr{M}}_{loc}^c(\mathscr{F}_t)$$

であり，(4.10) より $\langle \tilde{B}^i, \tilde{B}^j \rangle(t) = \langle B^i, B^j \rangle(t) = \delta_{ij} t$ である．このことは $\tilde{B}$ が $\hat{P}$ に関し r 次元 $\mathscr{F}_t$-ブラウン運動であることを示している．すると（定理4.4系に注意して），

$$dx(t) = \alpha(t, \boldsymbol{x}) d\tilde{B}(t) + [\beta(t, \boldsymbol{x}) + \alpha(t, \boldsymbol{x}) \gamma(t, \boldsymbol{x})] dt \tag{4.13}$$

すなわち，$(x(t), \tilde{B}(t))$ は $(\Omega, \mathscr{F}, \hat{P}; \mathscr{F}_t)$ 上の方程式 (4.13) の解である．さらに (1.1) の解についてその一意性（定義1.4）がなりたつときは (4.13) についてもその一意性がいえる．実際，(4.13) の解 $(\hat{x}(t), \hat{B}(t))$ がある標準空間 $(\hat{\Omega}, \hat{\mathscr{F}}, \hat{P}; \hat{\mathscr{F}}_t)$ 上に与えられていれば，

$$\hat{M}(t) = \exp\left(-\int_0^t \gamma(s, \hat{\boldsymbol{x}}) d\hat{B}_s - \frac{1}{2} \int_0^t \|\gamma(s, \hat{\boldsymbol{x}})\|^2 ds\right)$$

に対し $P = \hat{M} \cdot \hat{P}$ で P を定義し，

$$B(t) = \hat{B}(t) + \int_0^t \gamma(s, \hat{\boldsymbol{x}}(s)) ds$$

とおくとき，$(\hat{x}(t), B(t))$ は $(\hat{\Omega}, \hat{\mathscr{F}}, P; \hat{\mathscr{F}}_t)$ 上の (1.1) の解になる．そして，この解から出発して

$$M(t) = \exp\left(\int_0^t \gamma(s, \hat{\boldsymbol{x}}) dB_s - \frac{1}{2} \int_0^t \|\gamma(s, \hat{\boldsymbol{x}})\|^2 ds\right)$$

によって $\tilde{P} = M \cdot P$ をつくると，あきらかに $M(t) \cdot \hat{M}(t) = 1$ a.s. $\hat{P}$ であるので，$\hat{P} = \tilde{P}$．また $\tilde{B}(t) \equiv B(t) -$

$\int_0^t \gamma(s, \hat{\boldsymbol{x}}) ds = \hat{B}(t)$. すなわち,最初に与えられた解 $(\hat{x}(t), \hat{B}(t))$ は,必ず,ある (1.1) の解から上のずれの変換で得られることがわかった.したがって (1.1) の解が一意的であれば (4.13) の解も一意的である.以上まとめて,つぎの定理を得る.

定理 4.5 方程式 (1.1) が一意的な解をもつとき,方程式 (4.13) も一意的な解をもち,それは具体的につぎのように構成される.

$(x(t), B(t))$ をある標準空間 $(\Omega, \mathscr{F}, P ; \mathscr{F}_t)$ 上の (1.1) の解とするとき,(4.11) で M_t を定義し,$\hat{P} = M \cdot P$ とおく.また $\tilde{B}(t)$ を (4.12) で定義する.このとき,$(x(t), \tilde{B}(t))$ は (4.13) の $(\Omega, \mathscr{F}, \hat{P} ; \mathscr{F}_t)$ 上の解である.

系 $\beta \in \mathscr{A}^{n,1}$ が有界であるとする.このとき確率微分方程式

$$dx(t) = dB(t) + \beta(s, \boldsymbol{x}) ds \qquad (4.14)$$

(すなわち,$\alpha \in \mathscr{A}^{n,n}$ が単位行列の場合の方程式 (1.1)) は一意的な解をもつ.そしてその解はつぎのように構成される.ある標準空間 $(\Omega, \mathscr{F}, P ; \mathscr{F}_t)$ 上に n 次元 $\mathscr{F}_t$-ブラウン運動 $\boldsymbol{B} = (B(t))$ と,与えられた n 次元分布 μ をもつ $\mathscr{F}_0$-可測確率変数 $x(0)$ を用意する.そして $x(t) = x(0) + B(t)$,
$$M(t) = \exp\left(\int_0^t \beta(s, \boldsymbol{x}) dB(s) - \frac{1}{2}\int_0^t \|\beta(s, \boldsymbol{x})\|^2 ds\right),$$

$\hat{P} = M \cdot P$, および $\tilde{B}(t) = B(t) - \int_0^t \beta(s, \boldsymbol{x}) ds$ とおく. このとき $(x(t), \tilde{B}(t))$ は $(\Omega, \mathscr{F}, \hat{P}; \mathscr{F}_t)$ 上の (4.14) の解である.

注意 4.1 このように,ずれの変換によって (4.14) の解の一意的存在がわかる. しかしその強い解の存在については, 特別な β の場合にしかわかっていない ([69]). これは non-linear filtering の理論における "innovation の問題" と関係があり, 一般には非常に難しい問題である.

§5 時間変更による解法

マルチンゲール性は時間変更で不変であり (Doob の任意抽出定理)*, このことは, マルチンゲールの概念の有効性の根本になっている. このことを用いると, ある種の確率微分方程式は時間変更の方法でとける.

$[0, \infty)$ で定義された実数値連続関数 $\varphi(t)$ で
（ⅰ）$\varphi(0) = 0$
（ⅱ）狭義単調増加
（ⅲ）$t \uparrow \infty$ のとき $\varphi(t) \nearrow \infty$

をみたすもの全体を $\boldsymbol{I}$ であらわす. $\varphi \in \boldsymbol{I}$ に対し, その逆関数を φ^{-1} であらわすと, $\varphi^{-1} \in \boldsymbol{I}$ はあきらかである. $\boldsymbol{I}$ は $W^1 = \boldsymbol{C}([0, \infty) \to \boldsymbol{R}^1)$ の部分集合であり $\mathscr{B}(W^1)$ から導かれる $\boldsymbol{I}$ 上の Borel 集合体を $\mathscr{B}(\boldsymbol{I})$ とする. 同様に

---

* 付録Ⅱ参照.

§5 時間変更による解法

$\mathscr{B}_t(\boldsymbol{I})$ も $\mathscr{B}_t(W^1)$ から導かれる Borel 集合体とする．各 $\varphi \in \boldsymbol{I}$ はつぎのようにして $W^n = \boldsymbol{C}([0,\infty) \to \boldsymbol{R}^n)$ からそれ自身への写像 T^φ を定義する．

$$T^\varphi : w \in W^n \mapsto (T^\varphi w) \in W^n, \quad (5.1)$$

ただし $(T^\varphi w)(t) = w(\varphi^{-1}(t)), t \in [0,\infty)$.

定義 5.1 T^φ を φ によって定義される**時間変更**（time change）という．

いま，$(\Omega, \mathscr{F}, P ; \mathscr{F}_t)$ をある四つ組とする．

定義 5.2 写像 $\varphi = (\varphi_t(\omega)) : \Omega \ni \omega \mapsto \varphi(\omega) = (\varphi_t(\omega)) \in \boldsymbol{I}$ で，各 $t \in [0,\infty)$ に対し $\mathscr{F}_t/\mathscr{B}_t(\boldsymbol{I})$-可測なるものをこの空間上で定義された $\mathscr{F}_t$-**増加過程**という．

$\varphi = (\varphi_t)$ が $\mathscr{F}_t$-増加過程のとき，各 $t \in [0,\infty)$ に対し，φ_t^{-1} は $\mathscr{F}_t$-マルコフ時間である．さらに $X = (X(t))_{t \geq 0}$ を n 次元連続 $\mathscr{F}_t$-適合過程とすれば

$$T^\varphi X (= (T^\varphi X)_t(\omega) = X(\varphi_t^{-1}(\omega), \omega)) \quad (5.2)$$

によって連続な $\mathscr{F}_{\varphi_t^{-1}}$-適合過程が定義される．

定義 5.3 $T^\varphi X$ を，$X = (X(t))_{t \geq 0}$ の φ による**時間変更**という．

$M \in \mathscr{M}^c_{loc}(\mathscr{F}_t)$ のとき，$T^\varphi M \in \mathscr{M}^c_{loc}(\mathscr{F}_{\varphi_t^{-1}})$ であり，$M, N \in \mathscr{M}^c_{loc}(\mathscr{F}_t)$ に対し

$$\langle T^\varphi M, T^\varphi N \rangle = T^\varphi \langle M, N \rangle \quad (5.3)$$

がなりたつ．これは Doob の任意抽出定理よりただちに

わかることである．

以上の準備のもとに，この時間変更を確率微分方程式の解法に応用しよう．以後では，$n=1$，すなわち1次元の場合のみ考察する．いま $\alpha(t,w) \in \mathscr{A}^{1,1}$ とし，つぎの仮定をみたすものとする．

正定数 $c_1 < c_2$ が存在して，すべての (t,w)
$\in [0,\infty) \times W^1$ に対し，$c_1 \leqq \alpha(t,w) \leqq c_2$． (5.4)

つぎの確率微分方程式

$$dx(t) = \alpha(t,\boldsymbol{x})dB(t) \tag{5.5}$$

を考える．((5.5) が一意的にとければ，ずれ項 $\beta(t,\boldsymbol{x})dt$ がある場合も前節の方法で一意的にとける．)

定理 5.1

(i) $\boldsymbol{b} = (b(t))$ ($b(0)=0$) をある四つ組 $(\Omega, \mathscr{F}, P ; \mathscr{F}_t)$ 上に与えられた1次元 $\mathscr{F}_t$-ブラウン運動，$x(0)$ を任意に与えられた $\mathscr{F}_0$-可測実確率変数とし，1次元 $\mathscr{F}_t$-適合，連続過程 $\xi = (\xi(t))$ を $\xi(t) = x(0) + b(t)$ で定義する．$\varphi = (\varphi_t)$ を $\mathscr{F}_t$-増加過程で，確率1で

$$\varphi_t = \int_0^t \frac{ds}{\alpha^2(\varphi_s, T^\varphi \xi)} \tag{5.6}$$

がなりたつものとする．このとき，$x(t) = (T^\varphi \xi)(t) = \xi(\varphi_t^{-1}) = x(0) + b(\varphi_t^{-1})$ とおくと，$\mathscr{F}_{\varphi_t^{-1}}$-ブラウン運動 $B = (B(t))$ が存在して，$(x(t), B(t))$ は (5.5) の $(\Omega, \mathscr{F}, P ; \mathscr{F}_{\varphi_t^{-1}})$ 上の解になる．

(ⅱ) 逆に $(x(t), B(t))$ を (5.5) の解とするとき,ある $\{\tilde{\mathscr{F}}_t\}$ と $\tilde{\mathscr{F}}_t$-ブラウン運動 $\boldsymbol{b}=(b(t))$ $(b(0)=0)$ と,$\tilde{\mathscr{F}}_t$-増加過程 $\varphi=(\varphi_t)$ が存在して,確率 1 で ($\xi(t)=x(0)+b(t)$ とおくとき)
$$\varphi_t = \int_0^t \frac{ds}{\alpha^2(\varphi_s, T^\varphi \xi)}$$
かつ $x(t)=(T^\varphi \xi)(t)=x(0)+b(\varphi_t^{-1})$ がなりたつ.すなわち,(5.5) の任意の解は必ず(ⅰ)のようにして得られる.

系 任意の与えられた $\mathscr{F}_0$-可測確率変数 $x(0)$ と,$\mathscr{F}_t$-ブラウン運動 $\boldsymbol{b}=(b(t))$ に対し,$\xi(t)=x(0)+b(t)$ によって $\xi=(\xi(t))$ を定義するとき,もし (5.6) をみたす $\mathscr{F}_t$-増加過程 $\varphi=(\varphi_t)$ がただ一つ定まるならば*,方程式 (5.5) の解は存在して一意的である**.

このようにして,方程式 (5.5) を解くことが,(与えられた $x(0)$ とブラウン運動 $\boldsymbol{b}$ に対し),増加過程に関する方程式 (5.6) を解くことに帰着された.

証明 (ⅰ) $b(t), x(0)$ およびそれによって $\xi=(\xi(t))$ が上のように与えられており,$\varphi=(\varphi_t)$ が (5.6) をみたすとする.このとき,$M(t)=b(\varphi_t^{-1}) \in \mathscr{M}_{loc}^c(\mathscr{F}_{\varphi_t^{-1}})$ であり $\langle M \rangle(t) = \varphi_t^{-1}$ である.$\boldsymbol{x}=T^\varphi \xi$ とする.(5.6) より

---
* もちろん同値の意味で.
** しかしこの一意的な解が強い解であるかどうかは一般にはわからない.

$$t = \int_0^t \alpha^2(\varphi_s, T^\varphi \xi) d\varphi_s = \int_0^t \alpha^2(\varphi_s, \boldsymbol{x}) d\varphi_s$$

ゆえに,

$$\langle M \rangle(t) = \varphi_t^{-1} \int_0^{\varphi_t^{-1}} \alpha^2(\varphi_s, \boldsymbol{x}) d\varphi_s = \int_0^t \alpha^2(s, \boldsymbol{x}) ds$$

したがって,

$$B(t) = \int_0^t \frac{dM(s)}{\alpha(s, \boldsymbol{x})}$$

とおくと, $B \in \mathscr{M}_{loc}^c(\mathscr{F}_{\varphi_t^{-1}})$ かつ $\langle B \rangle(t) = t$ すなわち, $B(t)$ は $\mathscr{F}_{\varphi_t^{-1}}$-ブラウン運動. そして

$$M(t) = x(t) - x(0) = \int_0^t \alpha(s, \boldsymbol{x}) dB(s)$$

となる. すなわち $(x(t), B(t))$ は (5.5) の解である.

(ii) 逆に $(x(t), B(t))$ を (5.5) の $(\Omega, \mathscr{F}, P ; \mathscr{F}_t)$ 上の解とする. すると $M(t) = x(t) - x(0) \in \mathscr{M}_2^c(\mathscr{F}_t)$ かつ $\langle M \rangle(t) = \int_0^t \alpha^2(s, \boldsymbol{x}) ds$ である. いま $\psi_t = \langle M \rangle(t) = \int_0^t \alpha^2(s, \boldsymbol{x}) ds$ とおき $\varphi_t = \psi_t^{-1}$ とする. そして $\tilde{\mathscr{F}}_t = \mathscr{F}_{\varphi_t}$ とおく. すると $b(t) = M(\varphi_t)$ は $\tilde{\mathscr{F}}_t$-ブラウン運動であり[*], $\varphi = (\varphi_t)$ は $\tilde{\mathscr{F}}_t$-増加過程になる. また $\xi(t) = x(0) + b(t)$ とおくと $(T^\varphi \xi)(t) = x(0) + b(\varphi_t^{-1}) = x(0) + M(t) = x(t)$ である. そして $t = \int_0^t \alpha^{-2}(s, \boldsymbol{x}) d\psi_s$ であるので,

---

[*] 第 2 章, 定理 5.2.

$$\varphi_t = \int_0^{\varphi_t} \alpha^{-2}(s, \boldsymbol{x}) d\psi_s$$
$$= \int_0^t \alpha^{-2}(\varphi_u, \boldsymbol{x}) du$$
$$= \int_0^t \alpha^{-2}(\varphi_u, T^\varphi \xi) du$$

となる.

証明おわり

例 5.1 $a(x)$ を $\boldsymbol{R}^1$ 上で定義された有界 Borel 関数で, ある正定数 c に対し $a(x) \geq c$ となるものとする. $\alpha(t, w) = a(w(t))$ とおく. このとき, 与えられた $x(0)$ と $\boldsymbol{b} = (b(t))$ に対し $\xi(t) = x(0) + b(t)$ によって $\xi = (\xi(t))$ を定義すれば, 方程式 (5.6) はこの場合

$$\varphi_t = \int_0^t a^{-2}((T^\varphi \xi)(\varphi_s)) ds$$
$$= \int_0^t a^{-2}(\xi(s)) ds \qquad (5.7)$$

となる. すなわち, φ_t は ξ から一意的にきまり, したがって, (5.5) は一意的にとけ, その解は $x(t) = \xi(\varphi_t^{-1})$ によって与えられる.

例 5.2 上と同様にマルコフ型の場合で,
$$\alpha(t, w) = a(t, w(t)),$$
となる場合を考える. ここで $a(t, x)$ は $[0, \infty) \times \boldsymbol{R}^1$ 上の有界 Borel 関数で, 正定数 c に対し $a(t, x) \geq c$ なるものとする. このとき, 与えられた $x(0), \boldsymbol{b} = (b(t))$ に対し,

(5.6) は

$$\varphi_t = \int_0^t a^{-2}(\varphi_s, (T^\varphi \xi)(\varphi_s)) ds$$
$$= \int_0^t a^{-2}(\varphi_s, \xi(s)) ds \qquad (5.8)$$

となる．したがってこれは確率パラメータ ω を固定して得られる φ_t に関する常微分方程式

$$\left.\begin{array}{l}\dot{\varphi}_t = a^{-2}(\varphi_s, \xi(s))^* \\ \varphi_0 = 0\end{array}\right\} \qquad (5.9)$$

と同値であり，したがって (5.9) が一意的な解をもてば（たとえば，$a(t, x)$ が t について Lipschitz 条件をみたせば十分），確率微分方程式

$$dx(t) = a(t, x(t)) dB(t) \qquad (5.10)$$

は一意的にとけ，その解は $x(t) = \xi(\varphi_t^{-1})$ として与えられる．

例 5.3 （西尾 [46]） $f(x)$ を $\boldsymbol{R}^1$ 上の局所有界な Borel 関数，$a(x)$ を $\boldsymbol{R}^1$ 上の有界 Borel 関数で，ある正定数 c に対し $a(x) \geqq c$ なるものとする．また $y \in \boldsymbol{R}^1$ とする．そして

$$\alpha(t, w) = a\left(y + \int_0^t f(w(s)) ds\right), \ w \in W^1$$

の場合を考える．対応する確率微分方程式は，

---

* 上つきドットは $\dfrac{d}{dt}$ をあらわす．

$$dx(t) = a\left(y + \int_0^t f(x(s))ds\right)dB(s) \qquad (5.11)$$

となる．$f(x)=x$ のとき，これはつぎの "random acceleration" の方程式と同等である．

$$\left.\begin{array}{l} dy(t) = x(t)dt \\ dx(t) = a(y(t))dB(t) \\ y(0) = y. \end{array}\right\} \qquad (5.12)$$

この場合の方程式 (5.6) は

$$\varphi_t = \int_0^t a^{-2}\left(y + \int_0^{\varphi_s} f[(T^\varphi \xi)(u)]du\right)ds \qquad (5.13)$$

となる．ところで

$$\int_0^{\varphi_s} f((T^\varphi \xi)(u))du = \int_0^{\varphi_s} f(\xi(\varphi_u^{-1}))du$$
$$= \int_0^s f(\xi(u))d\varphi_u$$
$$= \int_0^s f(\xi(u))\dot{\varphi}_u du$$

ゆえに，(5.13) は

$$\left.\begin{array}{l} \dot{\varphi}_t = a^{-2}\left(y + \int_0^t f(\xi(u))\dot{\varphi}_u du\right) \\ \varphi_0 = 0 \end{array}\right\} \qquad (5.14)$$

と同等で，これはつぎのようにして一意的にとける．$Z(t) = \int_0^t f(\xi(u))\dot{\varphi}_u du$ とおく．すると

$$\dot{Z}(t) = f(\xi(t))\dot{\varphi}_t = f(\xi(t))a^{-2}(y+Z(t)).$$

したがって，

$$\int_0^t a^2(y+Z(s))\dot{Z}(s)ds = \int_0^t f(\xi(s))ds$$

すなわち, $A(x) = \int_0^x a^2(y+z)dz$ によって, $\boldsymbol{R}^1$ 上の関数 $A(x)$ を定義すれば,

$$A(Z(t)) = \int_0^t f(\xi(s))ds.$$

ゆえに, $A^{-1}(x)$ を $A(x)$ の逆関数として

$$Z(t) = A^{-1}\left(\int_0^t f(\xi(s))ds\right)$$

となり, したがって φ_t は一意的にとけて

$$\varphi_t = \int_0^t a^{-2}\left(y + A^{-1}\left(\int_0^s f(\xi(u))du\right)\right)ds$$

で与えられる. ゆえに方程式 (5.11) は一意的にとけて, その解は $x(t) = \xi(\varphi_t^{-1})$ で与えられる.

§6 確率微分方程式による拡散過程の構成

n 次元空間またはその部分領域での拡散過程を研究する際, その主要な問題として, このような拡散過程がどれだけあり, それはどのような解析的データで記述されるかということ, および逆にそのようなデータを与えたとき, 対応する拡散過程が存在するかということがある. この節の目的は, 確率微分方程式の方法を後者の問題に適用することであるが, 前者の問題も簡単にふれておこう.

いま $X = (X_t, P_x)$ を $\boldsymbol{R}^n$ 上の保存的な拡散過程, $(A,$

$\mathscr{D}(A))$ をその生成作用素（第3章，定義1.7）とする．そして $C_K^2(\boldsymbol{R}^n) \subset \mathscr{D}(A)$ を仮定する*．すると，$u \in C_K^2(\boldsymbol{R}^n)$ に対し，$u(X_t) - u(X_0) - \int_0^t Au(X_s)ds \in \mathscr{M}_2^c(\mathscr{F}_t)$ である．$x = (x_1, x_2, \cdots, x_n)$ を $\boldsymbol{R}^n$ の座標とし，$f_i^{(k)}(x) \in C_K^2(\boldsymbol{R}^n)$ を $|x| < k+1$ で，x_i に一致するようにとる．X_t の連続性より容易に，$Af_i^{(k)}(x) = Af_i^{(k+1)}(x)$ が $\{|x| \leq k\}$ の上でなりたつことがわかる．ゆえに，$\boldsymbol{R}^n$ で定義された関数 $b^i(x)$ $(i=1,2,\cdots,n)$ が存在し，

$$X_i(t) - X_i(0) - \int_0^t b^i(X(s))ds \in \mathscr{M}_{loc}^c(\mathscr{F}_t) \quad (6.1)$$

となる．これを $M_i(t)$ $(i=1,2,\cdots,n)$ であらわす．同様にある関数 $\tilde{a}_{ij}(x)$ が存在し $(i, j = 1, 2, \cdots, n)$

$$X_i(t)X_j(t) - X_i(0)X_j(0) - \int_0^t \tilde{a}_{ij}(X(s))ds$$
$$\in \mathscr{M}_{loc}^c(\mathscr{F}_t) \quad (6.2)$$

となる．一方，(6.1) と伊藤の公式より

$X_i(t)X_j(t) - X_i(0)X_j(0)$
$= $ 局所2乗可積分マルチンゲール
$\quad + \int_0^t X_i(s)b_j(X(s))ds + \int_0^t X_j(s)b_i(X(s))ds$
$\quad + \langle M^i, M^j \rangle(t)$

---

* $C_K^2(\boldsymbol{R}^n)$ は2階までの導関数がすべて連続であるような，そしてコンパクトな台をもつ関数の全体である．

これと (6.2) より，$a_{ij}(x) = \tilde{a}_{ij}(x) - x_i b_j(x) - x_j b_i(x)$ とおくと，

$$\langle M_i, M_j \rangle(t) = \int_0^t a_{ij}(X(s))ds, \ i,j = 1, 2, \cdots, n \quad (6.3)$$

が得られる．この式より $(a_{ij}(x))$ は，非負，すなわち任意の $\xi \in \mathbf{R}^n$ に対し

$$\sum_{i,j=1}^n a_{ij}(x)\xi_i\xi_j \geqq 0$$

となることがわかる．伊藤の公式より，$u \in \mathbf{C}_K^2(\mathbf{R}^n)$ に対して，

$$\begin{aligned}
& u(X(t)) - u(X(0)) \\
&= \sum_{i=1}^n \int_0^t \frac{\partial u}{\partial x_i}(X(s))dM_i(s) \\
&\quad + \int_0^t \biggl[\sum_{i=1}^n b_i(X(s))\frac{\partial u}{\partial x_i}(X(s)) \\
&\quad + \frac{1}{2}\sum_{i,j=1}^n a_{ij}(X(s))\frac{\partial^2 u}{\partial x_i \partial x_j}(X(s)) \biggr]ds
\end{aligned}$$

となる．このことは，$u \in \mathscr{D}(A)$ かつ

$$Au(x) = \frac{1}{2}\sum_{i,j=1}^n a_{ij}(x)\frac{\partial^2 u}{\partial x_i \partial x_j}(x) + \sum_{i=1}^n b_i(x)\frac{\partial u}{\partial x_i}(x) \quad (6.4)$$

となることを意味している．このようにして，生成作用素は上の仮定のもとで，$\mathbf{C}_K^2(\mathbf{R}^n)$ 上の2階楕円型微分作用素（$a_{ij}(x)$ は退化することもある）の拡張になっていることがわかった．

つぎに，このような微分作用素が与えられたとして，その拡張を生成作用素にもつ拡散過程の存在と一意性を論じよう．そこで $\boldsymbol{R}^n$ 上の連続関数 $a_{ij}(x), b_i(x)$ $(i, j = 1, 2, \cdots, n)$ で，任意の $\xi \in \boldsymbol{R}^n$ に対し

$$\sum_{i,j=1}^{n} a_{ij}(x)\xi_i\xi_j \geqq 0, \ \forall x \in \boldsymbol{R}^n$$

をみたすものが与えられたとする．このとき連続関数 $\alpha_{ik}(x)$ $(i = 1, 2, \cdots, n, \ k = 1, 2, \cdots, r)$ が存在して，

$$\alpha_{ij}(x) = \sum_{k=1}^{r} \alpha_{ik}(x)\alpha_{jk}(x) \tag{6.5}$$

とあらわすことができる*．いま，つぎの仮定をおく．定数 $K > 0$ が存在して，

$$\|\alpha(x)\|^2 + \|b(x)\|^2 \leqq K(1 + \|x\|^2). \tag{6.6}$$

このとき，§3．定理3.1系2より確率微分方程式

$$dx(t) = \alpha(x(t))dB(t) + b(x(t))dt \tag{6.7}$$

$\Big($成分ごとに書くと

$$dx_i(t) = \sum_{k=1}^{r} \alpha_{ik}(x(t))dB_k(t) + b_i(x(t))dt$$

$$(i = 1, 2, \cdots, n)\Big)$$

の解が，（少なくともコンパクトな台をもつ初期分布に対して）存在する．いま，方程式 (6.7) に対して解の一意性（定義1.4）がなりたつとする．このとき，初期分布 δ_x $(x \in \boldsymbol{R}^n)$ に対する (6.7) の解 $\boldsymbol{x} = (x(t))$ の

---

* これは $a = \alpha^T \alpha$ とあらわしてもよい．

W^n 上の分布は一意的に定まり，これを P_x とおく．

定理 6.1 $X = (X(t), P_x)^*$ は $(W^n, \mathscr{B}(W^n))$ 上に実現された拡散過程になる．

証明 $(x(t), B(t))$ を (6.7) のある標準空間上で定義された任意の解，σ を有限なマルコフ時間とする．
$$\tilde{x}(t) = x(t+\sigma),$$
$$\tilde{B}(t) = B(t+\sigma) - B(\sigma)$$
$$\tilde{\mathscr{F}}_t = \mathscr{F}_{t+\sigma}$$
とおく．このとき，第 1 章，定理 3.5 より，
$$E[B_{t+\sigma}^i - B_{s+\sigma}^i : A \cap B] = 0, \ A \in \mathscr{F}_{s+\sigma}, B \in \mathscr{F}_\sigma$$
$$(s \leq t, \ i = 1, 2, \cdots, r)$$
がなりたつ．このことは
$$E[\tilde{B}_t^i - \tilde{B}_s^i : A | \mathscr{F}_\sigma] = 0$$
を意味する．すなわち $(\tilde{B}_t, \tilde{\mathscr{F}}_t)$ は $P(\cdot | \mathscr{F}_\sigma)$ に関するマルチンゲールの系である．同様にして
$$E[(\tilde{B}_t^i - \tilde{B}_s^i)(\tilde{B}_t^j - \tilde{B}_s^j) : A | \mathscr{F}_\sigma]$$
$$= \delta_{ij}(t-s)P(A|\mathscr{F}_\sigma),$$
$$A \in \tilde{\mathscr{F}}_s \ (s \leq t, \ i,j = 1, 2, \cdots, r)$$
が示せるので，$\tilde{B}_t$ は $(\Omega, \mathscr{F}, P(\cdot|\mathscr{F}_\sigma); \tilde{\mathscr{F}}_t)$ 上の $\tilde{\mathscr{F}}_t$-ブラウン運動になる．すると，$(\tilde{x}(t), \tilde{B}(t))$ は $(\Omega, \mathscr{F}, P(\cdot|\mathscr{F}_\sigma); \mathscr{F}_t)$ 上の (6.7) の解で $\tilde{x}(0) = x(\sigma)$ をみたすものである．解の一意性によって

---

* $X(t, w) = w(t), w \in W^n$.

$$P\{w\,;\,\tilde{\boldsymbol{x}}(w)\in B|\mathscr{F}_\sigma\}=P_{x(\sigma)}(B),\ B\in\mathscr{B}(W^n)$$
(6.8)

がなりたつ.

つぎに, $x\mapsto P_x(B)$ $(B\in\mathscr{B}(W^n))$ が普遍可測（universally measurable）であることを示す. (6.8) で $\sigma=0$ とすると,
$$P\{\tilde{\boldsymbol{x}}\in B|\mathscr{F}_0\}=P_{x(0)}(B)$$
であり, これより $x(0)$ の分布を μ とすると $x\mapsto P_x(B)$ は $\bar{\mathscr{B}}^\mu(\boldsymbol{R}^n)$ 可測なことを意味する. μ はすべての台がコンパクトな Borel 確率測度をうごきうるから, $x\mapsto P_x(B)$ は普遍可測である.

いま $w\in\Omega\mapsto\tilde{\boldsymbol{x}}(w)\in W^n$ が各 t で $\mathscr{F}_t/\mathscr{B}_t(W^n)$-可測なことに注意すると, (6.8) より (X_t,P_x) の強マルコフ性がただちにしたがう. このことは, $\sigma(w)$ が $\mathscr{B}_t(W^n)$-マルコフ時間のとき $\tilde{\sigma}(w)=\sigma(\boldsymbol{x}(w))$ が $\mathscr{F}_t$-マルコフ時間になることに注意すればただちにわかる.

証明おわり

さて, (6.7) の解の一意性がなりたつとし, 上で得られた拡散過程を $X=(X(t),P_x)$ としよう. いま $x^x(t)$ を (6.7) の $x(0)=x$ をみたす解とすると, 伊藤の公式より, $f\in\boldsymbol{C}_K^2(\boldsymbol{R}^n)$ に対し,

$$f(x^x(t))-f(x)=\text{マルチンゲール}+\int_0^t Lf(x^x(s))ds$$

ここで

$$Lf(x) = \frac{1}{2} \sum_{i,j=1}^{n} a_{ij}(x) \frac{\partial^2 f}{\partial x_i \partial x_j}(x) + \sum_{i=1}^{n} b_i(x) \frac{\partial f}{\partial x_i}(x) \tag{6.9}$$

である．このことは，$(A, \mathscr{D}(A))$ を X の広義の生成作用素とするとき $\boldsymbol{C}_K^2(\boldsymbol{R}^n) \subset \mathscr{D}(A)$ かつ $Af = Lf$, $f \in \boldsymbol{C}_K^2(\boldsymbol{R}^n)$ なることを示している．さらに，$\tilde{X} = (\tilde{X}_t, \tilde{P}_x)$ を $\boldsymbol{R}^n$ の保存的な拡散過程でその広義の生成作用素 $(\tilde{A}, \mathscr{D}(\tilde{A}))$ が，$\mathscr{D}(\tilde{A}) \supset \boldsymbol{C}_K^2(\boldsymbol{R}^n)$，かつ $\boldsymbol{C}_K^2(\boldsymbol{R}^n)$ 上で $\tilde{A} = L$（ただし L は (6.9) で与えられる）となるものとしよう．この $\tilde{X}$ は上の X と一致する（同値の意味で）．

実際 $\forall u \in \boldsymbol{C}_K^2(\boldsymbol{R}^n)$ に対し

$$u(\tilde{X}_t) - u(x) - \int_0^t Lf(\tilde{X}_s) ds \in \mathscr{M}_2^c(\mathscr{F}_t)$$

であり関数 $x_i, x_i x_j$ $(i, j = 1, 2, \cdots, n)$ を $u \in \boldsymbol{C}_K^2(\boldsymbol{R}^n)$ で近似すればこの節の前半の議論と同様にして

$$M_i(t) = \tilde{X}_i(t) - x_i - \int_0^t b_i(\tilde{X}(s)) ds \in \mathscr{M}_{loc}^c(\mathscr{F}_t)$$

$$\langle M_i, M_j \rangle(t) = \int_0^t a_{ij}(\tilde{X}(s)) ds$$

が示される．すると第 2 章，定理 5.1 (B) によって，ある拡張 $(\hat{\Omega}, \hat{\mathscr{F}}, \hat{P}_x; \hat{\mathscr{F}}_t)$ 上の r 次元 $\hat{\mathscr{F}}_t$-ブラウン運動 $\tilde{B}(s)$ を用いて

$$\tilde{X}_i(t) = x_i + \sum_{k=1}^{r} \int_0^t \alpha_{ik}(\tilde{X}(s)) d\tilde{B}^k(s) + \int_0^t b_i(\tilde{X}(s)) ds$$

と表現できる．すなわち $(\tilde{X}(t), \tilde{B}(t))$ は (6.7) の解であ

る．ところで (6.7) の解の一意性を仮定しているのであるから $\tilde{X}(t)$ の法則は一意的にきまる．すなわち $\tilde{X}$ と X とは同値である．以上まとめて

定理 6.2 $\alpha(x): \boldsymbol{R}^n \to \boldsymbol{R}^n \otimes \boldsymbol{R}^r$，および $b(x): \boldsymbol{R}^n \to \boldsymbol{R}^n$ は連続で (6.6) をみたし，さらに方程式 (6.7) の解の一意性がなりたつとする．このとき上で (6.7) の解によって定義された $X = (X(t), P_x)$ は $\boldsymbol{R}^n$ 上の拡散過程でその生成作用素 $(A, \mathscr{D}(A))$ はつぎの 2 条件をみたす．

 (i) $\mathscr{D}(A) \supset \boldsymbol{C}_K^2(\boldsymbol{R}^n)$,
 (ii) $f \in \boldsymbol{C}_K^2(\boldsymbol{R}^n)$ に対し

$$Af(x) = \frac{1}{2} \sum_{i,j=1}^n a_{ij}(x) \frac{\partial^2 f}{\partial x_i \partial x_j}(x) + \sum_{i=1}^n b_i(x) \frac{\partial f}{\partial x_i}(x). \tag{6.10}$$

ここで

$$a_{ij}(x) = \sum_{k=1}^r \alpha_{ik}(x) \alpha_{jk}(x).$$

さらにこの X は $\boldsymbol{R}^n$ 上の拡散過程でその生成作用素が (i), (ii) の性質をみたすものとして (同値の意味で) 一意的に定まる．

もちろん (6.7) の解について，道ごとの一意性 (定義 1.5) がいえれば解の一意性はなりたつので $X = (X(t), P_x)$ は拡散過程になる．この十分条件として §2 の Lipschitz 条件，

$$\|\alpha(x) - \alpha(y)\|^2 + \|b(x) - b(y)\|^2 \leqq K \|x - y\|^2 \tag{6.11}$$

がなりたてばよい（定理 2.2 系）．また，すぐ下で紹介するように，Stroock-Varadhan [56] は特異積分作用素など解析学の結果を引用して，α, b が有界で $a = \alpha^T \alpha$ が一様に正定値：すなわち，正定数 c が存在して

$$\sum_{i,j=1}^{n} a_{ij}(x) \xi_i \xi_j \geqq c |\xi|^2, \ \forall x \in \boldsymbol{R}^n, \ \xi \in \boldsymbol{R}^n$$

となっているときには，(6.7) の解の一意性がなりたつことを示した．しかし，この場合に道ごとの一意性がなりたつかどうかはわかっていない．次節で 1 次元のとき Lipschitz 条件に含まれない道ごとの一意性の条件を与える．

注意 6.1 最初に微分作用素 L が与えられたとき対応する拡散過程が一意的に存在することをいうには，上の定理によって，2 階の係数 a に対し (6.5) をみたすような α を選んで，α と 1 階の係数 b から定まる確率微分方程式 (6.7) の解の存在と一意性をいえばよい．a が退化しないときには a の平方根 α は a と同じ滑らかさをもつから，たとえば a が Lipschitz 条件をみたせば α も Lipschitz 条件をみたす．a が退化するとき α の滑らかさは一般にはわるくなるが，この点に関しつぎの事実がある．

命題 6.3 $a(x): \boldsymbol{R}^n \to \mathfrak{S}^{n*}$ の各成分 $a_{ij}(x)$ が $\boldsymbol{C}_b^2(\boldsymbol{R}^n) = \{f ; f$ の 2 階までの微係数がすべて有界連続$\}$ に属

---

* $\mathfrak{S}^n$ は対称，非負定値 $n \times n$ 行列の全体．

するとする.このとき $\alpha(x)$ を $a(x)$ の平方根:すなわち $\alpha(x): \mathbf{R}^n \to \mathfrak{S}^n$ で $a(x) = [\alpha \cdot \alpha](x)$ なるものとするとき,$\alpha(x)$ は $\mathbf{R}^n$ 上で一様に Lipschitz 条件をみたし,その Lipschitz 定数

$$\sup_{\substack{x \neq y \\ x, y \in \mathbf{R}^n}} \frac{|\alpha(x) - \alpha(y)|}{|x-y|}$$

は

$$A = \sup_{\substack{k, l, i, j \\ x \in \mathbf{R}^n}} |D_{x_k} D_{x_l} a_{ij}(x)|$$

にのみ依存する.

証明 各変数について以下のことがなりたてばよいので始めから一変数の場合に証明する.その変数 x に関する微分は上に点をつけてあらわす.いま $x_0 \in \mathbf{R}$ を一つ固定する.定数直交行列 P を適当にとれば $Pa(x){}^tP$ は $x = x_0$ で対角行列になる.したがって始めから $a(x_0)$ は対角行列と仮定してよい.$a_{ij}(x) = \sum_{k=1}^{n} \alpha_{ik}(x)\alpha_{kj}(x)$ の両辺を微分して $x = x_0$ とおくと

$$\dot{a}_{ij}(x_0) = (\alpha_{ii}(x_0) + \alpha_{jj}(x_0))\dot{\alpha}_{ij}(x_0)$$

となる.これより

$$\dot{\alpha}_{ij}(x_0) = \frac{\dot{a}_{ij}(x_0)}{a_{ii}(x_0)^{\frac{1}{2}} + a_{jj}(x_0)^{\frac{1}{2}}} \quad {}^{**}$$

がなりたつ.$\lambda \in \mathbf{R}^n$ に対し $f(x) = \langle \lambda, a(x)\lambda \rangle$ とおくと

** この公式は Loewner による.

$f(x)$ は非負 C^2-関数であるから平均値の定理ですぐにわかるように行列

$$\begin{pmatrix} f(x), & \dot{f}(x) \\ \dot{f}(x), & \frac{1}{2}\ddot{f}(x) \end{pmatrix}$$

は非負定値になりとくに $2\dot{f}(x)^2 \leq f(x)\ddot{f}(x)$ がなりたつ. λ として $\delta_i = (\delta_{ik})_{k=1}^n$, $\delta_j = (\delta_{jk})_{k=1}^n$, $\delta_i + \delta_j$ をそれぞれ代入すれば,

$$2\dot{a}_{ii}(x_0)^2 \leq Aa_{ii}(x_0)$$
$$2\dot{a}_{jj}(x_0)^2 \leq Aa_{jj}(x_0)$$
$$2(\dot{a}_{ii}(x_0) + 2\dot{a}_{ij}(x_0) + \dot{a}_{jj}(x_0))^2$$
$$\leq 4A(a_{ii}(x_0) + 2a_{ij}(x_0) + a_{jj}(x_0))$$

がなりたつ. この式より適当な A のみに依存する定数 $c(A)$ に対して $|\dot{a}_{ij}(x_0)| \leq c(A)(a_{ii}(x_0)^{\frac{1}{2}} + a_{jj}(x_0)^{\frac{1}{2}})$ がなりたち. したがって $|\dot{\alpha}_{ij}(x_0)| \leq c(A)$ となる. したがって

$$|\alpha_{ij}(x) - \alpha_{ij}(x_0)| \leq c(A)|x - x_0|$$

となる.

証明おわり

系 $a = a(x): \mathbf{R}^n \to \mathfrak{S}^n$, $b = b(x): \mathbf{R}^n \to \mathbf{R}^n$ で $a(x) \in \mathbf{C}_b^2(\mathbf{R}^n)$, $b(x) \in \mathbf{C}_b^1(\mathbf{R}^n)$* となるものとする. 微分作用素 L を

---

* 各成分がこの条件をみたすときこのようにかく.

$$\mathscr{D}(L) = \boldsymbol{C}_K^2(\boldsymbol{R}^n),$$
$$Lu(x) = \frac{1}{2}\sum_{i,j=1}^{n} a_{ij}(x)\frac{\partial^2 u}{\partial x_i \partial x_j}(x) + \sum_{i=1}^{n} b_i(x)\frac{\partial u}{\partial x_i}(x)$$

によって定める．このとき $\boldsymbol{R}^n$ の保存的な拡散過程でその生成作用素が L の拡張となっているものが（同値の意味で）ただ一つ存在する．

以下で，上にのべた Stroock-Varadhan の結果を紹介しよう．彼らは時間的に一様でないマルコフ型の確率微分方程式の場合**に論じているが，ここでは簡単のため時間的に一様な場合（係数が時間 t によらない場合）を考察する．

定理 6.4 確率微分方程式 (6.7) において，α, β は有界連続，（β は有界 Borel 可測でもよい），かつ $a(x) = \alpha(x) \cdot {}^T\alpha(x)$ は一様に正定値であると仮定する．このとき (6.7) の解の一意性がなりたつ．したがってその解は $\boldsymbol{R}^n$ 上の拡散過程を定義する．

証明 ずれの変換（定理 4.5）によって $b(x) \equiv 0$ の場合に帰着される．そこで確率微分方程式
$$dx(t) = \alpha(x(t))dB(t) \qquad (6.12)$$
を考える．$a(x) = \alpha(x) \cdot {}^T\alpha(x)$ とする．(6.12) の解の一意性をいうには，(6.12) の初期分布 δ_x $(x \in \boldsymbol{R}^n)$ の解

** Stroock-Varadhan は確率微分方程式のかわりにいわゆる "マルチンゲール問題" を考えているが，これらが同値なことはすぐに示せる．

$x(t)$ に対し,各時刻 t での $x(t)$ の分布 $P\{x(t) \in dy\} = p_t^x(dy)$ が一意的にきまることをいえば十分である.実際,上の定理 6.2 の証明をみれば,このことより $P\{\omega : \tilde{x}(t, \omega) \in B \mid \mathscr{F}_\sigma\} = p_t^{x(\sigma)}(B)$ となるので,この解は $p_t^x(dy)$ を推移確率としてもつ強マルコフ過程になることが結論される.とくに,初期分布 δ_x の解 $x(t)$ に対し,$\mu_\lambda^x(f) = E\left[\int_0^\infty e^{-\lambda t} f(x(t)) dt\right], f \in \boldsymbol{C}_b(\boldsymbol{R}^n)$,が一意的に定まることがわかればよい.

まずつぎのことを示す.『正数 $\varepsilon > 0$ を適当にとると
$$|a_{ij}(x) - \delta_{ij}(x)| \leqq \varepsilon, \qquad i, j = 1, 2, \cdots, n$$
となっているとき,任意の $x \in \boldsymbol{R}^n$ に対し δ_x を初期分布にもつ (6.12) の二つの解 $x(t), x'(t)$ に対して $\mu_\lambda^x(f) = \mu_\lambda^{'x}(f)$ ($\forall f \in \boldsymbol{C}_b(\boldsymbol{R}^n)$) がなりたつ.ここで
$$\mu_\lambda^x(f) = E\left[\int_0^\infty e^{-\lambda t} f(x(t)) dt\right],$$
$$\mu_\lambda^{'x}(f) = E\left[\int_0^\infty e^{-\lambda t} f(x'(t)) dt\right].』$$

この証明のためつぎの準備を行う.
$$g_t(x) = (2\pi t)^{-\frac{n}{2}} e^{-\frac{|x|^2}{2t}}, \qquad t > 0, \quad x \in \boldsymbol{R}^n$$
$$v_\lambda(x) = \int_0^\infty e^{-\lambda t} g_t(x) dt, \qquad \lambda > 0, \quad x \in \boldsymbol{R}^n$$
$$V_\lambda f(x) = \int_{\boldsymbol{R}^n} v_\lambda(x - y) f(y) dy$$
とおく.このとき

(1°)　V_λ は $L^p(\boldsymbol{R}^n)$ から $L^p(\boldsymbol{R}^n)$ の有界作用素で $\|V_\lambda\|_p \leq \|v_\lambda\|_1 = \dfrac{1}{\lambda}$.

このことは $V_\lambda f = v_\lambda * f$ であるから Hausdorff-Young の不等式*よりただちにわかる．

(2°)　$p > \dfrac{n}{2}$ のとき，p と n にのみ依存する定数 A_p が存在して，V_λ は $L^p(\boldsymbol{R}^n)$ から $\boldsymbol{C}_0(\boldsymbol{R}^n)$ への有界作用素で

$$|V_\lambda f(x)| \leq A_p \|f\|_p, \ \forall f \in L^p, \ \forall x \in \boldsymbol{R}^n$$

がなりたつ．

このことは Hölder の不等式により $p > 1, \ \dfrac{1}{p} + \dfrac{1}{q} = 1$ とするとき

$$|V_\lambda f(x)| \leq \|v_\lambda\|_q \|f\|_p$$

となること，また

$$\|v_\lambda\|_q \leq \int_0^\infty e^{-\lambda t} \|g_t\|_q \, dt \leq C \cdot \int_0^\infty e^{-\lambda t} t^{-\frac{n}{2}\left(1 - \frac{1}{q}\right)} dt$$
$$< \infty \ \left(\dfrac{n}{2}\left(1 - \dfrac{1}{q}\right) = \dfrac{n}{2}\dfrac{1}{p} < 1 \text{ のとき}\right)$$

となることに注意すればよい．

(3°)　$\dfrac{\partial}{\partial x_j}\dfrac{\partial}{\partial x_i} V_\lambda f(x), \ f \in \boldsymbol{C}_K^\infty(\boldsymbol{R}^n)$, は任意の $p > 1$ に対し L^p から L^p への有界作用素に拡張される：すなわち，p と n にのみ依存する定数 C_p が存在し

---

*　$f \in L^p, g \in L^1$ ならば合成積 $f * g \in L^p$ に対し $\|f * g\|_p \leq \|g\|_1 \|f\|_p$.

$$\left\|\frac{\partial}{\partial x_i}\frac{\partial}{\partial x_j}V_\lambda f\right\|_p \leq C_p\|f\|_p \quad (f\in \boldsymbol{C}_K^\infty(\boldsymbol{R}^n))$$

この証明のためには，つぎの特異積分に関する Calderon-Zygmund の定理（たとえば Stein [54] 2 章，§4 参照）が必要になる．「$K(x)$ を $R^n\backslash\{0\}$ で定義された滑らかな関数で

$$K(x) = \frac{1}{|x|^n}K\left(\frac{x}{|x|}\right)$$

かつ

$$\int_{|x|=1}K(x)\mu(dx) = 0$$

（$\mu(dx)$ は単位球 $|x|=1$ 上の表面積要素）がなりたつものとする．このとき $f\in L^p$ のとき，

$$\tilde{f}(x) = \lim_{\varepsilon\downarrow 0}\int_{\varepsilon<|x-y|<\frac{1}{\varepsilon}}K(x-y)f(y)dy$$

が L^p で収束し $\tilde{f}\in L^p$ かつ $\|\tilde{f}\|_p \leq \alpha_p\|f\|_p$（$\alpha_p$ は n と p のみに関係）がなりたつ．」

このような $K(x)$ の例として，$K(x) = \dfrac{\partial}{\partial x_i}\dfrac{\partial}{\partial x_j}\dfrac{1}{|x|^{n-2}}$ ($i,j=1,2,\cdots,n$) をとる．そこで $f\in \boldsymbol{C}_K^\infty(\boldsymbol{R}^n)$ に対し $u = V_\lambda f$ とおくと*

$$u(x) = \text{const}\cdot\int_{\boldsymbol{R}^n}\frac{(f-\lambda u)(y)}{|x-y|^{n-2}}dy$$

であるので

---

* 簡単のため $n\geq 3$ とする．

$$\frac{\partial^2 u}{\partial x_i \partial x_j}(x) = \text{const} \cdot \int_{\boldsymbol{R}^n \setminus \{0\}} K(x-y)(f-\lambda u)(y)dy$$
$$= \text{const} \cdot \widetilde{f - \lambda u}(x).$$

ゆえに (1°) を用いて,
$$\left\| \frac{\partial^2 u}{\partial x_i \partial x_j} \right\|_p \leq \beta_p \|f - \lambda u\|_p \leq C_p \|f\|_p$$

となる.

補題 6.1 $p > \dfrac{n}{2}$, $\dfrac{1}{p} + \dfrac{1}{q} = 1$ とする. ν を $\boldsymbol{R}^n$ 上の確率測度とし $x(t)$ を ν を初期分布にもつ (6.12) の解, $\mu_\lambda(f) = E\left[\int_0^\infty e^{-\lambda t} f(x(t)) dt \right]$, $f \in \boldsymbol{C}_b(\boldsymbol{R}^n)$, とする. このとき, 正の定数 ε と M が存在し $|a_{ij}(x) - \delta_{ij}| \leq \varepsilon$ $(i, j = 1, 2, \cdots, n)$ なるかぎり

$$\mu_\lambda(f) = \int_{\boldsymbol{R}^n} \mu_\lambda(x) f(x) dx$$

とかけ, しかも $\|\mu_\lambda\|_q \leq M$ となる.

証明 $f \in \boldsymbol{C}_b^2(\boldsymbol{R}^n)$ とする. 伊藤の公式より
$$f(x(t)) - f(x(0))$$
$$= \text{マルチンゲール}$$
$$+ \frac{1}{2} \int_0^t \sum_{i,j} a_{ij}(x(s)) \frac{\partial^2 f}{\partial x_i \partial x_j}(x(s)) ds$$

この両辺の平均をとり, また $\lambda e^{-\lambda t}$ をかけ 0 から ∞ まで t について積分すれば

$$\lambda \cdot \mu_\lambda(f) = \int_{\mathbf{R}^n} f(x)\nu(dx)$$
$$+ \frac{1}{2}E\left[\int_0^\infty e^{-\lambda s}\sum_{i,j}a_{ij}(x(s))\frac{\partial^2 f}{\partial x_i \partial x_j}(x(s))ds\right]$$

となる．また，
$$\mu_\lambda\left(\frac{1}{2}\Delta f\right) = \frac{1}{2}E\left[\int_0^\infty e^{-\lambda s}\Delta f(x(s))ds\right]$$

であるので*
$$\mu_\lambda\left(\lambda f - \frac{1}{2}\Delta f\right) = \int_{\mathbf{R}^n} f(x)\nu(dx)$$
$$+ \frac{1}{2}E\left[\int_0^\infty e^{-\lambda s}\sum_{i,j}c_{ij}(x(s))\frac{\partial^2 f}{\partial x_i \partial x_j}(x(s))ds\right],$$

ここで $c_{ij}(x) = a_{ij}(x) - \delta_{ij}$ とおいた．$f = V_\lambda h$，$h \in \mathbf{C}_K^\infty(\mathbf{R}^n)$ とおくと

$$\mu_\lambda(h) = \int_{\mathbf{R}^n} V_\lambda h(x)\nu(dx)$$
$$+ \frac{1}{2}\mu_\lambda\left(\sum_{i,j}c_{ij}(x)\frac{\partial}{\partial x_i}\frac{\partial}{\partial x_j}V_\lambda h(x)\right)$$

が得られる．$(2°), (3°)$ を用いると

$$|\mu_\lambda(h)| \le A_p\|h\|_p + \frac{\varepsilon}{2}n^2 C_p \sup_{\|f\|_p \le 1}|\mu_\lambda(f)| \cdot \|h\|_p$$

この式より，もし $\sup_{\|f\|_p \le 1}|\mu_\lambda(f)| \equiv \|\mu_\lambda\|_q < \infty$ ならば $\varepsilon >$

---

* $\Delta = \sum\limits_{i=1}^n \dfrac{\partial^2}{\partial x_i^2}$.

0 を $1-\dfrac{\varepsilon}{2}n^2 C_p > 0$ となるようにえらんで $\|\mu_\lambda\|_q \leqq M = \dfrac{A_p}{1-\dfrac{\varepsilon}{2}n^2 C_p}$ がなりたつ.またこのとき μ_λ は L^q に属する密度をもつ.そこで $\|\mu_\lambda\|_q < \infty$ の証明であるが,いま $x_m(t)$, $m=1,2,\cdots$, を

$$x_m(t) = x(0) + \int_0^t \alpha(y_m(s)) dB(s),$$

ここで $y_m(s) = x\left(\dfrac{k}{2^m} \wedge m\right)$, $s \in \left[\dfrac{k}{2^m}, \dfrac{k+1}{2^m}\right)$, $k=0,1,2,\cdots$ とおく.容易にわかるように

$$E\left[\int_0^\infty e^{-\lambda t} f(x_m(t)) dt\right] \to \mu_\lambda(f).$$

また $x_m(t)$ は区間 $\left[\dfrac{k}{2^m}, \dfrac{k+1}{2^m}\right)$ 上では,$P(\cdot|\mathscr{F}_{\frac{k}{2^m}})$ で考えると,ブラウン運動を定数行列 $\alpha\left(x\left(\dfrac{k}{2^m}\right)\right)$ で 1 次変換したものである.このことより

$$\|\mu_\lambda^{(m)}\|_q = \sup_{\|f\|_p \leqq 1} \left| E\left[\int_0^\infty e^{-\lambda t} f(x_m(t)) dt\right] \right| < \infty$$

となることは上の (2°) よりあきらかである.また上と同様にして

$$\|\mu_\lambda^{(m)}\|_q \leqq \dfrac{A_p}{1-\dfrac{\varepsilon}{2}n^2 C_p}$$

となるので $m \to \infty$ として

$$\|\mu_\lambda\|_q \leqq \varliminf_{m \to \infty} \|\mu_\lambda^{(m)}\|_q \leqq \dfrac{A_p}{1-\dfrac{\varepsilon}{2}n^2 C_p}$$

となる．

そこで上の『 』の部分の証明にとりかかる．$\mu_\lambda^x, \mu_\lambda'^x$ に対しそれぞれ

$$\mu_\lambda^x(f) = f(x) + \frac{1}{2}\mu_\lambda^x\left(\sum_{i,j}c_{ij}(x)\frac{\partial}{\partial x_i}\frac{\partial}{\partial x_j}V_\lambda f(x)\right)$$

$$\mu_\lambda'^x(f) = f(x) + \frac{1}{2}\mu_\lambda'^x\left(\sum_{i,j}c_{ij}(x)\frac{\partial}{\partial x_i}\frac{\partial}{\partial x_j}V_\lambda f(x)\right)$$

がなりたつ．ゆえに

$$K_\lambda f(x) = \frac{1}{2}\sum_{i,j}c_{ij}(x)\frac{\partial}{\partial x_i}\frac{\partial}{\partial x_j}V_\lambda f(x)$$

とおくと

$$(\mu_\lambda^x - \mu_\lambda'^x)(f) = \frac{1}{2}(\mu_\lambda^x - \mu_\lambda'^x)(K_\lambda f)$$

ところで $\|K_\lambda f\|_p \leq \dfrac{n^2}{2}\varepsilon C_p\|f\|_p$ であった．これより

$$\sup_{\|f\|_p \leq 1}|(\mu_\lambda^x - \mu_\lambda'^x)(f)| \leq \frac{n^2}{2}\varepsilon C_p \cdot \sup_{\|f\|_p \leq 1}\|(\mu_\lambda^x - \mu_\lambda'^x)(f)\|$$

となる．ゆえに $\varepsilon > 0$ を $\dfrac{n^2}{2}\varepsilon C_p < 1$ となるようにえらんでおけば $\mu_\lambda^x(f) = \mu_\lambda'^x(f)$ がなりたつ．

以上で $|a_{ij}(x) - \delta_{ij}| < \varepsilon$ となるときの (6.12) の解の一意性が示された．空間のアフィン変換によってある定数の正定値行列 c_{ij} に対しても $\varepsilon > 0$ が存在し $|a_{ij}(x) - c_{ij}| < \varepsilon$ となるような $a_{ij}(x)$ に対して (6.12) の解の一意性がわかる[*]．すると各点 x_0 の近傍で $b_{ij} = a_{ij}(x_0)$ と

---

[*] この ε は c_{ij} に依存するが c_{ij} の最大および最小固有値が一定の範囲にあるときは共通にとれる．

おくことにより各点 x_0 での近傍での解の一意性がわかる．これをつないでいけば全体での解の一意性も容易に示される．この部分の証明のくわしいことは省略する．

§7 1次元の確率微分方程式の一意性条件

1次元，すなわち $n=1$ のときには道ごとの一意性を保証する条件として，Lipschitz 条件 (6.11) よりずっと弱い条件を与えることができる．

定理 7.1 $n=1$ とし確率微分方程式
$$dx(t) = \alpha(x(t))dB(t) + b(x(t))dt \tag{7.1}$$
を考える．ここで $\alpha(x)$, $b(x)$ は連続な実関数である定数 $K>0$ に対し $|\alpha(x)|^2 + |b(x)|^2 \leq K(1+|x|^2)$ をみたすものとする．さらにつぎの2条件がみたされているとする．

(i) $[0,\infty)$ 上の増大関数 $\rho(u)$ で
$$\rho(0) = 0, \quad \int_{0+} \rho^{-2}(u)du = +\infty \tag{7.2}$$

なるものが存在し
$$|\alpha(x) - \alpha(y)| \leq \rho(|x-y|), \ x, y \in \boldsymbol{R},$$

(ii) $[0,\infty)$ 上の増大凸関数 $\kappa(u)$ で
$$\kappa(0) = 0, \quad \int_{0+} \kappa^{-1}(u)du = \infty \tag{7.3}$$

なるものが存在し
$$|b(x) - b(y)| \leq \kappa(|x-y|), \ x, y \in \boldsymbol{R}.$$

このとき，方程式 (7.1) に対し道ごとの一意性（定義

1.5) がなりたつ*.

とくに $\rho(u) = a \cdot u$ ($a > 0$ は定数), $\kappa(u) = a \cdot u$ はそれぞれ (7.2), (7.3) をみたし,これは Lipschitz 条件の場合である. $\rho(u) = a \cdot u^\beta$, $\beta \geq \dfrac{1}{2}$ であっても (7.2) をみたす. とくに $\rho(u) = a \cdot u^{\frac{1}{2}}$, $\kappa(u) = a \cdot u$ として

系 α が $\dfrac{1}{2}$ 位の Hölder 条件,b が Lipschitz 条件をみたすなら (7.1) に対し道ごとの一意性がなりたつ.

証明 正数列 $a_1, a_2, \cdots, a_n, \cdots$ を
$$\int_{a_1}^1 \rho^{-2}(u)du = 1, \quad \int_{a_2}^{a_1} \rho^{-2}(u)du = 2, \quad \cdots,$$
$$\int_{a_n}^{a_{n-1}} \rho^{-2}(u)du = n, \quad \cdots$$

となるように定める. (7.2) の仮定より $\{a_n\}$ はたしかに定まって $a_0 = 1 > a_1 > a_2 > \cdots > a_n > \cdots \to 0$ となる. そこで $\psi_n(u)$ ($u \in [0, \infty)$) をその台が (a_n, a_{n-1}) に含まれ,$0 \leq \psi_n(u) \leq \dfrac{2}{n}\rho^{-2}(u)$ をみたし $\displaystyle\int_{a_n}^{a_{n-1}} \psi_n(u)du = 1$ となるような連続関数とする**. そして

---

* 時間的に一様な場合に定理をのべたが,α, b が t に依存している場合にも以下の議論はなりたち,したがって定理はなりたつ.

** $\displaystyle\int_{a_n}^{a_{n-1}} \dfrac{2}{n}\rho^{-2}(u)du = 2$ であるから,たしかにこのような $\psi_n(u)$ は存在する.

$$\varphi_n(x) = \int_0^{|x|} dy \int_0^y \psi_n(u) du, \ x \in (-\infty, \infty)$$

とおく．容易にわかるように，$\varphi_n \in \boldsymbol{C}^2(\boldsymbol{R}^n)$，$|\varphi_n'(x)| \leq 1$ かつ $\varphi_n(x) \nearrow |x|$ $(n \to \infty)$ である．

さて，ある四つ組 $(\Omega, \mathscr{F}, P ; \mathscr{F}_t)$ 上に (7.1) の二つの解 $(x_1(t), B_1(t))$，$(x_2(t), B_2(t))$ で $x_1(0) = x_2(0) = x \in \boldsymbol{R}$，$B_1(t) \equiv B_2(t)$ $(:\equiv B(t))$ a.s. をみたすものが与えられたとしよう．伊藤の公式を

$$x_1(t) - x_2(t) = \int_0^t [\alpha(x_1(s)) - \alpha(x_2(s))] dB(s)$$
$$+ \int_0^t [b(x_1(s)) - b(x_2(s))] ds$$

に適用して

$$\varphi_n(x_1(t) - x_2(t))$$
$$= \int_0^t \varphi_n'(x_1(s) - x_2(s))[\alpha(x_1(s)) - \alpha(x_2(s))] dB(s)$$
$$+ \int_0^t \varphi_n'(x_1(s) - x_2(s))[b(x_1(s)) - b(x_2(s))] ds$$
$$+ \frac{1}{2} \int_0^t \varphi_n''(x_1(s) - x_2(s))[\alpha(x_1(s))$$
$$- \alpha(x_2(s))]^2 ds.$$

右辺第 1 項の平均は 0 であるから，

$$E[\varphi_n(x_1(t) - x_2(t))]$$
$$= E\left[\int_0^t \varphi_n'(x_1(s) - x_2(s))\{b(x_1(s)) - b(x_2(s))\} ds \right]$$

$$+ \frac{1}{2} E\left[\int_0^t \varphi_n''(x_1(s)-x_2(s))[\alpha(x_1(s))\right.$$
$$\left.-\alpha(x_2(s))]^2 ds\right]$$

$$= I_1 + I_2$$

とおく.

$$|I_1| \leqq \int_0^t E\,|b(x_1(s))-b(x_2(s))|\,ds$$
$$\leqq \int_0^t E[\kappa(|x_1(s)-x_2(s)|)]ds$$
$$\leqq \int_0^t \kappa(E[|x_1(s)-x_2(s)|])ds$$

（Jensen の不等式より）.

また

$$|I_2| \leqq \frac{1}{2}\int_0^t E\left[\frac{2}{n}\rho^{-2}(|x_1(s)-x_2(s)|)\right.$$
$$\times I_{\{a_n \leqq |x_1(s)-x_2(s)| \leqq a_{n-1}\}}$$
$$\left.\times \rho^2(|x_1(s)-x_2(s)|)\right]ds$$
$$\leqq \frac{1}{n}t \to 0 \quad (n \to \infty).$$

ゆえに $n \to \infty$ として

$$E[|x_1(t)-x_2(t)|] \leqq \int_0^t \kappa(E[|x_1(s)-x_2(s)|])ds$$

仮定 $\int_{0+} \kappa^{-1}(u)du = \infty$ より，これから $E[|x_1(t)-$

$x_2(t)|] = 0$ がしたがう.

したがって道ごとの一意性が示された.

注意 7.1 $\alpha(x)$ に対する条件 (7.2) は,ある意味でぎりぎりのものである.実際 $b(x) \equiv 0$ とし $\alpha(x)$ が $\alpha(x_0) = 0$ かつ $\int_{x_0-\varepsilon}^{x_0+\varepsilon} \alpha^{-2}(y) dy < \infty$ をみたすとする.また簡単のため,ある $c > 0$ に対し $|x - x_0| \leq \varepsilon$ のとき $\alpha(x) \leq c$ となっていると仮定する.方程式

$$\begin{cases} dx(t) = \alpha(x(t)) dB(t) \\ x(0) = x_0 \end{cases}$$

を考える.このとき $x(t) \equiv x_0$ はあきらかに解である.また $b(t)$ を 1 次元ブラウン運動 ($b(0) = 0$),$\xi(t) = x_0 + b(t)$,$\varphi(t, y)$ を $\xi(t)$ の局所時間(第 3 章,定義 2.1),$\rho > 0$ に対し

$$A_\rho(t) = 2 \int_{-\infty}^{\infty} \varphi(t, y) \alpha^{-2}(y) dy + \rho \cdot \varphi(t, x_0)$$
$$= \int_0^t \alpha^{-2}(\xi_s) ds + \rho \cdot \varphi(t, x_0),$$
$$x_\rho(t) = \xi(A_\rho^{-1}(t))^*$$

とおく.$t = \int_0^t \alpha^2(\xi(s)) dA_\rho(s)$ より

$$A_\rho^{-1}(t) = \int_0^{A_\rho^{-1}(t)} \alpha^2(\xi(s)) dA_\rho(s) = \int_0^t \alpha^2(x_\rho(s)) ds$$

である.また $x_\rho(t) - x_0$ は局所マルチンゲールで

---

* $A_\rho^{-1}(t)$ は $t \mapsto A_\rho(t)$ の逆関数.

$$\langle x_\rho \rangle(t) = A_\rho^{-1}(t) = \int_0^t \alpha^2(x_\rho(s))ds$$

であるので定理 5.1 よりある $\mathscr{F}_t$-ブラウン運動 $B(t)$ (ただし,$x_\rho(t)$ は $\mathscr{F}_t$ に適合する) によって

$$x_\rho(t) = x_0 + \int_0^t \alpha(x_\rho(s))dB(s)$$

と表現できる.すなわち $(x_\rho(t), B(t))$ は上の確率微分方程式の解である.このようにこの方程式は無限に多くの異なる解をもつ.

例 7.1 $\alpha(x) = (2ax \vee 0)^{\frac{1}{2}}$, $b(x) = c \cdot x + d$ ($a \geqq 0$, c, d は定数) のとき α, b は定理 7.1 の仮定をみたす (しかし Lipschitz 条件はなりたたない).したがって方程式

$$dx(t) = (2ax(t) \vee 0)^{\frac{1}{2}} dB(t) + (cx(t)+d)dt \qquad (7.4)$$

は道ごとに一意的な解をもち,前節の結果よりそれは $\boldsymbol{R}^1$ 上の拡散過程を定義する.$(-\infty, 0)$ 上では常微分方程式 $\dot{x}(t) = c \cdot x(t) + d$ の解に沿って動く決定的な運動である.もし $d \geqq 0$ とすると,もし出発点 $x(0)$ が $[0, \infty)$ 内にあれば $x(t)$ は決して $[0, \infty)$ を離れることがない.したがってこの場合は $[0, \infty)$ 上に制限しても拡散過程が得られる.

以下では $d \geqq 0$ とし (7.4) の解から得られる $[0, \infty)$ 上の拡散過程を $X = (X(t), P_x)$ とする.このとき

$$E_x[e^{-\lambda X(t)}]$$

$$= \left[\frac{a\lambda}{c}(e^{ct}-1)+1\right]^{-\frac{d}{a}} \exp\left[-\frac{\lambda e^{ct}\cdot x}{\dfrac{a\lambda}{c}(e^{ct}-1)+1}\right]$$

$$x\in[0,\infty),\ \lambda>0,\ t\geqq 0, \tag{7.5}$$

がなりたつ. ($c=0$ のときは $\dfrac{1}{c}(e^{ct}-1)=t$ と理解する.) この証明のため, $f\in \boldsymbol{C}_b^2[0,\infty)$ に対し,

$$Lf(x)=axf''(x)+(cx+d)f'(x)$$

とおくと伊藤の公式により, $u(t,x)\in \boldsymbol{C}_b^{1,2}([0,\infty)\times[0,\infty))$*に対して

$$u(t,X(t))-u(0,X(0))$$
$$=\text{マルチンゲール}+\int_0^t\left[\frac{\partial u}{\partial t}+L_xu\right](X(s))ds$$

となることに注意する. (7.5) の右辺を $v(t,x)$ とすると直接計算により $\dfrac{\partial v}{\partial t}=L_xv$, $v(0+,x)=e^{-\lambda x}$ となることがたしかめられる.

いま $t_0>0$ を固定し $u(t,x)=v(t_0-t,x)$ とおくと $t\in[0,t_0]$ に対し $\dfrac{\partial u}{\partial t}+L_xu=0$ となり, したがって $v(t_0-t,X(t))-v(t_0,X(0))$ は, $t\in[0,t_0]$ のとき, マルチンゲールになり $E_x[v(t_0-t,X(t))]=v(t_0,x)$ がなりたつ. とくに $t=t_0$ として $E_x[e^{-\lambda X(t_0)}]=v(t_0,x)$ となることが

---

* $\boldsymbol{C}_b^{1,2}([0,\infty)\times[0,\infty))$ は t について 1 階まで, x について 2 階までのすべての微係数がすべて有界連続であるような関数 $u(t,x)$, $(t,x)\in[0,\infty)\times[0,\infty)$, の全体.

わかる.

　この拡散過程のクラスは分枝過程や移住をもった分枝過程の極限としてあらわれるものである*.

例 7.2 (Bessel 過程)　d 次元ブラウン運動 $(X(t), P_x)_{x \in \mathbf{R}^d}$ の半径成分
$$r(t) = \sqrt{X_1^2(t) + X_2^2(t) + \cdots + X_d^2(t)}$$
は $[0, \infty)$ 上の拡散過程を定義する. そしてこの拡散過程はつぎの Bessel の微分作用素 L_d,
$$L_d f(x) = \frac{1}{2}\left[f''(x) + \frac{d-1}{x} f'(x)\right]$$
$$\mathscr{D}(L_d) = \{f \in \mathbf{C}_b^2([0,\infty)) : L_d f \in \mathbf{C}_b([0,\infty))\}$$
のある拡張をその生成作用素にもつ $[0, \infty)$ 上の保存的拡散過程として特徴づけられる. この d を一般の $\alpha > 0$ でおきかえても L_α の拡張をその生成作用素としてもつ $[0, \infty)$ 上の保存的拡散過程 $X_\alpha = (X(t), P_x^{(\alpha)})$ が一意的に定まる. これを **α 次の Bessel 過程**という. とくに $\alpha = 1$ のときは $[0, \infty)$ 上の反射壁ブラウン運動である.

　Bessel 過程の確率微分方程式を考えてみよう. 形式的には
$$dx(t) = dB(t) + \frac{\alpha - 1}{2x(t)} dt \tag{7.6}$$
となるが, ずれの項が $x = 0$ で特異性をもっているので考えにくい. むしろ $y(t) = x^2(t)$ とおいてその確率微分方程

---

*　Feller [8], Kawazu-Watanabe [27] 等参照.

式を考える．伊藤の公式より

$$dy(t) = dx^2(t) = 2x(t)dx(t) + dx(t) \cdot dx(t)$$
$$= 2x(t)dB(t) + (\alpha-1) \cdot dt + dt$$
$$= 2x(t)dB(t) + \alpha \cdot dt$$
$$= 2\sqrt{y(t)}dB(t) + \alpha \cdot dt$$

となる．そこで改めて確率微分方程式

$$dy(t) = 2(y(t) \vee 0)^{\frac{1}{2}} dB(t) + \alpha \cdot dt \qquad (7.7)$$

を考える．これは例7.1の特別な場合であり，道ごとの一意性がなりたつ．そしてその解は $[0,\infty)$ 上の保存的拡散過程 $Y = (Y(t))$ を定義し $X(t) = \sqrt{Y(t)}$ とおくとこれが α 次の Bessel 過程になる．

方程式 (7.7) より，たとえばつぎのようなことがわかる．いま B_1, B_2 を独立な1次元ブラウン運動，α_1, α_2 を正の定数とし，つぎの二つの確率微分方程式，

$$\begin{cases} dy_1(t) = 2(y_1(t) \vee 0)^{\frac{1}{2}} dB_1(t) + \alpha_1 dt \\ y_1(0) = y_1 \in [0, \infty) \end{cases}$$

$$\begin{cases} dy_2(t) = 2(y_2(t) \vee 0)^{\frac{1}{2}} dB_2(t) + \alpha_2 dt \\ y_2(0) = y_2 \in [0, \infty) \end{cases}$$

を考える．その解 $y_1(t), y_2(t)$ はそれぞれ $B_1(t), B_2(t)$ の関数になるから（定理1.1），それらは互いに独立な α_1 次，α_2 次の Bessel 過程の2乗を定義する．

$$y_3(t) = y_1(t) + y_2(t),$$
$$B_3(t) = \int_0^t \sqrt{\frac{y_1(s)}{y_1(s)+y_2(s)}} dB_1(s)$$
$$+ \int_0^t \sqrt{\frac{y_2(s)}{y_1(s)+y_2(s)}} dB_2(s)^*$$

とおくと $B_3(t)$ はマルチンゲールで $\langle B_3 \rangle(t) \equiv t$ だから1次元ブラウン運動になり,

$$\begin{cases} dy_3(t) = 2(y_3(t) \vee 0)^{\frac{1}{2}} dB_3(t) + (\alpha_1 + \alpha_2) dt \\ y_3(0) = y_1 + y_2 \end{cases}$$

をみたす.このことより,$X^\alpha(t), X^\beta(t)$ をそれぞれ指数 α, β の Bessel 過程で互いに独立なものとするとき $\sqrt{\{X^\alpha(t)\}^2 + \{X^\beta(t)\}^2}$ は指数 $\alpha + \beta$ の Bessel 過程になることがわかる.

例 7.3 (Brownian excursion) ここでは Brownian excursion の定義を正確にのべることは省略するが (Itô-McKean [21] §2.9 参照),雑にいうと1次元ブラウン運動の0から出て0へもどる部分の始めの時間を0, 終りの時間をある定数 $t_0 > 0$ と指定して(または条件づけて)得られる確率過程のことである.$e(t)$ ($0 \leqq t \leqq t_0$) をそのような Brownian excursion とするとそれはつぎの確率微分方程式をみたす.

---

* 確率1で $P\{y_1(s) > 0\} = 1$, $P\{y_2(s) > 0\} = 1$ がすべての s でなりたつ.たとえば Yamada [67] p.509 をみよ.

$$\left.\begin{aligned} de(t) &= dB(t) + \left[\frac{1}{e(t)} - \frac{e(t)}{t_0 - t}\right] dt \\ e(0) &= 0 \end{aligned}\right\} \quad (7.8)$$

この方程式は $t=0$ の近くでは3次の Bessel 過程と類似のものである．例 7.2 と同様に $f(t) = e^2(t)$ とおくと (7.8) はつぎの方程式

$$\left.\begin{aligned} df(t) &= 2(f(t) \vee 0)^{\frac{1}{2}} dB(t) + \left[3 - \frac{2f(t)}{t_0 - t}\right] dt \\ f(0) &= 0 \end{aligned}\right\} \quad (7.9)$$

に変換される．ゆえに $t < t_0$ の範囲で道ごとの一意性がなりたち，したがって $f(t)$ は $t < t_0$ で一意的に定まる．そして $t \in (0, t_0)$ で $f(t) > 0$ であること，また $t \nearrow t_0$ のとき $f(t) \to 0$ となることも証明することができる．

このような excursion の方程式を論じたついでに，これと同様な **pinned Brownian motion** の確率微分方程式について言及しておこう．これは $t=0$ のとき点 x を出発したブラウン運動が定まった時刻 t_0 で点 y に到達するように条件づけて得られる確率過程 $X_x^{t_0, y}(t)$ ($0 \leq t \leq t_0$) のことである**．よく知られているように，これは1次元ブラウン運動 $X(t)$ ($X(0) = 0$) から

$$X_x^{t_0, y}(t) = x + X(t) + \frac{t}{t_0}(-X(t_0) + (y - x))$$

として得られる．一方 $X_x^{t_0, y}(t)$ の確率微分方程式は

　** とくに $x = y = 0$ のときはブラウン橋（Brownian bridge）とよばれている．

$$\begin{cases} dX_x^{t_0,y}(t) = dB(t) + \dfrac{y - X_x^{t_0,y}(t)}{t_0 - t} dt \\ X_x^{t_0,y}(0) = x \end{cases}$$

と与えられる．もちろん $t < t_0$ では一意的にとけ，$t \nearrow t_0$ のとき $X_x^{t_0,y}(t) \to y$ となることも証明できる．

§8 境界条件をもった確率微分方程式

§6でみたように $\boldsymbol{R}^n$ 上の拡散過程は2階の楕円型微分作用素で記述され，それは確率微分方程式をとくことにより構成された．一般の多様体上の拡散過程も局所的にはユークリッド空間上の拡散過程とみなされるので確率微分方程式をとくことにより局所的に構成され，それをつなぎあわせることにより得られる＊．ところで境界をもった多様体の上で拡散過程を考えるとき，その内部の行動は2階の楕円型微分作用素（一般には退化する）によって記述されるが，その境界における行動はいわゆる "境界条件" によって記述される．境界条件としては Dirichlet 条件，Neumann 条件またはそれを合わせた第3種境界条件などが有名であるが，拡散過程＊＊に対応する一般の境界条件は A. D. Wentzell によって得られ，Wentzell の境界条件として知られている（[63] 参照）．ここでは，Wentzell

---

＊　ここでは，くわしく論じない（たとえば McKean [37] 等参照）．

＊＊　Wentzell の境界条件の場合，連続な道をもつ強マルコフ過程であるが，境界ではたかだか第1種の不連続性を許す．

の境界条件のうちでとくに保存的***で境界までこめて連続な軌跡をもつような拡散過程を確率微分方程式によって構成する.境界のある n 次元多様体の境界での近傍は $\boldsymbol{R}^n$ の上半空間の一部分とみなせるので我々は始めから $\boldsymbol{R}^n$ の上半空間で考えよう.

以下での我々の目的はつぎのとおりである. $D = \boldsymbol{R}^n_+ = \{x = (x_1, x_2, \cdots, x_n) \in \boldsymbol{R}^n ; x_1 \geq 0\}$ を $\boldsymbol{R}^n$ の上半空間,$\partial D = \{x \in D ; x_1 = 0\}$ を D の境界とする.

いま

$(a_{ij}(x))_{i,j=1}^n : D \to \mathfrak{S}^n$(有界連続:ここで $\mathfrak{S}^n$ は対称非負定値 $n \times n$ 行列の全体)

$(b_i(x))_{i=1}^n : D \to \boldsymbol{R}^n$(有界連続)

$(\alpha_{ij}(x))_{i,j=2}^n : \partial D \to \mathfrak{S}^{n-1}$(有界連続)

$(\beta_i(x))_{i=2}^n : \partial D \to \boldsymbol{R}^{n-1}$(有界連続)

$\rho(x) : \partial D \to [0, \infty)$(有界 Borel 可測)

の諸量が与えられたとする. D 上の微分作用素 A を
$$Af(x) = \frac{1}{2} \sum_{i,j=1}^n a_{ij}(x) \frac{\partial^2 f}{\partial x_i \partial x_j}(x) + \sum_{i=1}^n b_i(x) \frac{\partial f}{\partial x_i}(x),$$
$$x \in D, \ f \in \boldsymbol{C}^2_K(D) \tag{8.1}$$
$\boldsymbol{C}^2_K(D)$ から境界上の関数を対応させる写像 L を
$$Lf(x) = \frac{1}{2} \sum_{i,j=2}^n \alpha_{ij}(x) \frac{\partial^2 f}{\partial x_i \partial x_j}(x)$$

*** このため境界条件のうち Dirichlet の条件の部分はなくなる.

$$+ \sum_{i=2}^{n} \beta_i(x) \frac{\partial f}{\partial x_i}(x) + \frac{\partial f}{\partial x_1}(x),$$

$$x \in \partial D, \quad f \in \boldsymbol{C}_K^2(D) \tag{8.2}$$

によって定義する*. このとき, D 上の保存的な拡散過程 $X = (X_t, P_x)_{x \in D}$ でその生成作用素 $(\overline{A}, \mathscr{D}(\overline{A}))$ が

(ⅰ) $\mathscr{D}(\overline{A}) \supset \{f \in \boldsymbol{C}_K^2(D) : L(f) = \rho \cdot Af$ が ∂D 上でなりたつ$\} \equiv \mathscr{D}$,

(ⅱ) $f \in \mathscr{D}$ のとき $\overline{A}f = Af$,

となるものを求めること. このような拡散過程が D 上の拡散過程の一般的なクラスをなすことは §6 の前半の議論と同様に示すことができるがここでは省略する.

このような拡散過程を構成するために, つぎのような確率微分方程式を考える. これはいままでのブラウン運動をもとにした確率微分方程式と異なりもっと一般のマルチンゲールをもとにした確率微分方程式になっている.

いま

$$\sigma(x) = (\sigma_{ik}(x))_{\substack{i=1,2,\cdots,n \\ k=1,2,\cdots,r}} : D \to \boldsymbol{R}^n \otimes \boldsymbol{R}^r$$

$$b(x) = (b_i(x))_{i=1,2,\cdots,n} : D \to \boldsymbol{R}^n$$

$$\tau(x) = (\tau_{il}(x))_{\substack{i=2,\cdots,n \\ l=1,\cdots,s}} : \partial D \to \boldsymbol{R}^{n-1} \otimes \boldsymbol{R}^s$$

---

* とくに $\alpha = \beta = 0$ のとき, すなわち $Lf(x) = \dfrac{\partial f}{\partial x_1}(x)$ のとき, これは境界での法線微分であり $Lf(x) = 0$ は Neumann の境界条件 (または反射壁の条件) である.

$$\beta(x) = (\beta_i(x))_{i=2,\cdots,n} : \partial D \to \mathbf{R}^{n-1}$$
$$\rho(x) \qquad\qquad\qquad : \partial D \to [0, \infty)$$

なる諸量が与えられたとし，これはすべて有界 Borel 可測と仮定する．つぎの D 値連続確率過程 $x(t) = (x_1(t), x_2(t), \cdots, x_n(t))$ に関する確率微分方程式を考える．

$$\left.\begin{aligned}
dx_1(t) &= \sum_{k=1}^{r} \sigma_{1k}(x(t))I_{\mathring{D}}(x(t))dB_k(t) \\
&\quad + b_1(x(t))I_{\mathring{D}}(x(t))dt \\
&\quad + d\varphi(t), \\
dx_i(t) &= \sum_{k=1}^{r} \sigma_{ik}(x(t))I_{\mathring{D}}(x(t))dB_k(t) \\
&\quad + b_i(x(t))I_{\mathring{D}}(x(t))dt \\
&\quad + \sum_{l=1}^{s} \tau_{il}(x(t))I_{\partial D}(x(t))dM_l(t) \\
&\quad + \beta_i(x(t))I_{\partial D}(x(t))d\varphi(t), \\
&\qquad\qquad i = 2, 3, \cdots, n \\
I_{\partial D}(x(t))dt &= \rho(x(t))d\varphi(t)
\end{aligned}\right\} \quad (8.3)^{**}$$

(8.3) の直観的意味はつぎのとおりである．φ_t は $x(t)$ が境界 ∂D にあるときにのみ増加する連続な増大過程で ∂D における局所時間とよばれる．これは第3章，定理 3.1 の Skorohod 方程式における $\varphi(t)$ と同様のもので $x(t)$ の境界での反射をひきおこす．$(B_k(t))$ は r 次元ブラウン運動，$(M_l(t))$ は $x(t) \in \partial D$ のときにのみ変化する s 次元ブラウン運動であるがその時間は局所時間 $\varphi(t)$ で計

** $\mathring{D} = \{x \in D; x_1 > 0\}$, D の内部．

っている．したがって $dx_i(t)$ を定義する右辺の後の2項が境界での変動をあらわしている．

さて (8.3) の明確な定義を与えよう．

定義 8.1 方程式 (8.3) の解とはある四つ組 $(\Omega, \mathscr{F}, P; \mathscr{F}_t)$ 上で与えられた確率過程の系 $\mathfrak{X} = (x(t) = (x_1(t), x_2(t), \cdots, x_n(t)), B(t) = (B_1(t), B_2(t), \cdots, B_r(t)), M(t) = (M_1(t), M_2(t), \cdots, M_s(t)), \varphi(t))$ であってつぎの性質をもつもののことである．

(i) $x(t)$ は $\mathscr{F}_t$ に適合した連続な D の値をとる確率過程．

(ii) $\varphi(t)$ は $\mathscr{F}_t$ に適合した連続な非負値増大過程で確率1で $\varphi(0) = 0$，かつ $\int_0^t I_{\partial D}(x(u)) d\varphi(u) = \varphi(t)$ をみたす．すなわち $x(t) \in \partial D$ となる時間 t のみでしか増加しない．

(iii) $B(t), M(t)$ はそれぞれ $\mathscr{F}_t$ に適合した r 次元，s 次元連続過程で各成分は $\mathscr{M}_{loc}^c(\mathscr{F}_t)$ に属し*
$\langle B_k(t), B_j(t) \rangle = \delta_{kj} \cdot t$, $\langle B_j(t), M_l(t) \rangle = 0$,
$\langle M_l(t), M_m(t) \rangle = \delta_{lm} \cdot \varphi(t)$,
$k, j = 1, 2, \cdots, r$, $l, m = 1, 2, \cdots, s$

---

* $\mathscr{M}_{loc}^c(\mathscr{F}_t)$ は第2章では $\mathscr{M}_2^{c,loc}(\mathscr{F}_t)$ の記号であらわしていた．すなわち $\mathscr{F}_t$ に関する連続な局所（2乗可積分）マルチンゲール N_t で $N_0 = 0$ a.s. なるものの全体である．

(iv) 確率 1 で

$$
\left.\begin{aligned}
x_1(t) &= x_1(0) + \sum_{k=1}^{r} \int_0^t \sigma_{1k}(x(u)) I_{\check{D}}(x(u)) dB_k(u) \\
&\quad + \int_0^t b_1(x(u)) I_{\check{D}}(x(u)) du + \varphi(t) \\
x_i(t) &= x_i(0) + \sum_{k=1}^{r} \int_0^t \sigma_{ik}(x(u)) I_{\check{D}}(x(u)) dB_k(u) \\
&\quad + \int_0^t b_i(x(u)) I_{\check{D}}(x(u)) du \\
&\quad + \sum_{l=1}^{\infty} \int_0^t \tau_{il}(x(u)) I_{\partial D}(x(u)) dM_l(u) \\
&\quad + \int_0^t \beta_i(x(u)) I_{\partial D}(x(u)) d\varphi(u) \\
&\qquad\qquad i = 2, 3, \cdots, n \\
\int_0^t I_{\partial D}&(x(u)) du = \int_0^t \rho(x(u)) d\varphi(u)
\end{aligned}\right\}
$$

(8.3)′

がなりたつ. dB_k と dM_l に関する積分は局所 2 乗可積分マルチンゲールに関する確率積分(第 2 章,§3)である.

$\rho(x) \equiv 0, x \in \partial D$ のとき,境界 ∂D は**非粘性的**(non-sticky)であるといい,それ以外は**粘性的**(sticky)であるという.非粘性的な場合は確率 1 で $\int_0^t I_{\partial D}(x(u)) du = 0$ となり,境界に滞在する時間のルベーグ測度は 0 となる.したがって,このとき (8.3)′ の第 1 式,第 2 式における $I_{\check{D}}(x(u))$ は($I_{\check{D}}(x(u)) = 1$ (a.a. u) だから)省い

てよい.また上の(iii)より,$B(t)$ は r 次元の $\mathscr{F}_t$-ブラウン運動,$M(\varphi^{-1}(u))$ は s 次元の $\mathscr{F}_{\varphi^{-1}(u)}$-ブラウン運動になることがわかる(第2章,定理5.2).

定義8.2 方程式(8.3)に対して解の一意性がなりたつというのは,任意の解 $\mathfrak{X}$ に対し,D 値確率過程 $x(t)$ の分布が $x(0)$ の分布から一意的にきまること,すなわち $x(0)$ の分布が同じであるような任意の二つ解を考えたとき $x(t)$ の $W_D = \boldsymbol{C}([0, \infty) \to D)$* 上の分布が一致することである.

つぎの定理は定理6.1とまったく同様に示される.

定理8.1 D 上の任意のBorel確率測度 μ に対し $x(0)$ の分布が μ であるような(8.3)の解が存在するとし,さらに(8.3)の解の一意性がなりたつとする.このとき $\mu = \delta_x$ を初期分布にもつ解 $x(t)$** の W_D 上の分布を P_x であらわせば $X = (X(t), P_x)$*** は D 上の拡散過程である.

この拡散過程の生成作用素を求めておこう.そのため与えられた $\sigma(x), b(x), \tau(x), \beta(x)$ はすべて連続で $|\sigma_1(x)| =$

---

* $[0, \infty)$ で定義され D の値をとる連続関数の全体.これは,有界区間上の一様収束の位相で完備可分な距離空間となる.
** $x(t)$ は解 $\mathfrak{X}$ の一部分であるが,それ自身を解ということも多い.
*** $X(t) = X(t, w) = w(t),\ w \in W_D$.

$$\left[\sum_{k=1}^{r}\sigma_{1k}(x)^2\right]^{\frac{1}{2}}>0 \text{ であるとし,}$$

$$a_{ij}(x)=\sum_{k=1}^{r}\sigma_{ik}(x)\sigma_{jk}(x), \ x\in D, \ i,j=1,2,\cdots,n,$$

$$\alpha_{ij}(x)=\sum_{l=1}^{s}\tau_{il}(x)\tau_{jl}(x), \ x\in \partial D, \ i,j=2,3,\cdots,n$$

とおく.このとき,

定理 8.2 定理 8.1 と同じ仮定のもとで,この拡散過程 X の生成作用素を $(\overline{A}, \mathscr{D}(\overline{A}))$ とすると

 (ⅰ) $\mathscr{D}(\overline{A}) \supset \{f \in \boldsymbol{C}_K^2(D) : Lf = \rho \cdot Af \text{ が } \partial D \text{ 上で}$
$\text{なりたつ}\} \equiv \mathscr{D}$,

 (ⅱ) $f \in \mathscr{D}$ のとき $\overline{A}f = Af$.

ここで作用素 A, L はそれぞれ (8.1), (8.2) によって定義される.

さらに D 上の保存的な拡散過程で,この (ⅰ), (ⅱ) の性質をみたすものは X に一致する(同値の意味で).

証明 x_t を $x_0 = x \in D$ をみたす (8.3) の解とする.$f \in \boldsymbol{C}_2(D)$ に対し,一般化された伊藤の公式(第 2 章,定理 3.5)を用いると

$$f(x_t) - f(x_0) = \text{マルチンゲール}$$
$$+ \int_0^t Af(x_u) I_{\mathring{D}}(x_u) du$$
$$+ \int_0^t Lf(x_u) d\varphi(u)$$
$$= \text{マルチンゲール}$$

$$+ \int_0^t Af(x_u)du + \int_0^t Lf(x_u)d\varphi(u)$$
$$- \int_0^t Af(x_u)I_{\partial D}(x_u)du$$
$$= \text{マルチンゲール}$$
$$+ \int_0^t Af(x_u)du$$
$$+ \int_0^t [Lf - \rho \cdot Af](x_u)d\varphi_u$$

となる.そこでもし $f \in \boldsymbol{C}_K^2(D)$ が ∂D 上で $Lf = \rho \cdot Af$ をみたせば

$$f(x_t) - f(x_0) = \text{マルチンゲール} + \int_0^t Af(x_u)du$$

となり,Af が連続関数であるので,このことは $f \in \mathscr{D}(\overline{A})$ かつ $\overline{A}f = Af$ となることを意味する.

この性質をもつ X の一意性の証明は §6 の証明と同様である.$X(t)$ が適当に拡張された四つ組の上で確率微分方程式 (8.3) の解になることを注意すればよい.くわしい点は省略する.

そこでどのようなとき方程式 (8.3) の解の存在と一意性がなりたつかということが問題になる.

定理 8.3 上で与えられた $\sigma, b, \tau, \beta, \rho$ に対しつぎの仮定をおく.σ, b, τ, β は有界連続かつ Lipschitz 条件をみたす.ρ は有界 Borel 可測,さらに定数 $c > 0$ が存在し

$$|\sigma_1(x)| = \left[\sum_{k=1}^{r} \sigma_{1k}^2(x)\right]^{\frac{1}{2}} \geqq c, \ \forall x \in D \qquad (8.4)$$

がなりたつ.

このとき, 任意の D 上の Borel 確率測度 μ に対し $x(0)$ の分布が μ となるような方程式 (8.3) の解 $\mathfrak{X}$ が存在する. また方程式 (8.3) に対し解の一意性がなりたつ.

注意8.1 σ, τ のかわりに作用素 A, L の 2 階の係数 a, α が先に与えられたときは, 有界 Lipschitz 条件をみたす σ, τ で $a = \sigma^t \sigma$, $\alpha = \tau^t \tau$ となるものの存在が問題になるが上の命題 6.3 により, $a: D \to \mathfrak{S}^n$ が D を含むある領域に拡張されそこで C_b^2 に属し, また α の各成分が $C_b^2(\partial D)$ に属しているような場合には, $r = n, s = n - 1$ としてこのような σ, τ が存在する.

証明 以下でこの定理をつぎの順序で説明する.

(1°) 非粘性壁: $\rho(x) \equiv 0$ で $\sigma_{11}(x) \equiv 1$, $\sigma_{1k}(x) \equiv 0$, $k = 2, 3, \cdots, r$, $b_1(x) \equiv 0$ のとき.

(2°) 非粘性壁: $\rho(x) \equiv 0$ の一般の場合.

(3°) 一般の場合.

(1°) **方程式 (8.3)** において $\sigma_{11}(x) \equiv 1, \sigma_{1k}(x) \equiv 0$,
$k = 2, 3, \cdots, r$, $b_1(x) \equiv 0$ のとき

まず存在について始めに示す. μ を D 上の任意の Borel 確率測度とする. ある確率空間上に, $x(0) = (x_1(0), x_2(0), \cdots, x_n(0))$, $B(t) = (B_1(t), \cdots, B_r(t))$, $\hat{B}(t) = (\hat{B}_1(t), \cdots, \hat{B}_s(t))$ をつぎのように与える.

(ⅰ)　$x(0)$ は μ を分布にもつ D 値確率変数.
(ⅱ)　$B(t)$ は r 次元ブラウン運動 $(B(0)=0)$.
(ⅲ)　$\hat{B}(t)$ は s 次元ブラウン運動 $(\hat{B}(0)=0)$.
(ⅳ)　これらはすべて互いに独立.

つぎに $\varphi(t), x_1(t)$ をつぎのように定義する.

$$\varphi(t) = \begin{cases} 0, \quad t \leq \sigma_0 : \min\{t : B_1(t)+x_1(0)=0\} \\ -\min_{0 \leq s \leq t}[B_1(s)+x_1(0)], \quad t > \sigma_0 \end{cases}$$
(8.5)

$$x_1(t) = x_1(0) + B_1(t) + \varphi(t) \tag{8.6}$$

第3章,定理3.1でみたごとく $x_1(t)$ は $[0,\infty)$ 上の反射壁ブラウン運動で $\varphi(t)$ はその局所時間,$\varphi(t) = \lim_{\varepsilon \downarrow 0} \dfrac{1}{2\varepsilon} \int_0^t I_{[0,\varepsilon)}(x_1(s)) ds$ である*.この $\varphi(t)$ を用いて $M(t) = (M_1(t), M_2(t), \cdots, M_s(t))$ を $M(t) = \hat{B}(\varphi(t))$ によって定義し,$\mathscr{F}_t$ を $\mathscr{F}_t = \bigcap_n \mathscr{F}'_{t+\frac{1}{n}}$,ただし $\mathscr{F}'_t$ は $x(0)$,$\{B(u), M(u)\}_{u \leq t}$,を可測にし P-null set をすべて含む σ-field のうちの最小のもの,と定義する.容易にわかるように $\{B(t), M(t)\}$ の各成分は $\mathscr{M}_2^c(\mathscr{F}_t)$ の元で定義 8.1 の (ⅲ) の条件をみたしている.あと $\tilde{x}(t) = (x_2(t), x_3(t), \cdots, x_n(t))$ が定義されればよいが,そのために一般の $\mathscr{F}_t$ に適合した $n-1$ 次元連続過程 $\tilde{y}(t) = (y_2(t), y_3(t), \cdots, y_n(t))$ に対して同様の過程 $\Phi \tilde{y}(t) = ((\Phi \tilde{y})_2(t), \cdots,$

---

*　とくに $\displaystyle\int_0^t I_{\{x_1(s)=0\}} ds = 0$ a.s. がなりたつ.

$(\varPhi\tilde{y})_n(t))$ をつぎのように定義する.

$$(\varPhi\tilde{y})_i(t) = x_i(0) + \sum_{k=1}^{r} \int_0^t \sigma_{ik}(x_1(u), \tilde{y}(u)) dB_k(u)$$
$$+ \int_0^t b_i(x_1(u), \tilde{y}(u)) du$$
$$+ \sum_{l=1}^{s} \int_0^t \tau_{il}(0, \tilde{y}(u)) dM_l(u)$$
$$+ \int_0^t \beta_i(0, \tilde{y}(u)) d\varphi(u) \qquad (8.7)$$
$$i = 2, 3, \cdots, n$$

いま $A(t) = t + \varphi(t)$ とおき $A^{-1}(t)$ を $t \mapsto A(t)$ の逆関数とする.

補題 8.1 各 $T > 0$ に対し定数 $K = K(T) > 0$ が存在して $t \in [0, T]$ に対し

$$E[|\varPhi\tilde{y} - \varPhi\tilde{y}'|^2 (A^{-1}(t))]$$
$$\leqq K \cdot \int_0^t E[|\tilde{y} - \tilde{y}'|^2 (A^{-1}(u))] du \qquad (8.8)$$

がなりたつ.

証明

$$Z_i(t) = \sum_{k=1}^{r} \int_0^t [\sigma_{ik}(x_1(u), \tilde{y}(u))$$
$$- \sigma_{ik}(x_1(u), \tilde{y}'(u))] dB_k(u)$$
$$+ \int_0^t [b_i(x_1(u), \tilde{y}(u)) - b_i(x_1(u), \tilde{y}'(u))] du$$

$$+ \sum_{l=1}^{s} \int_{0}^{t} [\tau_{il}(0, \tilde{y}(u)) - \tau_{il}(0, \tilde{y}'(u))] dM_l(u)$$

$$+ \int_{0}^{t} [\beta_i(0, \tilde{y}(u)) - \beta_i(0, \tilde{y}'(u))] d\varphi(u)$$

$$= I_1^i(t) + I_2^i(t) + I_3^i(t) + I_4^i(t), \quad i = 2, 3, \cdots, n$$

とおく.このとき $I_1^i(t) + I_3^i(t)$ は $\mathscr{F}_t$-2 乗可積分マルチンゲールであるので任意の有界な $\mathscr{F}_t$-マルコフ時間 σ に対し

$$E[|Z_i(\sigma) - I_2^i(\sigma) - I_4^i(\sigma)|^2] = E[|I_1^i(\sigma) + I_3^i(\sigma)|^2]$$
$$= E\bigg[\int_0^\sigma \sum_{k=1}^r |\sigma_{ik}(x_1(s), \tilde{y}(s))$$
$$- \sigma_{ik}(x_1(s), \tilde{y}'(s))|^2 ds\bigg]$$
$$+ E\bigg[\int_0^\sigma \sum_{l=1}^s |\tau_{il}(0, \tilde{y}(s)) - \tau_{il}(0, \tilde{y}'(s))|^2 \, d\varphi(s)\bigg]$$

仮定の Lipschitz 条件より最後の式は*

$$\leq K_1 E\bigg[\int_0^\sigma |\tilde{y}(s) - \tilde{y}'(s)|^2 \, ds$$
$$+ \int_0^\sigma |\tilde{y}(s) - \tilde{y}'(s)|^2 \, d\varphi(s)\bigg]$$
$$= K_1 E\bigg[\int_0^\sigma |\tilde{y}(s) - \tilde{y}'(s)|^2 \, dA(s)\bigg]$$

と評価される.また仮定の Lipschitz 条件と Schwarz の

---

* 以下で $K_1, K_2, \cdots$ は定数.

不等式より

$$E[|I_2^i(\sigma)|^2] \leq K_2 E\left[\sigma \cdot \int_0^\sigma |\tilde{y}(s)-\tilde{y}'(s)|^2 \, ds\right]$$

$$E[|I_4^i(\sigma)|^2] \leq K_3 E\left[\varphi(\sigma)\int_0^\sigma |\tilde{y}(s)-\tilde{y}'(s)|^2 \, d\varphi(s)\right]$$

ゆえに

$$E[|Z_i(\sigma)|^2]$$
$$\leq K_4 E\left[(1+A(\sigma))\int_0^\sigma |\tilde{y}(s)-\tilde{y}'(s)|^2 \, dA(s)\right]$$

したがって

$$E[|\Phi\tilde{y}-\Phi\tilde{y}'|^2(\sigma)]$$
$$\leq K_5 E\left[(1+A(\sigma))\int_0^\sigma |\tilde{y}(s)-\tilde{y}'(s)|^2 \, dA(s)\right].$$

そこで $T>0$ が与えられたとき，$\sigma = A^{-1}(t)$，$t \in [0,T]$ とおく．このとき σ は $\mathscr{F}_t$-マルコフ時間で $\sigma \leq t \leq T$，$\varphi_\sigma \leq t \leq T$ であるので結局 $K=K(T)$ が存在し

$$E[|\Phi\tilde{y}-\Phi\tilde{y}'|^2(A^{-1}(t))]$$
$$\leq K \cdot E\left[\int_0^{A^{-1}(t)} |\tilde{y}-\tilde{y}'|^2(s)dA(s)\right]$$
$$= K \cdot E\left[\int_0^t |\tilde{y}-\tilde{y}'|^2(A^{-1}(u))du\right]$$
$$= K \int_0^t E[|\tilde{y}-\tilde{y}'|^2(A^{-1}(u))]du$$

補題証明おわり

そこで,$\tilde{x}_0(t) \equiv \tilde{x}(0) = (x_2(0), x_3(0), \cdots, x_n(0))$, $\tilde{x}_k(t) = (\varPhi \tilde{x}_{k-1})(t)$ $(k=1, 2, \cdots)$ によって $\tilde{x}_k(t)$ $(k=0, 1, 2, \cdots)$ を定義する.補題によって

$$E[|\tilde{x}_k - \tilde{x}_{k-1}|^2 (A^{-1}(t))]$$
$$\leqq K \int_0^t E[|\tilde{x}_{k-1} - \tilde{x}_{k-2}|^2 (A^{-1}(s))] ds$$

がなりたつ.すると §2 と同様の議論によって確率 1 で $\tilde{x}(t) = \lim_{k \to \infty} \tilde{x}_k(t)$ が存在し,この収束は t について各有界区間上で一様になることがわかる.そこで $x(t) = (x_1(t), \tilde{x}(t))$ とおく.かくして $\mathfrak{X} = (x(t), B(t), M(t), \varphi(t))$ が定義された.これが (1°) の場合の (8.3) の四つ組 $(\varOmega, \mathscr{F}, P; \mathscr{F}_t)$ 上の解になっていることはあきらかである*.

つぎに (1°) の場合の解の一意性を示す.上で注意したように $\rho(x) \equiv 0$ であるので (8.3) の第 1 および第 2 の式で $I_{\mathring{D}}(x(t))$ は省いてよい.すると (8.3) の第 1 式は

$$dx_1(t) = dB_1(t) + d\varphi(t)$$

となり,第 3 章,定理 3.1 によってこの解 $x_1(t)$ と $\varphi(t)$ は $x_1(0)$ と $B_1(t)$ から一意的に定まり,それは (8.5),(8.6) によって与えられる**.解 $\mathfrak{X}$ のうち $(B(t), M(t))$ については,まず $B(t)$ は r 次元の $\mathscr{F}_t$-ブラウン運動で

---

* (8.3) の最後の式は $\int_0^t I_{\partial D}(x(s)) ds = \int_0^t I_{\{x_1(s)=0\}} ds = 0$ なることより $\rho \equiv 0$ としてなりたつことがわかる.

** とくに $\lim_{t \uparrow \infty} \varphi(t) = \infty$ が確率 1 でなりたつことに注意せよ.

ある.また $\hat{B}(t) = M(\varphi^{-1}(t))$ とおくとこれは s 次元の $\mathscr{F}_{\varphi^{-1}(t)}$-ブラウン運動であるが第2章,定理5.3によって $x(0), B(t), \hat{B}(t)$ は互いに独立である.したがって, $x(0), B(t), M(t) = \hat{B}(\varphi(t))$ の法則は $x(0)$ の分布 μ から一意的に定まることはあきらかである.この $x(0), B(t), M(t)$ から上のように構成された解を $\tilde{x}'(t)$ とすると補題より $(\tilde{x}(t) = (x_2(t), \cdots, x_n(t))$ として)

$$E[|\tilde{x} - \tilde{x}'|^2 (A_t^{-1})] \leq K \int_0^t E[|\tilde{x} - \tilde{x}'|^2 (A_s^{-1})]ds$$

となり,したがって $E[|\tilde{x} - \tilde{x}'|^2 (A_t^{-1})] \equiv 0$ すなわち確率1で $\tilde{x} = \tilde{x}'$ となる.このことは任意の解が上で構成されたのと同じように構成されることを意味し,したがって,あきらかに $[x(t) = (x_1(t), \tilde{x}(t)), B(t), M(t), \varphi(t)]$ の分布は $x(0)$ の分布 μ より一意的に定まる.

(2°) $\rho(x) \equiv 0$ の一般の場合

このため (8.3) の解の変換を論じておく.

(a) ブラウン運動の変換

いま $\mathfrak{X} = (x(t), B(t), M(t), \varphi(t))$ を $(\Omega, \mathscr{F}, P; \mathscr{F}_t)$ 上の係数 $[\sigma, b, \tau, \beta, \rho \equiv 0]$ に対応する解とする.$p(x)$ を $D \to O(r)$ ($= r \times r$ 直交行列の全体) で Borel 可測なものとする.

$$\tilde{B}_k(t) = \sum_{l=1}^r \int_0^t p_{kl}(x(u))dB_l(u)$$

とおくと $\tilde{B}(t) = (\tilde{B}_1(t), \cdots, \tilde{B}_r(t))$ は r 次元 $\mathscr{F}_t$-ブラウン

運動になり（第2章，例3.2），$\tilde{\mathfrak{x}} = (x(t), \tilde{B}(t), M(t), \varphi(t))$ は $(\Omega, \mathscr{F}, P; \mathscr{F}_t)$ 上の係数 $[\tilde{\sigma} = \sigma \cdot p^{-1}, b, \tau, \beta, \rho \equiv 0]$ に対応する解になることもあきらかである．このことを

$$\mathfrak{x} \xrightarrow[p]{(a)} \tilde{\mathfrak{x}}$$

とあらわすことにする．定義よりただちに

$$\mathfrak{x} \xrightarrow[p]{(a)} \tilde{\mathfrak{x}}$$

ならば

$$\tilde{\mathfrak{x}} \xrightarrow[p^{-1}]{(a)} \mathfrak{x}$$

なることはあきらかであろう．

(b) 時間変更

$\mathfrak{x} = (x(t), B(t), M(t), \varphi(t))$ を $(\Omega, \mathscr{F}, P; \mathscr{F}_t)$ 上の $[\sigma, b, \tau, \beta, \rho \equiv 0]$ に対応する解とする．また $c(x)$ をある定数 $c_2 > c_1 > 0$ に対し $c_1 \leqq c(x) \leqq c_2$ となる Borel 可測関数とする．

$$A(t) = \int_0^t c(x(u)) du$$

とおき $t \mapsto A(t)$ の逆関数を $A^{-1}(t)$ とあらわす．そして
$$\tilde{x}(t) = x(A^{-1}(t)),$$
$$\tilde{B}(t) = (\tilde{B}_1(t), \cdots, \tilde{B}_r(t))$$
ただし $\tilde{B}_k(t) = \int_0^t \sqrt{c(\tilde{x}(s))} dB_k(A^{-1}(s))$,

$$\tilde{M}(t) = M(A^{-1}(t)),$$
$$\tilde{\varphi}(t) = \varphi(A^{-1}(t)),$$
$$\tilde{\mathscr{F}}_t = \mathscr{F}_{A^{-1}(t)}$$

とおく．このとき §5 と同様の議論で $\tilde{\mathfrak{x}} = (\tilde{x}(t), \tilde{B}(t), \tilde{M}(t), \tilde{\varphi}(t))$ は $(\Omega, \mathscr{F}, P ; \tilde{\mathscr{F}}_t)$ 上 の $[\sqrt{c}^{-1} \cdot \sigma, c^{-1} \cdot b, \tau, \beta, \rho \equiv 0]$ に対応する解になることがわかる．このことを

$$\mathfrak{x} \xrightarrow[c]{(b)} \tilde{\mathfrak{x}}$$

とあらわすと

$$\mathfrak{x} \xrightarrow[c]{(b)} \tilde{\mathfrak{x}}$$

ならば

$$\tilde{\mathfrak{x}} \xrightarrow[c^{-1}]{(b)} \mathfrak{x}$$

なることはあきらかである．

(c) ずれの変換

$\mathfrak{x} = (x(t), B(t), M(t), \varphi(t))$ を，標準空間 $(\Omega, \mathscr{F}, P ; \mathscr{F}_t)$ 上の係数 $[\sigma, b, \tau, \beta, \rho \equiv 0]$ に対応する解とする．$d(x) = (d_1(x), d_2(x), \cdots, d_r(x))$ を $D \to \boldsymbol{R}^r$，有界 Borel 可測とする．いま

$$\mu(t) = \exp\left(\sum_{k=1}^{r} \int_0^t d_k(x(s))dB_k(s) - \frac{1}{2}\sum_{k=1}^{r} \int_0^t d_k(x(s))^2 ds\right)$$

とおくとき $\mu(t)$ は正の $\mathscr{F}_t$-マルチンゲールで，これより $(\Omega, \mathscr{F})$ 上の確率測度 $\tilde{P} = \mu \cdot P$ が定義 4.1 によって定義される．このとき定理 4.5 とまったく同様にして，$\tilde{B}_k(t) = B_k(t) - \int_0^t d_k(x(s))ds, k = 1, 2, \cdots, r$ とおくとき，$\tilde{\mathfrak{x}} = (x(t), \tilde{B}(t), M(t), \varphi(t))$ は $(\Omega, \mathscr{F}, \tilde{P} ; \mathscr{F}_t)$ 上の係数 $[\sigma, \tilde{b} = b + \sigma \cdot d, \tau, \beta, \rho \equiv 0]$ に対応する解になることがわかる．このことを

$$\mathfrak{x} \xrightarrow[d]{(c)} \tilde{\mathfrak{x}}$$

とあらわすと，

$$\mathfrak{x} \xrightarrow[d]{(c)} \tilde{\mathfrak{x}}$$

ならば

$$\tilde{\mathfrak{x}} \xrightarrow[-d]{(c)} \mathfrak{x}$$

なることも定理 4.5 の証明よりあきらかである．

以上の準備のもとに (2°) の場合の解の存在と一意性を示す．$\sigma, b, \tau, \beta, \rho \equiv 0$ が定理 8.3 の仮定をみたすように与えられたとする．このとき $p(x) : D \to O(r)$ で，各成分が Lipschitz 連続になるものが存在し

$$\sigma \cdot p^{-1} = \begin{pmatrix} |\sigma_1(x)|, & 0, & 0, & \cdots, & 0 \\ * & * & * & & \end{pmatrix} \tag{8.9}$$

となる．実際*，$p_1(x) = \sigma_1(x)/|\sigma_1(x)| : D \to \boldsymbol{S}^{r-1}$ ** とおけば，仮定 (8.4) より $p_1(x)$ は Lipschitz 連続である．あと Lipschitz 連続な $p_k(x) : D \to \boldsymbol{S}^{r-1}$，$k = 2, 3, \cdots, r$ を補って，各 $x \in D$ で $[p_1(x), p_2(x), \cdots, p_r(x)]$ が $\boldsymbol{R}^r$ の正規直交系になるようにする．このような $p_k(x)$ が実際とれることは自明ではないがファイバー・バンドルにおける切断の存在に関する一つの例題として知られていることである．すなわち $O(r)$ からその第 1 行への写像を π とするとき，写像 $p_1(x) : D \to \boldsymbol{S}^{r-1}$ によって D 上にバンドル

$$\begin{array}{ccc} E & \xrightarrow{\tilde{p}_1} & O(r) \\ \tilde{\pi} \downarrow & & \downarrow \pi \\ D & \xrightarrow[p_1(x)]{} & \boldsymbol{S}^{r-1} \end{array}$$

$(E, \tilde{\pi})$ が導かれる．また写像 $\tilde{p}_1 : E \to O(r)$ が導かれる．したがって切断 $f^* : D \to E$ が求まれば $p = \tilde{p}_1 \circ f^*$ の第 k 行が求める $p_k(x)$ である．$p_k(x)$ を第 k 行とする $p(x) : D \to O(r)$ はあきらかに (8.9) をみたす．

つぎに $c(x) = |\sigma_1(x)|^2$，$d_1(x) = -\dfrac{b_1(x)}{c(x)}$，$d_k(x) = 0$，$k = 2, \cdots, r$ とおく．

さて，$[\sigma, b, \tau, \beta, \rho \equiv 0]$ に対応する解 $\mathfrak{X}$ があったとする***．$\mathfrak{X}$ につぎのような変換を順次行う．

---

* $\sigma_k(x) = (\sigma_{k_1}(x), \sigma_{k_2}(x), \cdots, \sigma_{k_r}(x)) : D \to \boldsymbol{R}^r$.
** $\boldsymbol{S}^{r-1}$ は $\boldsymbol{R}^r$ の単位球面．
*** 一般性を失うことなしに，それはある標準空間の上に与えられているとしてよい．

$$\mathfrak{X} \xrightarrow[p]{(a)} \mathfrak{X}_1 \xrightarrow[c]{(b)} \mathfrak{X}_2 \xrightarrow[d]{(c)} \mathfrak{X}_3$$

すると $\mathfrak{X}_3$ は係数 $[\tilde{\sigma}, \tilde{b}, \tau, \beta, \rho \equiv 0]$ に対応する解であるが,$\tilde{\sigma} = \dfrac{1}{\sqrt{c}}(\sigma \cdot p^{-1})$,$\tilde{b} = \dfrac{b}{c} + \dfrac{1}{\sqrt{c}}(\sigma \cdot p^{-1} d)$ よりあきらかに $\tilde{\sigma}_{11}(x) \equiv 1$,$\tilde{\sigma}_{1k}(x) \equiv 0 \ (k = 2, \cdots, r)$,$\tilde{b}_1(x) \equiv 0$ となる.すなわち(1°)の条件がみたされている.この場合解 $\mathfrak{X}_3$ は $x(0)$ の分布 μ(それは $\mathfrak{X}_3$ における初期分布とあきらかに一致する)より一意的にきまる.ところで

$$\mathfrak{X}_3 \xrightarrow[-d]{(c)} \mathfrak{X}_2 \xrightarrow[c^{-1}]{(b)} \mathfrak{X}_1 \xrightarrow[p^{-1}]{(a)} \mathfrak{X}$$

であるので結局 $\mathfrak{X}$ の分布も $x(0)$ の分布 μ によって一意的に定まる.とくに $x(t)$ の分布が一意的にきまるので(8.3)の解の一意性が示された.つぎに解の存在であるが(1°)で示したように $[\tilde{\sigma}, \tilde{b}, \tau, \beta, \rho \equiv 0]$ に対応する解 $\mathfrak{X}_3$ はある標準空間上に構成される.それに上の変換をほどこせば解 $\mathfrak{X}$ が得られる.

(3°) 一般の場合

定理の条件をみたす $[\sigma, b, \tau, \beta, \rho]$ が与えられたとする.$[\sigma, b, \tau, \beta, \rho \equiv 0]$ に対する(8.3)の解 $\mathfrak{X} = (x(t), B(t), M(t), \varphi(t))$ をある四つ組 $(\Omega, \mathscr{F}, P : \mathscr{F}_t)$ の上に用意する.この四つ組は適当に大きくとって $\mathfrak{X}$ と独立な r 次元ブラウン運動 $\hat{B}(t)$ がその上に存在するようにしておく.そして

$$A(t) = t + \int_0^t \rho(x(s))d\varphi(s),$$

$A^{-1}(t)$ を $t \mapsto A(t)$ の逆関数とし，
$$\tilde{x}(t) = x(A^{-1}(t)),$$
$$\tilde{M}(t) = M(A^{-1}(t)),$$
$$\tilde{\varphi}(t) = \varphi(A^{-1}(t)),$$

そして，$\tilde{\mathscr{F}}_t = \mathscr{F}_{A^{-1}(t)}$ と $\sigma\{\hat{B}(s); s \leq t\}$ によって生成される Borel 集合体を

$$\tilde{B}(t) = B(A^{-1}(t)) + \int_0^t I_{\partial D}(\tilde{x}(s))d\hat{B}(s)$$

とおく．このとき $\tilde{\mathfrak{x}} = (\tilde{x}(t), \tilde{B}(t), \tilde{M}(t), \tilde{\varphi}(t))$ は四つ組 $(\Omega, \mathscr{F}, P; \tilde{\mathscr{F}}_t)$ 上の $[\sigma, b, \tau, \beta, \rho]$ に対応する解である．このことは

$$\int_0^t I_{\mathring{D}}(x(s))dA_s = t,$$
$$\int_0^t I_{\partial D}(x(s))dA_s = \int_0^t \rho(x(s))d\varphi_s$$

より，

$$A^{-1}(t) = \int_0^t I_{\mathring{D}}(\tilde{x}(s))ds,$$
$$\int_0^t I_{\partial D}(\tilde{x}(s))ds = \int_0^t \rho(\tilde{x}(s))d\tilde{\varphi}_s$$

となることに注意すれば容易に示すことができる．これで解の存在はわかったのでその一意性を示す．$\tilde{\mathfrak{x}} = (\tilde{x}(t), \tilde{B}(t), \tilde{M}(t), \tilde{\varphi}(t))$ を $[\sigma, b, \tau, \beta, \rho]$ に対応する

(8.3) の解とする.そして $\tilde{A}(t) = \int_0^t I_{\bar{D}}(\tilde{x}(s))ds$ とおく.
このとき確率 1 で $t \mapsto \tilde{A}(t)$ は狭義単調増大である.実際,このためには任意の有理数 $0 \le r_1 < r_2$ に対し,確率 1 で $\tilde{A}(r_2) > \tilde{A}(r_1)$ であることをいえばよいが,もしそうでないとある $r_1 < r_2$ に対し $\tilde{A}(r_2) = \tilde{A}(r_1)$ が正の確率でなりたつ.この集合の上で考えると,

$$r_2 - r_1 = \int_{r_1}^{r_2} I_{\partial D}(\tilde{x}(s))ds = \int_{r_1}^{r_2} \rho(\tilde{x}(s))d\tilde{\varphi}(s)$$

となり,したがって $\tilde{\varphi}(r_2) - \tilde{\varphi}(r_1) > 0$ となる.一方,やはりこの集合の上で,$I_{\bar{D}}(\tilde{x}(s)) \equiv 0$ $(r_1 \le s \le r_2)$ となっているから

$$\sum_{k=1}^r \int_{r_1}^{r_2} \sigma_{1k}(\tilde{x}(s))I_{\bar{D}}(\tilde{x}(s))dB_k(s) = 0^*,$$
$$\int_{r_1}^{r_2} b_1(\tilde{x}(s))I_{\bar{D}}(\tilde{x}(s))ds = 0$$

となり,$\tilde{x}_1(r_2) = \tilde{x}_1(r_1) + \tilde{\varphi}(r_2) - \tilde{\varphi}(r_1) > \tilde{x}_1(r_1)$ である.これは $\int_{r_1}^{r_2} I_{\bar{D}}(\tilde{x}(s))ds = 0$ とあきらかに矛盾する.

ゆえに $t \mapsto \tilde{A}(t)$ の逆関数 $\tilde{A}^{-1}(t)$ は連続であり,$\mathfrak{X} = (x(t), B(t), M(t), \varphi(t))$ を $x(t) = \tilde{x}(\tilde{A}^{-1}(t)) B(t) = \int_0^{\tilde{A}^{-1}(t)} I_{\bar{D}}(\tilde{x}(s))d\tilde{B}(s), M(t) = \tilde{M}(\tilde{A}^{-1}(t)),\ \varphi(t) = \tilde{\varphi}(\tilde{A}^{-1}(s))$ で定義すると $\mathfrak{X}$ は $[\sigma, b, \tau, \beta, \rho \equiv 0]$ に対応す

---

* 確率積分は確率 1 である Riemann 和の極限になっていることからあきらかである.

る解である．また

$$t = \int_0^t I_{\mathring{D}}(\tilde{x}(s))ds + \int_0^t I_{\partial D}(\tilde{x}(s))ds$$
$$= \tilde{A}(t) + \int_0^t \rho(\tilde{x}(s))d\tilde{\varphi}(s)$$

より $\tilde{A}^{-1}(t) = t + \int_0^t \rho(x(s))d\varphi(s)$ となる．このことは $\tilde{\mathfrak{x}}$ は $\mathfrak{x}$ から上でのべた方法で得られていることを示している．$\mathfrak{x}$ の分布の一意性はすでに示してあるので結局 $\tilde{\mathfrak{x}}$ の分布の一意性が示されたことになる．

証明おわり

付録 I　連続確率過程に関する基本定理

本書のいたるところで用いられた連続確率過程に関する定理の証明を与えるのが目的であるが，距離空間の測度の収束に関する基本事項もくわしく論ずる．

§1　距離空間上の確率測度の収束

S を可分な（すなわち，可算個の稠密な点をもつ）距離空間，ρ をその距離とする．$\mathscr{B}(S)$ を S の位相的 Borel-集合体，すなわち，開集合を含む最小の Borel-集合体とする．

命題 1.1　P を $\{S, \mathscr{B}(S)\}$ 上の確率測度とする．このとき任意の $B \in \mathscr{B}(S)$ に対し，

$$P(B) = \sup_{\substack{F \subset B \\ F:\text{閉集合}}} P(F) = \inf_{\substack{B \subset G \\ G:\text{開集合}}} P(G) \qquad (1.1)$$

がなりたつ．

証明

$$\mathfrak{A} = \{B \in \mathscr{B}(S) : (1.1) \text{ がなりたつ}\}$$

とおく．あきらかに $B \in \mathfrak{A}$ ならば，$B^c \in \mathfrak{A}$ である．また $B_n \in \mathfrak{A}$, $n = 1, 2, \cdots$ ならば，$\bigcup B_n \in \mathfrak{A}$ である．実際，

開集合 G_n, 閉集合 F_n が存在して $F_n \subset B_n \subset G_n$ かつ, $P(G_n \backslash F_n) \leq \dfrac{\varepsilon}{2^{n+1}}$ とできる. そこで $G = \bigcup\limits_{n=1}^{\infty} G_n$, $F = \bigcup\limits_{n=1}^{n_0} F_n$ とおく. ここで n_0 は $P\Bigl(\bigcup\limits_{n=1}^{\infty} F_n \backslash \bigcup\limits_{n=1}^{n_0} F_n\Bigr) \leq \dfrac{\varepsilon}{2}$ なるように定める. すると, G は開集合, F は閉集合で $F \subset \bigcup\limits_{n=1}^{\infty} B_n \subset G$, かつ

$$P(G\backslash F) \leq \sum_{n=1}^{\infty} P(G_n \backslash F_n) + P\Bigl(\bigcup_{n=1}^{\infty} F_n \backslash F\Bigr)$$
$$\leq \frac{\varepsilon}{2} + \frac{\varepsilon}{2} = \varepsilon.$$

このことは $\bigcup\limits_{n=1}^{\infty} B_n \in \mathfrak{A}$ を示している. ゆえに $\mathfrak{A}$ は σ-集合体である. G を開集合とすると $F_n = \Bigl\{ x : \rho(x, G^c) \geq \dfrac{1}{n} \Bigr\}$*とおくとき, F_n は単調に増大する閉集合族で, $\bigcup F_n = G$. すると $P(G) = \lim\limits_{n\to\infty} P(F_n)$. このことは, $G \in \mathfrak{A}$ なることを示している. ゆえに $\mathfrak{A} = \mathscr{B}(S)$.

証明おわり

いま $\boldsymbol{C}_b(S)$ によって, S 上の有界連続な実数値関数の全体をあらわす. $f \in \boldsymbol{C}_b(S)$ に対し, そのノルム $\|f\|$ を $\|f\| = \sup\limits_{x \in S} |f(x)|$ で定義する.

命題 1.2 P, Q をそれぞれ $\{S, \mathscr{B}(S)\}$ 上の確率測度とする. もし

---

* 一般に $A \subset S$ に対し $\rho(x, A) = \inf\limits_{y \in A} \rho(x, y)$.

$$\int_S f(x)P(dx) = \int_S f(x)Q(dx)$$

が,すべての $f \in \boldsymbol{C}_b(S)$ でなりたつならば実は $P=Q$ である.

証明 上の命題により,任意の閉集合 F に対し $P(F)=Q(F)$ なることをいえばよい.ところで $f_n \in \boldsymbol{C}_b(S)$ ($n=1,2,\cdots$) で,$0 \leq f_n \leq 1$ かつ $\lim_{n \to \infty} f_n(x) = I_F(x)$ なるものが存在する.実際 $\varphi(t)$ を

$$\varphi(t) = \begin{cases} 1 & t \leq 0 \\ 1-t & 0 \leq t \leq 1 \\ 0 & t \geq 1 \end{cases}$$

とおき,$f_n(x) = \varphi(n\rho(x, F))$ とおけばよい.すると,有界収束定理によって,

$$\begin{aligned} P(F) &= \lim_{n \to \infty} \int_S f_n(x)P(dx) \\ &= \lim_{n \to \infty} \int_S f_n(x)Q(dx) = Q(F). \end{aligned}$$

証明おわり

命題 1.3 S は距離 ρ に関し完備であるとする[**]. P を $\{S, \mathscr{B}(S)\}$ 上の確率測度とすると,任意の $\varepsilon > 0$ に対しコンパクト集合 $K \subset S$ が存在して $P(K) > 1-\varepsilon$ となる.

[**] すなわち,任意の Cauchy 列が収束するとする.

証明　S は可分であるから,どんな $\delta > 0$ に対しても半径 δ の球の可算個で覆われる.いま $\delta_n \downarrow 0$ とし,

$$\bigcup_{k=1}^{\infty} \sigma_k^{(n)} = S$$

となる半径 δ_n の閉球を $\sigma_k^{(n)}$ であらわす.すると

$$1 = P(S) = P\Big(\bigcup_{k=1}^{\infty} \sigma_k^{(n)}\Big) = \lim_{l \to \infty} P\Big(\bigcup_{k=1}^{l} \sigma_k^{(n)}\Big)$$

であるので,与えられた $\varepsilon > 0$ に対し,l_n が存在し,

$$P\Big(\bigcup_{k=1}^{l_n} \sigma_k^{(n)}\Big) > 1 - \frac{\varepsilon}{2^n} \tag{1.2}$$

となる.そこで $K = \bigcap_{n=1}^{\infty} \bigcup_{k=1}^{l_n} \sigma_k^{(n)}$ とおくと,K は閉集合であり,かつ全有界,すなわち任意の $\delta > 0$ に対し,有限個の点列 $\{x_i\}$ が存在して $K \subset \bigcup_{x_i} U(x_i ; \delta)$ (ここで $U(x_i ; \delta) = \{y ; \rho(x_i, y) \leqq \delta\}$) とできる.実際 $\delta > 0$ に対し $\delta_n < \delta$ となる n をとれば,上の $\{x_i\}$ としては,球 $\sigma_k^{(n)}$, $k = 1, 2, \cdots, l_n$ の中心をとればよい.よく知られたように,S が完備のとき,このことは K がコンパクトなことを意味する.(1.2) より

$$P(K) > 1 - \varepsilon \tag{1.3}$$

もあきらかである.

　　　　　　　　　　　　　　　　　　　　　　　証明おわり

系　S が完備のとき,任意の $B \in \mathscr{B}(S)$ に対し,

§1 距離空間上の確率測度の収束

$$P(B) = \sup_{\substack{K \subset B \\ \text{コンパクト}}} P(K) \quad (1.4)$$

証明は,命題 1.1 と 1.3 よりただちに得られる.

定義 1.1 P_n $(n=1,2,\cdots)$, P をそれぞれ $\{S, \mathscr{B}(S)\}$ 上の確率測度の列とする.このとき P_n が P に**弱収束**するとは(記号で $P_n \overset{w}{\to} P$ とあらわす),任意の $f \in \boldsymbol{C}_b(S)$ に対し,つぎのようになることである.

$$\lim_{n \to \infty} \int_S f(x) P_n(dx) = \int f(x) P(dx)$$

$P_n \overset{w}{\to} P$ は,各 Borel 集合 $B \in \mathscr{B}(S)$ ごとに $\lim_{n\to\infty} P_n(B) = P(B)$ となることよりは,ずっと弱い概念である.その辺の事情はつぎの命題 1.4 によってあきらかにされる.

命題 1.4 つぎの 4 条件は同等である.
(i) $P_n \overset{w}{\to} P$
(ii) $\displaystyle\int_S f(x) P_n(dx) \to \int_S f(x) P(dx)$, $\forall f \in \boldsymbol{C}_u(S)$*
(iii) $\displaystyle\varlimsup_{n \to \infty} P_n(F) \leqq P(F)$, $\forall F$:閉集合
(iv) $\displaystyle\varliminf_{n \to \infty} P_n(G) \geqq P(G)$, $\forall G$:開集合
(v) $\displaystyle\lim_{n \to \infty} P_n(A) = P(A)$, $\forall A \in \mathscr{B}(S)$ で $P(\partial A) = 0$ なるもの

証明 $\boldsymbol{C}_u(S) \subset \boldsymbol{C}_b(S)$ より "(i)⇒(ii)" はあきらか.

---
* $\boldsymbol{C}_u(S)$ は S 上の一様連続な有界関数の全体.

"(ii)⇒(iii)" はつぎのようにしてわかる．命題 1.2 の関数 $f_k(x) = \varphi(k \cdot \rho(x, F))$ は $\boldsymbol{C}_u(S)$ に属し，F が閉集合であれば $f_k(x)$ は $k \to \infty$ のとき $I_F(x)$ に各点収束する．これより，

$$\varlimsup_{n \to \infty} P_n(F) \leq \lim_{n \to \infty} \int_S f_k(x) P_n(dx) = \int_S f_k(x) P(dx)$$

ここで $k \to \infty$ とすると右辺は $P(F)$ に収束する．"(iii)⇔(iv)" は互いに補集合をとって考えればよい．つぎに "(iii)⇒(i)" を示す．$f \in \boldsymbol{C}_b(S)$ とする．必要なら適当に1次変換して考えることにより，一般性を失わずに $0 < f < 1$ と仮定してよい．各整数 $k > 0$ に対し

$$\sum_{i=1}^{k} \frac{i-1}{k} P\left\{ x ; \frac{i-1}{k} \leq f(x) < \frac{i}{k} \right\}$$

$$\leq \int_S f(x) P(dx)$$

$$\leq \sum_{i=1}^{k} \frac{i}{k} P\left\{ x ; \frac{i-1}{k} \leq f(x) < \frac{i}{k} \right\} \qquad (1.5)$$

である．$F_i = \left\{ x ; \frac{i}{k} \leq f(x) \right\}$ とおくと (1.5) の右辺は $\frac{1}{k} + \frac{1}{k} \sum_{i=1}^{k} P(F_i)$ とかきかえられ，また左辺は $\frac{1}{k} \sum_{i=1}^{k} P(F_i)$ とかきかえられる．すなわち

$$\frac{1}{k} \sum_{i=1}^{k} P(F_i) \leq \int_S f(x) P(dx) \leq \frac{1}{k} + \frac{1}{k} \sum_{i=1}^{k} P(F_i)$$

同様にして，

$$\frac{1}{k}\sum_{i=1}^{k}P_n(F_i) \leqq \int_S f(x)P_n(dx) \leqq \frac{1}{k}+\frac{1}{k}\sum_{i=1}^{k}P_n(F_i)$$

この2式と仮定（ⅲ）より容易に

$$\varlimsup_{n\to\infty}\int_S f(x)P_n(dx) \leqq \int_S f(x)P(dx)$$

がなりたつ．$f(x)$ を $1-f(x)$ とおきかえると

$$\varliminf_{n\to\infty}\int_S f(x)P_n(dx) \geqq \int_S f(x)P(dx)$$

となり，したがって（ⅰ）がなりたつ．

最後に"（ⅲ）⇔（ⅴ）"を示す．$A \in \mathscr{B}(S)$ で，$P(\partial A)=0$ とする．（ⅲ）（⇔（ⅳ））がなりたつとすると，

$$P(\mathring{A}) \leqq \varliminf P_n(\mathring{A}) \leqq \varlimsup P_n(\overline{A})$$
$$\leqq P(\overline{A}) = P(\mathring{A}) = P(A)$$

ゆえに（ⅴ）がなりたつ．逆に（ⅴ）がなりたつと仮定する．F を閉集合とし $F_\delta = \{x; \rho(x,F) \leqq \delta\}$ とおくと $\partial F_\delta \subset \{x; \rho(x,F) = \delta\} \equiv A_\delta$ であり δ が異なると A_δ は互いに素だから $P(A_\delta) > 0$ となる δ はたかだか可算．ゆえに $\delta_l \downarrow 0$ で $P(A_{\delta_l}) = 0$ となるものがとれる．（ⅴ）より

$$P(F_{\delta_l}) = \lim_{n\to\infty}P_n(F_{\delta_l}) \geqq \varlimsup_{n\to\infty}P_n(F)$$

$l \uparrow \infty$ として左辺は $P(F)$ に収束し（ⅲ）がなりたつことがわかる．

証明おわり

例 1.1 $S = \boldsymbol{R}$（数直線）とする．$\{S, \mathscr{B}(S)\}$ 上の確率測度 P とその分布関数 $F(x) = P((-\infty, x])$ とは 1 対 1 に対応する．このとき "$P_n \xrightarrow{w} P$" と "$F_n(x) \to F(x)$ がすべての F の連続点 x においてなりたつ" とは同値である．前者から後者がしたがうことは（v）よりあきらかであるが，逆に後者がなりたてば

$$\int_{-\infty}^{\infty} f(x) P_n(dx) = \int_{-\infty}^{\infty} f(x) dF_n(x) \to \int_{-\infty}^{\infty} f(x) dF(x)$$

となることが積分を Riemann 和で近似することにより容易に示される．

命題 1.5 上で定義した $\{S, \mathscr{B}(S)\}$ 上の測度の弱収束は，ある距離に関する収束になる．すなわち，いま $\mathscr{P}(S)$ を $\{S, \mathscr{B}(S)\}$ 上の確率測度の全体とするとき，$\mathscr{P}(S)$ 上に距離 d が存在し

$$P_n \xrightarrow{w} P \iff d(P_n, P) \to 0$$

となる．

証明 $S = \boldsymbol{R}$ のとき，このような距離の一つは Lévy の距離として知られ（[10] 参照），それを一般化したものに Prohorov の距離がある．ここでは Varadhan[59] の方法で証明する．S を可分な距離空間とすると，S の位相をかえないような距離を適当にえらんで，その距離に関して S は全有界になるようにできる*．この距離

---

* 実際，よく知られたように S を $[0,1]^N$ の部分集合に同相にうめこめるからこのようにできることはあきらか．

に関する $\boldsymbol{C}_u(S)$ は一様位相に関し可分,すなわち可算個の稠密な元 $\{f_1, f_2, \cdots, f_n, \cdots\}$ をもつ.そこで $P, Q \in \mathscr{P}(S)$ に対し

$d(P, Q)$
$$= \sum_{j=1}^{\infty} 2^{-j} \min\left(1, \left|\int_S f_j(x)P(dx) - \int_S f_j(x)Q(dx)\right|\right)$$

とおくと d は $\mathscr{P}(S)$ 上の一つの距離になり,上の命題 1.4(ii)に注意して "$P_n \overset{w}{\to} P$" $\Leftrightarrow$ "$d(P_n, P) \to 0$" を容易に示すことができる.

証明おわり

このようにして S 上の Borel 確率測度の全体 $\mathscr{P}(S)$ は距離空間になるが,そこにおける相対コンパクトな**集合を特性づけることを考える.

定義 1.2 $\Lambda \subset \mathscr{P}(S)$ が **tight**(または**一様に tight** ともいう)であるとはつぎのことがなりたつことである.

どんな $\varepsilon > 0$ に対してもコンパクト集合 $K \subset S$ が存在して $P(K) \geqq 1 - \varepsilon$ がすべての $P \in \Lambda$ に対しなりたつ.すなわち $\inf_{P \in \Lambda} P(K) \geqq 1 - \varepsilon$ がなりたつ.

例 1.2 命題 1.3 より,S が完備な距離空間のとき,$\Lambda \subset \mathscr{P}(S)$ が有限集合であれば,Λ は tight である.一般に,Λ_1, Λ_2 が tight ならば $\Lambda_1 \cup \Lambda_2$ も tight である.

** A が相対コンパクトであるとは,その閉包 $\overline{A}$ がコンパクトなことである.

定理 1.6 $\Lambda \subset \mathscr{P}(S)$ とする.このとき,

(1) Λ が tight ならば Λ は $\mathscr{P}(S)$ で相対コンパクトである.

(2) さらに S が完備な距離空間のときは (1) の逆がなりたつ.すなわち Λ が相対コンパクトならば Λ は tight である.

証明 (1) の証明を考える.まず S がコンパクトのときは $\mathscr{P}(S)$ 自身がコンパクトである.このことは,$\mathscr{P}(S)$ が S 上の実連続関数全体に一様ノルム $\|f\| = \max_{x \in S}|f(x)|$ を与えた Banach 空間 $C(S)$ の共役空間 $C^*(S)$ における w^*-位相に関する閉集合 $\{\mu \in C^*(S) : \forall f \in C^+(S)$ に対し*,$\mu(f) \geqq 0$ かつ $\mu(\mathbf{1}) = 1$**$\}$ と同一視できること,および $C^*(S)$ の単位球は w^*-位相でコンパクトなことに注意すればすぐわかる.

つぎに一般の S の場合を考える.Λ を tight な族とし,$\{P_n\} \subset \Lambda$ を任意の無限列とする.いま $\varepsilon_m \downarrow 0$ なる列を与える.仮定より S のコンパクト集合の増大列 $K_1 \subset K_2 \subset \cdots \subset K_m \subset \cdots$ が存在し $\sup_n P_n(S \backslash K_m) < \varepsilon_m$ となる.測度の弱収束の概念は,上では確率測度に対してのみ定義したが,全測度が 1 以下の測度(このとき劣確率測度 (substochastic measure) という)にもまったく同様に定義され,S がコンパクトのとき,このような測度の任

---

* $C^+(S) = \{f \in C(S) : f(x) \geqq 0, \forall x \in S\}$.

** $\mathbf{1} \in C(S)$ は $\mathbf{1}(x) = 1, \forall x \in S$ で定義される.

意の族は弱収束に関し相対コンパクトになることも上と同様にしてわかる.ゆえに,いま $P_n^{(m)}$ を P_n をコンパクト部分空間 K_m に制限した測度とすると,$\{P_n^{(m)}\}_{n=1}^{\infty}$ は弱収束に関し相対コンパクトになる.したがって,対角線論法を用いて,部分列 $\{n_k\}$ を,各 $m=1, 2, \cdots$ に対し $P_{n_k}^{(m)}$ が $k \to \infty$ のとき,K_m 上の測度として弱収束するようにえらべる.この $P_{n_k}^{(m)}$ の(弱)極限の測度を $P^{(m)}$ とすると,これは K_m 上の劣確率測度であるが,任意の $A \in \mathscr{B}(S)$ に対し $P^{(m)}(A) = P^{(m)}(A \cap K_m)$ とおくことにより S 上の劣確率測度と考えてよい.このとき $P^{(m)}(A) \leq P^{(m+1)}(A)$,$m=1, 2, \cdots$,$\forall A \in \mathscr{B}(S)$ がなりたつ.実際,非負な $f \in \boldsymbol{C}_b(S)$ に対し,f の K_m への制限はあきらかに $f \in \boldsymbol{C}(K_m)$ であることに注意して,

$$\begin{aligned}
\int_S f(x) P^{(m)}(dx) &= \int_{K_m} f(x) P^{(m)}(dx) \\
&= \lim_{k \to \infty} \int_{K_m} f(x) P_{n_k}^{(m)}(dx) \\
&= \lim_{k \to \infty} \int_{K_m} f(x) P_{n_k}^{(m+1)}(dx) \\
&\leq \lim_{k \to \infty} \int_{K_{m+1}} f(x) P_{n_k}^{(m+1)}(dx) \\
&= \int_{K_{m+1}} f(x) P^{(m+1)}(dx) \\
&= \int_S f(x) P^{(m+1)}(dx)
\end{aligned}$$

となることよりわかる．ゆえに $P(A) = \lim_{m\to\infty} P^{(m)}(A)$ が各 $A \in \mathscr{B}(S)$ に対し存在し $\mathscr{B}(S)$ 上の劣確率測度を定義する．このとき $P_{n_k} \xrightarrow{w} P \ (k \to \infty)$ を証明する．（これよりとくに P が確率測度であることもわかる．）$f \in \boldsymbol{C}_b(S)$ に対し

$$\left| \int_S f(x) P_{n_k}(dx) - \int_S f(x) P(dx) \right|$$
$$\leq \left| \int_{K_m} f(x) P_{n_k}(dx) - \int_{K_m} f(x) P(dx) \right|$$
$$+ \left| \int_{S \setminus K_m} f(x) P(dx) \right| + \left| \int_{S \setminus K_m} f(x) P_{n_k}(dx) \right|$$
$$\leq \left| \int_{K_m} f(x) P_{n_k}(dx) - \int_{K_m} f(x) P(dx) \right| + 2 \|f\| \varepsilon_m {}^*$$
$$= \left| \int_{K_m} f(x) P_{n_k}^{(m)}(dx) - \int_{K_m} f(x) P(dx) \right| + 2 \|f\| \varepsilon_m$$

ゆえに，

$$\overline{\lim_{k \to \infty}} \left| \int_S f(x) P_{n_k}(dx) - \int_S f(x) P(dx) \right|$$
$$\leq \left| \int_{K_m} f(x) P^{(m)}(dx) - \int_{K_m} f(x) P(dx) \right| + 2 \|f\| \varepsilon_m$$
$$\leq \|f\| \cdot (P - P^{(m)})(S) + 2 \|f\| \varepsilon_m$$

右辺は $m \to \infty$ のとき 0 へ収束するので左辺は 0 に等し

---

* $P(S \setminus K_m) = \lim_{l \to \infty} P^{(l)}(S \setminus K_m) \leq \lim_{l \to \infty} \varliminf_{k \to \infty} P_{n_k}^{(l)}(S \setminus K_m) \leq \varliminf_{k \to \infty} P_{n_k}(S \setminus K_m) \leq \varepsilon_m.$

い.かくして $P_{n_k} \xrightarrow{w} P$ が示された.このことは Λ が相対コンパクトであることを意味する.

(2) の証明は省略する.たとえば [1],[49] 等を参照せられたい.

さて,S を可分な距離空間とし,ρ をその距離とする.

定義 1.3 **S-値確率変数** X とは,ある確率空間 $(\Omega, \mathscr{B}, P)$ で定義された S の値をとる関数 $X : \omega \in \Omega \mapsto X(\omega) \in S$ であって $\mathscr{B}/\mathscr{B}(S)$-可測,すなわち,$\{\omega ; X(\omega) \in A\} \in \mathscr{B}$,$\forall A \in \mathscr{B}(S)$,なるもののことである.$X$ によって $\{S, \mathscr{B}(S)\}$ 上に導かれる確率測度 P_X,
$$P_X(A) = P\{\omega ; X(\omega) \in A\}, \quad A \in \mathscr{B}(S)$$
を **X の分布**という.二つの S-値確率変数 $X, \tilde{X}$ に対しその分布が一致する(すなわち $P_X = P_{\tilde{X}}$)とき,X と $\tilde{X}$ とは**同分布**(equivalent in law)であるといい,$X \overset{\mathscr{L}}{\approx} \tilde{X}$ とあらわす.

定義 1.4 X_n $(n = 1, 2, \cdots)$ と X をすべて S-値確率変数[**]とする.$P_{X_n} \xrightarrow{w} P_X$ のとき,$X_n \xrightarrow{\mathscr{L}} X$ とあらわし,X_n は X に**法則収束**するという.

同一の確率空間上で定義された S-値確率変数列 X_n $(n = 1, 2, \cdots)$ と X に対し,X_n が X に**概収束**するとは $P\{\omega ; \rho(X_n(\omega), X(\omega)) \to 0, n \to \infty\} = 1$ となることであ

[**] 必ずしも同一の確率空間上で定義されていなくともよい.

る.また X_n が X に**確率収束**するとは,任意の $\varepsilon > 0$ に対し, $P\{\omega; \rho(X_n(\omega), X(\omega)) > \varepsilon\} \to 0$ $(n \to \infty)$ となることである.よく知られているように X_n が X に概収束すれば, X_n は X に確率収束し,また X_n が X に確率収束すれば X_n は X に法則収束する.ところでつぎの Skorohod の定理は, S が ρ に関し完備のとき,このことの逆がある意味でなりたつことを示している.

定理 1.7(Skorohod) (S, ρ) を可分,完備な距離空間, P_n $(n = 1, 2, \cdots)$ と P を $S, \mathscr{B}(S)$ 上の確率測度で $P_n \xrightarrow{w} P$ $(n \to \infty)$ となるものとする.このとき,適当な確率空間 $(\hat{\Omega}, \hat{\mathscr{B}}, \hat{P})$ 上に S-値確率変数 $\hat{X}_n$ $(n = 1, 2, \cdots)$ と $\hat{X}$ をつぎのように構成できる.

(i) $P_{\hat{X}_n} = P_n$, $(n = 1, 2, \cdots)$, $P_{\hat{X}} = P$

(ii) $\hat{X}_n$ は $\hat{X}$ に概収束する.
 $\hat{P}\{\omega; \rho(\hat{X}_n(\omega), \hat{X}(\omega)) \to 0, n \to \infty\} = 1.$

とくに,いま S-値確率変数, X_n, $n = 1, 2, \cdots, X$ に対し, $X_n \xrightarrow{\mathscr{L}} X$ $(n \to \infty)$ ならば,適当な確率空間上に $\hat{X}_n$ $(n = 1, 2, \cdots)$ と $\hat{X}$ を $X_n \overset{\mathscr{L}}{\approx} \hat{X}_n$, $X \overset{\mathscr{L}}{\approx} \tilde{X}$ かつ $\hat{X}_n \to \hat{X}$ (概収束)となるように構成できる.すなわち,法則収束を概収束で実現することができる.

証明 我々はこの定理を $\hat{\Omega} = [0, 1)$, $\hat{\mathscr{B}} = \mathscr{B}([0, 1))$, $\hat{P}(d\omega) = d\omega$(ルベーグ測度)として証明する*.すべて

---

* この確率空間は一様確率空間または Wiener の確率空間とよばれる.

§1 距離空間上の確率測度の収束

の自然数の有限列 $(i_1, i_2, \cdots, i_k)$, $k=1, 2, \cdots$ に対し $S_{(i_1, i_2, \cdots, i_k)} \in \mathscr{B}(S)$ をつぎのように対応させる.

(1) $(i_1, i_2, \cdots, i_k) \neq (j_1, j_2, \cdots, j_k)$ ならば
$$S_{(i_1, i_2, \cdots, i_k)} \cap S_{(j_1, j_2, \cdots, j_k)} = \emptyset$$

(2) $\bigcup_{j=1}^{\infty} S_j = S$

(3) $\bigcup_{j=1}^{\infty} S_{(i_1, i_2, \cdots, i_k, j)} = S_{(i_1, i_2, \cdots, i_k)}$

(4) $\operatorname{diam} S_{(i_1, i_2, \cdots, i_k)} \leq \dfrac{1}{2^k}$ **

(5) $P(\partial S_{(i_1, i_2, \cdots, i_k)}) = 0$, $P_n(\partial S_{(i_1, i_2, \cdots, i_k)}) = 0$
$$\forall n = 1, 2, \cdots$$

とくに, (1), (2), (3) より各 k に対し $\{S_{(i_1, i_2, \cdots, i_k)}\}$ は S の disjoint な被覆をなし, k が増すとき以前のものの細分になっていることがわかる. このような $S_{(i_1, i_2, \cdots, i_k)}$ はたとえばつぎのようにして得られる. 各 $k=1, 2, \cdots$ に対し半径 $r \leq \dfrac{1}{2^{k+1}}$ の球の可算個 $\sigma_m^{(k)}$ ($m=1, 2, \cdots$) で S が覆える. r を適当にとって $P(\partial \sigma_m^{(k)}) = 0$, $P_n(\partial \sigma_m^{(k)}) = 0$ ($m=1, 2, \cdots$, $k=1, 2, \cdots$, $n=1, 2, \cdots$) とすることができる. そこで各 k に対し

$$D_1^{(k)} = \sigma_1^{(k)},$$
$$D_2^{(k)} = \sigma_2^{(k)} \setminus \sigma_1^{(k)}$$
$$\vdots$$

** $\operatorname{diam} A$ は集合 A の直径, $\sup\limits_{x, y \in A} \rho(x, y)$ をあらわす.

$$D_n^{(k)} = \sigma_n^{(k)} \setminus (\sigma_1^{(k)} \cup \cdots \cup \sigma_{n-1}^{(k)})$$
$$\vdots$$

とおく.すると $D_n^{(k)}$ は n が異なると互いに disjoint かつ $\bigcup_{n=1}^{\infty} D_n^{(k)} = S$ であり,

$$S_{(i_1, i_2, \cdots, i_k)} = D_{i_1}^{(1)} \cap D_{i_2}^{(2)} \cap \cdots \cap D_{i_k}^{(k)}$$

とおくと上の (1)〜(5) をみたすことは容易にわかる.

いま,k を固定し $(i_1, i_2, \cdots, i_k)$ に辞書式順序をつける.すなわち,$(i_1, i_2, \cdots, i_k) < (j_1, j_2, \cdots, j_k)$ なることを,ある $r = 0, 1, 2, \cdots, k-1$ に対して $i_1 = j_1$, $i_2 = j_2$, $\cdots$, $i_r = j_r$, $i_{r+1} < j_{r+1}$ となることと定義する.そして $[0, 1]$ の区間列 $\Delta_{(i_1, i_2, \cdots, i_k)}$, $\Delta_{(i_1, i_2, \cdots, i_k)}^{(n)}$ $(n = 1, 2, \cdots)$ を*

$$|\Delta_{(i_1, i_2, \cdots, i_k)}| = P(S_{(i_1, i_2, \cdots, i_k)}),$$
$$\left|\Delta_{(i_1, i_2, \cdots, i_k)}^{(n)}\right| = P_n(S_{(i_1, i_2, \cdots, i_k)}), \quad n = 1, 2, \cdots$$

かつ $(i_1, i_2, \cdots, i_k) < (j_1, j_2, \cdots, j_k)$ ならば $\Delta_{(i_1, i_2, \cdots, i_k)}$, $\Delta_{(i_1, i_2, \cdots, i_k)}^{(n)}$ はそれぞれ,$\Delta_{(j_1, j_2, \cdots, j_k)}$, $\Delta_{(j_1, j_2, \cdots, j_k)}^{(n)}$ の左にあるように定める.この条件のもとにこれらの区間列は一意的に定まる.

各 $(i_1, i_2, \cdots, i_k)$ に対し $\mathring{S}_{(i_1, i_2, \cdots, i_k)}$ が空でないとき,$\bar{x}_{(i_1, i_2, \cdots, i_k)} \in \mathring{S}_{(i_1, i_2, \cdots, i_k)}$ なる点を一つえらんでおく.$\omega \in [0, 1)$ に対し(各 $k = 1, 2, \cdots$ に対し),

---
* 簡単のため $[a, b]$ の形の区間のみ考える $(a \leq b)$.とくに $a = b$ のときは空集合である.$|\Delta|$ は区間 Δ の長さをあらわす.

$$X_n^k(\omega) = \bar{x}_{(i_1, i_2, \cdots, i_k)}, \quad \omega \in \Delta_{(i_1, i_2, \cdots, i_k)}^{(n)} \text{のとき}$$
$$n = 1, 2, \cdots$$
$$X_k(\omega) = \bar{x}_{(i_1, i_2, \cdots, i_k)}, \quad \omega \in \Delta_{(i_1, i_2, \cdots, i_k)} \text{のとき}$$

とおく. 空でない区間 $\Delta_{(i_1, \cdots, i_k)}$ や $\Delta_{(i_1, \cdots, i_k)}^{(n)}$ に対しては, 上の (5) に注意すれば, $\mathring{S}_{(i_1, \cdots, i_k)}$ は空でないのでこの定義によって $X_n^k(\omega), X^k(\omega)$ はすべての $\omega \in [0, 1)$ で確定する. あきらかに, すべての $\omega \in [0, 1)$ に対して**

$$\rho(X_n^k(\omega), X_n^{k+p}(\omega)) \leqq \frac{1}{2^k}, \quad \rho(X^k(\omega), X^{k+p}(\omega)) \leqq \frac{1}{2^k}$$
$$n = 1, 2, \cdots, \quad \forall k, p = 1, 2, \cdots$$

となるので, S の完備性を考慮してつぎが存在する.

$$\hat{X}_n(\omega) = \lim_{k \to \infty} X_n^k(\omega), \quad \hat{X}(\omega) = \lim_{k \to \infty} X^k(\omega)$$

また,
$$P_n(S_{(i_1, i_2, \cdots, i_k)}) = |\Delta_{i_1, i_2, \cdots, i_k}^{(n)}|$$
$$\to |\Delta_{i_1, i_2, \cdots, i_k}| = P(S_{(i_1, i_2, \cdots, i_k)})$$

なることより, もし $\omega = \mathring{\Delta}_{(i_1, i_2, \cdots, i_k)}$ ならば, ある n_k が存在し, $n \geqq n_k$ なるかぎり $\omega \in \mathring{\Delta}_{(i_1, i_2, \cdots, i_k)}^{(n)}$ となる. すると $X_n^k(\omega) = X^k(\omega)$ となるから

$$\rho(\hat{X}_n(\omega), \hat{X}(\omega)) \leqq \rho(\hat{X}_n(\omega), X_n^k(\omega))$$
$$+ \rho(X_n^k(\omega), X^k(\omega))$$
$$+ \rho(X^k(\omega), \hat{X}(\omega))$$

** k が増すとき区間列 Δ や $\Delta^{(n)}$ は前のものの細分になることに注意せよ. また (4) に注意せよ.

$$\leqq \frac{2}{2^k} + \rho(X_n^k(\omega), X^k(\omega))$$
$$= \frac{2}{2^k} \qquad n \geqq n_k$$

いま
$$\Omega_0 = \bigcap_{k=1}^{\infty} \Big(\bigcup_{(i_1, i_2, \cdots, i_k)} \mathring{\Delta}_{(i_1, i_2, \cdots, i_k)} \Big)$$

とおくと $\hat{P}(\Omega_0) = 1$ となることはあきらかで, 上の考察より $\omega = \Omega_0$ ならば $\lim_{n \to \infty} \hat{X}_n(\omega) = \hat{X}(\omega)$ なることがわかる.

最後に $P_{\hat{X}_n} = P_n$ $(n = 1, 2, \cdots)$, $P_{\hat{X}} = P$ を示せば定理の証明はおわる. ところで,
$$\hat{P}\{\omega : X_n^{k+p}(\omega) \in \bar{S}_{i_1, i_2, \cdots, i_k}\}$$
$$= \hat{P}\{\omega : X_n^{k+p}(\omega) \in \mathring{S}_{i_1, i_2, \cdots, i_k}\}$$
$$= P_n(S_{i_1, i_2, \cdots, i_k})$$
$$\hat{P}\{\omega : X^{k+p}(\omega) \in \bar{S}_{i_1, i_2, \cdots, i_k}\}$$
$$= \hat{P}\{\omega : X^{k+p}(\omega) \in \mathring{S}_{i_1, i_2, \cdots, i_k}\}$$
$$= P(S_{i_1, i_2, \cdots, i_k})$$

となることは定義よりあきらかで, ここで $p \to \infty$ とすれば
$$\hat{P}\{\omega : \hat{X}_n(\omega) \in S_{i_1, i_2, \cdots, i_k}\} = P_n(S_{i_1, i_2, \cdots, i_k})$$
$$\hat{P}\{\omega : \hat{X}(\omega) \in S_{i_1, i_2, \cdots, i_k}\} = P(S_{i_1, i_2, \cdots, i_k})$$

となる. 左辺はそれぞれ $P_{\hat{X}_n}(S_{i_1, i_2, \cdots, i_k})$, $P_{\hat{X}}(S_{i_1, i_2, \cdots, i_k})$ のことであるから, これより $P_{\hat{X}_n} = P_n$, $P_{\hat{X}} = P$ となる

ことがただちに結論される.

　　　　　　　　　　　　　　　　証明おわり

§2 連続な確率過程

　W^d を $[0, \infty)$ で定義され d 次元空間 $\boldsymbol{R}^d$ の値をとる連続関数の全体とし, 第1章, §1のように, W^d の距離 ρ を

$$\rho(w_1, w_2) = \sum_{n=1}^{\infty} 2^{-n} [(\max_{0 \leq t \leq n} |w_1(t) - w_2(t)|) \wedge 1]$$

$$w_1, w_2 \in W^d$$

によって定義する. この距離で近づくことは, 各コンパクト区間上で一様収束することにほかならない. W^d は距離 ρ によって可分, 完備な距離空間になる. d 次元の連続な確率過程 $X = (X_t)_{t \in [0, \infty)}$ とは W^d-値確率変数のことにほかならない.

定理 2.1 連続な d 次元確率過程の列 $X_n = (X_n(t))_{t \in [0, \infty)}$ があり, つぎの2条件をみたすとする.

$$\lim_{N \to \infty} [\sup_n P\{|X_n(0)| > N\}] = 0 \tag{2.1}$$

任意の $\varepsilon > 0$ と $T > 0$ に対し,

$$\lim_{h \downarrow 0} [\sup_n P\{\max_{\substack{t, s \in [0, T] \\ |t-s| \leq h}} |X_n(t) - X_n(s)| > \varepsilon\}] = 0 \tag{2.2}$$

このとき, 適当な部分列 $n_1 < n_2 < \cdots < n_k < \cdots \to \infty$ をえらんである適当な確率空間 $(\hat{\Omega}, \hat{\mathscr{B}}, \hat{P})$ 上に d 次元連続

確率過程 $\hat{X}_{n_k}$ ($k=1, 2, \cdots$) と $\hat{X}$ をつぎのように構成できる．

(i) $X_{n_k} \stackrel{\mathscr{L}}{\approx} \hat{X}_{n_k}$

(ii) $\hat{X}_{n_k}$ は $k\to\infty$ のとき $\hat{X}$ に概収束する．すなわち確率 1 で，$\hat{X}_{n_k}(t)$ は $\hat{X}(t)$ に，t について各コンパクト区間上で一様に収束する．

注意 (2.1), (2.2) における [   ] の中の sup は $\varlimsup\limits_{n\to\infty}$ でおきかえてもよいことはあきらかである．

証明 W^d-値確率変数列 X_n が (2.1), (2.2) をみたすとし，$P_n = P_{X_n}$ (X_n の分布) とする．このとき W^d 上の確率測度列 P_n が tight であることを証明する．まず W^d の相対コンパクト部分集合 $A \subset W^d$ は，Ascoli-Arzèla の定理によってつぎの 2 条件で特徴づけられることに注意しよう．

(i) 一様有界：各 $T>0$ に対し $\sup\limits_{w\in A}\max\limits_{t\in[0,T]}|w(t)| < \infty$．

(ii) 同等連続：各 $T>0$ に対し $\lim\limits_{h\downarrow 0}\sup\limits_{w\in A}V_h^T(w)=0$．

ここで
$$V_h^T(w) = \max_{\substack{t,s\in[0,T]\\ |t-s|\leq h}}|w(s)-w(t)|.$$

いま X_n が (2.1) をみたすことから任意の $\varepsilon>0$ に対し $a>0$ が存在して，すべての $n=1,2,\cdots$ に対し，

$$P_n\{w\,;\,|w(0)|\leq a\} > 1 - \frac{\varepsilon}{2} \tag{2.3}$$

となるようにできる．また (2.2) をみたすことから，任意の $\varepsilon > 0$ と，$k = 1, 2, \cdots$ に対し，h_k が存在して，すべての $n = 1, 2, \cdots$ に対し

$$P_n \left\{ w : V_{h_k}^k(w) > \frac{1}{k} \right\} \leq \frac{\varepsilon}{2 \cdot 2^k} \tag{2.4}$$

となるようにできる．これよりすべての n に対し

$$P_n \left[\bigcap_{k=1}^{\infty} \left\{ w : V_{h_k}^k(w) \leq \frac{1}{k} \right\} \right] > 1 - \frac{\varepsilon}{2} \tag{2.5}$$

となる．そこで

$$K_\varepsilon = \{ w : |w(0)| \leq a \} \cap \left(\bigcap_{k=1}^{\infty} \left\{ w : V_{h_k}^k(w) \leq \frac{1}{k} \right\} \right)$$

とおくと K_ε は (i), (ii) をみたす W^d の閉部分集合であるからコンパクトである．(2.3) と (2.5) より $P_n(K_\varepsilon) > 1 - \varepsilon$ がすべての n でなりたつ．このことは $\{P_n\}$ が tight であることを示している．

これより定理 1.6 (1) が適用できて，部分列 n_k と W^d 上の確率測度 P が存在して $P_{n_k} \xrightarrow{w} P$ となる．あとは定理 1.7 を用いてこの法則の収束を概収束によって実現すれば定理の結論が得られる．

証明おわり

系 定理 2.1 において，さらにもし X_n の任意の有限次元分布が収束するならば部分列をとる必要はない．$X_n \overset{\mathscr{L}}{\approx} \hat{X}_n$ となる $\hat{X}_n$ および $\hat{X}$ を構成して，確率 1 で，$\hat{X}_n(t)$ は $\hat{X}(t)$ に広義一様収束するようにできる．

実際,$P_{X_n} = P_n$ の極限点 P の有限次元分布が P_n のそれの極限として定まることより P が一意的にきまることに注意すれば,$P_n \overset{w}{\to} P$ がわかり,したがって部分列をとる必要がない.

定理 2.2 連続な d 次元確率過程の列 $X_n = (X_n(t))_{t \in [0, \infty)}$ があり,つぎの 2 条件をみたすとする.

正定数 M, γ が存在し,すべての $n = 1, 2, \cdots$ に対し
$$E[|X_n(0)|^\gamma] \leq M, \tag{2.6}$$
正定数 α, β と正の定数列 M_k が存在し,すべての n と k に対し
$$E[|X_n(t) - X_n(s)|^\alpha] \leq M_k |t-s|^{1+\beta} \tag{2.7}$$
が $t, s \in [0, k]$ のときなりたつ.

このとき X_n は定理 2.1 の条件 (2.1), (2.2) をみたす.

証明 (2.1) がみたされることはチェビシェフの不等式
$$P\{|X_n(0)| > N\} \leq \frac{M}{N^\gamma}, \ n = 1, 2, \cdots$$
よりあきらか.(2.2) を示す.T は正整数としてよい.(2.7) によってすべての $n = 1, 2, \cdots$ に対し $Y(t) = X_n(t)$ は
$$E[|Y(t) - Y(s)|^\alpha] \leq M_T |t-s|^{1+\beta}, \ t, s \in [0, T]$$
をみたす.このとき,チェビシェフの不等式によって

$$P\left\{\left|Y\left(\frac{i+1}{2^m}\right)-Y\left(\frac{i}{2^m}\right)\right|>\frac{1}{2^{ma}}\right\}$$

$$\leqq M_T \cdot 2^{-m(1+\beta)} \cdot 2^{ma\alpha}$$

$$= M_T \cdot 2^{-m(1+\beta-a\alpha)}$$

$$i = 0, 1, 2, \cdots, 2^m T - 1 \qquad (2.8)$$

がなりたつ．ここで a としては $0 < a < \dfrac{\beta}{\alpha}$ なるようにえらぶ．(2.8) よりただちに

$$P\left\{\max_{0 \leqq i \leqq 2^m T-1}\left|Y\left(\frac{i+1}{2^m}\right)-Y\left(\frac{i}{2^m}\right)\right|>\frac{1}{2^{ma}}\right\}$$

$$\leqq M_T \cdot T \cdot 2^{-m(\beta-a\alpha)} \qquad (2.9)$$

いま $\varepsilon > 0$，$\delta > 0$ が任意に与えられたとする．このとき $\nu = \nu(\delta, \varepsilon)$ を $\left(1+\dfrac{2}{2^a-1}\right)\dfrac{1}{2^{\nu a}} \leqq \varepsilon$ かつ

$$P\left[\bigcup_{m \geqq \nu}\left\{\max_{0 \leqq i \leqq 2^m T-1}\left|Y\left(\frac{i+1}{2^m}\right)-Y\left(\frac{i}{2^m}\right)\right|>\frac{1}{2^{ma}}\right\}\right]$$

$$= M_T \cdot T \sum_{m=\nu}^{\infty} 2^{-m(\beta-a\alpha)} < \delta \qquad (2.10)$$

となるようにえらべる．左辺の [ ] 内の事象を Ω_ν とする．

$$\Omega_\nu = \bigcup_{m \geqq \nu}\left\{\max_{0 \leqq i \leqq 2^m T-1}\left|Y\left(\frac{i+1}{2^m}\right)-Y\left(\frac{i}{2^m}\right)\right|>\frac{1}{2^{ma}}\right\}.$$

すると，$w \notin \Omega_\nu$ ならば，すべての $m \geqq \nu$ と $\dfrac{i+1}{2^m} \leqq T$ なる i に対し，$\left|Y\left(\dfrac{i+1}{2^m}\right)-Y\left(\dfrac{i}{2^m}\right)\right| \leqq \dfrac{1}{2^{ma}}$ である．いま

$[0, T]$ 内の 2 進有理数 $\left(\dfrac{l}{2^k}\text{ の形の数}\right)$ の全体を D_T とする．$s \in D_T$ が $\left[\dfrac{i}{2^\nu}, \dfrac{i+1}{2^\nu}\right)$ 内にあると

$$s = \frac{i}{2^\nu} + \sum_{l=1}^{j} \frac{\alpha_l}{2^{\nu+l}}, \quad \alpha_l \text{ は } 0 \text{ または } 1$$

の形にあらわされるから

$$\left| Y(s) - Y\left(\frac{i}{2^\nu}\right) \right|$$
$$\leq \left| \sum_{k=1}^{j} \left\{ Y\left(\frac{i}{2^\nu} + \sum_{l=1}^{k} \frac{\alpha_l}{2^{\nu+l}}\right) - Y\left(\frac{i}{2^\nu} + \sum_{l=1}^{k-1} \frac{\alpha_l}{2^{\nu+l}}\right) \right\} \right|$$
$$= \sum_{k=1}^{j} \frac{1}{2^{(\nu+k)a}} \leq \sum_{k=1}^{\infty} \frac{1}{2^{(\nu+k)a}} \leq \frac{1}{2^a - 1} \cdot \frac{1}{2^{\nu a}}$$

となる．したがって $\omega \notin \Omega_\nu$ のとき，$s, t \in D_T$ で $|s-t| \leq \dfrac{1}{2^\nu}$ ならば，

$$|Y(t) - Y(s)| \leq \left(1 + \frac{2}{2^a - 1}\right) \frac{1}{2^{\nu a}}$$

となる．実際，たとえば，$t \in \left[\dfrac{i-1}{2^\nu}, \dfrac{i}{2^\nu}\right), s \in \left[\dfrac{i}{2^\nu}, \dfrac{i+1}{2^\nu}\right)$ のとき

$$|Y(s) - Y(t)| \leq \left| Y(s) - Y\left(\frac{i}{2^\nu}\right) \right|$$
$$+ \left| Y(t) - Y\left(\frac{i-1}{2^\nu}\right) \right| + \left| Y\left(\frac{i}{2^\nu}\right) - Y\left(\frac{i-1}{2^\nu}\right) \right|$$

よりあきらかである．D_T は $[0, T]$ で稠密だから，$s, t \in [0, T]$ で $|s-t| \leq \dfrac{1}{2^\nu}$ ならば

$$|Y(t)-Y(s)| \leq \left(1+\frac{2}{2^a-1}\right)\frac{1}{2^{\nu a}} \leq \varepsilon.$$

すなわち

$$P\{\max_{\substack{t,s \in [0,T] \\ |t-s| \leq \frac{1}{2^\nu}}} |Y(t)-Y(s)| > \varepsilon\} \leq P(\Omega_\nu) < \delta$$

ところで $\nu = \nu(\varepsilon, \delta)$ は n に無関係に定まるので,このことはあきらかに (2.2) を意味する.

証明おわり

系(Kolmogoroff の定理) $[0, \infty)$ の任意の有限列 $(t_1, t_2, \cdots, t_m)$,ただし $0 \leq t_1 < t_2 < \cdots < t_m$ に対し $\{\boldsymbol{R}^{md}, \mathscr{B}(\boldsymbol{R}^{md})\}$* 上の確率測度 $\mu^{t_1, t_2, \cdots, t_m}$ が与えられ,つぎの両辺条件をみたすとする.

$(t_1, t_2, \cdots, t_m) \supset (s_1, s_2, \cdots, s_k)$ のとき,$\boldsymbol{R}^{md}$ から $\boldsymbol{R}^{kd}$ への写像 π を

$$(x_{t_1}, x_{t_2}, \cdots, x_{t_m}) \in \boldsymbol{R}^{md} \mapsto (x_{s_1}, x_{s_2}, \cdots, x_{s_k}) \in \boldsymbol{R}^{kd}$$

で定めるとき $\pi \cdot \mu^{t_1, t_2, \cdots, t_m} = \mu^{s_1, s_2, \cdots, s_k}$ がなりたつ.

さらに正定数 α, β および各 $T > 0$ に対し正定数 M_T が存在して

$$\int_{\boldsymbol{R}^d \times \boldsymbol{R}^d} |x_{t_1} - x_{t_2}|^\alpha \, \mu^{t_1, t_2}(dx_{t_1} dx_{t_2}) \leq M_T (t_2 - t_1)^{1+\beta}$$

$$(0 \leq \forall t_1 < t_2 < T) \quad (2.11)$$

---

* $\boldsymbol{R}^{md}$ は $\boldsymbol{R}^d$ の m-直積と理解する.$\boldsymbol{R}^{md} = \{(x_{t_1}, x_{t_2}, \cdots, x_{t_m}) ; x_{t_i} \in \boldsymbol{R}^d\}$.

がなりたつとする.このとき $\{W^d, \mathscr{B}(W^d)\}$ 上に確率測度 P がただ一つ存在して $P^{t_1, t_2, \cdots, t_m}$ をその有限次元分布(すなわち $w \in W^d \mapsto (w(t_1), w(t_2), \cdots, w(t_m)) \in \boldsymbol{R}^{md}$ による P の像測度)とするとき $\mu^{t_1, t_2, \cdots, t_m} = P^{t_1, t_2, \cdots, t_m}$ となる.あるいは,連続な d 次元確率過程 X でその有限次元分布 $P_X^{(t_1, t_2, \cdots, t_m)}$ (すなわち $(X(t_1), X(t_2), \cdots, X(t_m))$ の分布)が $\mu^{t_1, t_2, \cdots, t_m}$ に一致するものが(同法則をのぞいて)ただ一つ存在する.

証明 $[0, \infty)$ の 2 進有理数の全体を $D = \{r\}$ とする.Kolmogoroff の拡張定理によって d 次元の確率変数列 $\{\eta(r)\}_{r \in D}$ が適当な確率空間上に構成できて $r_1 < r_2 < \cdots < r_m$ のとき

$$[\eta(r_1), \eta(r_2), \cdots, \eta(r_m)] \text{ の分布} = \mu^{r_1, r_2, \cdots, r_m}$$

となるようにできる.各 $n = 1, 2, \cdots$ に対し

$$X_n(t) = \begin{cases} \eta\left(\dfrac{k}{2^n}\right), & t = \dfrac{k}{2^n}, \ k = 0, 1, 2, \cdots \\ \eta\left(\dfrac{k}{2^n}\right) \text{と } \eta\left(\dfrac{k+1}{2^n}\right) \text{を各座標成分ごとに} \\ \text{線分で結んだもの}, & t \in \left[\dfrac{k}{2^n}, \dfrac{k+1}{2^n}\right) \end{cases}$$

によって d 次元の連続確率過程 $X_n(t)$ を定義する.するとあきらかに

$$\max_{t \in [0, T]} |X_n(t) - X_{n-1}(t)|$$
$$\leq \max_{0 \in i \leq 2^n T - 1} \left|\eta\left(\dfrac{i+1}{2^n}\right) - \eta\left(\dfrac{i}{2^n}\right)\right|$$

であり,(2.9) によって

$$P\left\{\max_{0\leq i\leq 2^n T-1}\left|\eta\left(\frac{i+1}{2^n}\right)-\eta\left(\frac{i}{2^n}\right)\right|>\frac{1}{2^{na}}\right\}$$
$$\leq M_T \cdot T \cdot 2^{-n(\beta-a\alpha)}$$

となる.Borel-Cantelli の補題によって確率 1 で十分大きなすべての n に対し

$$\max_{0\leq i\leq 2^n T-1}\left|\eta\left(\frac{i+1}{2^n}\right)-\eta\left(\frac{i}{2^n}\right)\right|<\frac{1}{2^{na}}$$

がなりたつから,$X_n(t)$ は $[0,T]$ 上で一様収束し $X(t)=\lim_{n\to\infty} X_n(t)$ は連続な確率過程を定義する.T は任意であるから結局 $[0,\infty)$ 上で d 次元の連続確率過程 $X(t)$ が定まる.この $X(t)$ の時点 $t_1<t_2<\cdots<t_m$ における有限次元分布が $\mu^{t_1,t_2,\cdots,t_m}$ に一致することも簡単にわかる.

付録Ⅱ 連続時間マルチンゲールのまとめ

ここでは連続時間径数をもつマルチンゲールに関する基本的な事項をまとめておく.証明は与えないのでくわしく知りたい読者は Meyer [39] を参照せられたい.

$(\Omega, \mathscr{F}, P : \mathscr{F}_t)$ を与えられた四つ組(第1章,§3)とし*,各 $t \in [0, \infty)$ に対し実確率変数 $X(t)$ が与えられているとする.

$X(t)$ が $\mathscr{F}_t$ に関するマルチンゲールであるとは,

(ⅰ) $X(t)$ は $\mathscr{F}_t$ に適合している.すなわち各 $t \in [0, \infty)$ に対し,$X(t)$ は $\mathscr{F}_t$-可測.

(ⅱ) 各 $t \in [0, \infty)$ に対し $E[|X(t)|] < \infty$.

(ⅲ) $t > s \geqq 0$ に対し
$$E[X(t)|\mathscr{F}_s] = X(s) \text{ a.s.}$$

もし(ⅲ)のかわりに

(ⅲ)′ $t \geqq s$ に対し
$$E[X(t)|\mathscr{F}_s] \leqq X(s) \text{ a.s.}$$
$$(E[X(t)|\mathscr{F}_s] \geqq X(s) \text{ a.s.})$$

となるとき優(劣)マルチンゲールであるという.いま

---
* 四つ組の定義より $\mathscr{F}_{t+0} = \mathscr{F}_t$ に仮定されている.

$X(t)$ が優(または劣)マルチンゲールとすると,その可分変形 $\tilde{X}(t)$ は,$P\{\forall t \in [0, \infty)$ で $\tilde{X}(t+0), \tilde{X}(t-0)$ が存在する$\}=1$ をみたす.そして $\hat{X}(t) = \tilde{X}(t+0)$ とおくと $\hat{X}(t)$ は $\mathscr{F}_t$ に関する右連続な優(劣)マルチンゲールになる.さらに $t \mapsto E[X(t)]$ が連続(とくに $X(t)$ がマルチンゲールの場合は $E[X(t)]$ が定数となり,みたされる)ならば,各 $t \in [0, \infty)$ に対し確率1で $X(t) = \hat{X}(t)$ がなりたつ.すなわち $\hat{X}(t)$ は $X(t)$ の右連続な変形になる.このような事実にもとづき,以後考える優(劣)マルチンゲールはすべて右連続であると仮定する.

マルチンゲールに関するもっとも重要な事実の一つは,マルチンゲールの性質がある種の時間変更に関し不変なことである.この事実は Doob の任意抽出定理(optional sampling theorem)として有名である.

定理 $(\sigma_t)_{t \in [0, \infty)}$ を $\mathscr{F}_t$ に関するマルコフ時間の族で $P\{\sigma_t < \infty\} = 1$ $(\forall t \in [0, \infty))$ かつ $P\{\sigma_s \leq \sigma_t\} = 1$ $(\forall s < t)$ となるものとする.$X(t)$ を $\mathscr{F}_t$ に関する優(劣)マルチンゲールとし

$$\tilde{X}(t) = X(\sigma_t), \quad \tilde{\mathscr{F}}_t = \mathscr{F}_{\sigma t}, \quad t \in [0, \infty)$$

とおく.このとき,つぎの条件のどれかがなりたつならば,$\tilde{X}(t)$ は $\mathscr{F}_t$ に関する優(劣)マルチンゲールである.

(1°) $X(t) \geq 0$ $(X(t) \leq 0)$ $\forall t \in [0, \infty)$

(2°) $(X(t))$ は一様可積分,すなわち,

$$\lim_{N\uparrow\infty} \sup_{t\in[0,\infty)} \int_{\{|X(t)|>N\}} |X(t,\omega)| P(d\omega) = 0$$

(3°) 各 $t \in [0,\infty)$ に対し σ_t は有界なマルコフ時間，すなわち ω に無関係な定数 c_t が存在して $\sigma_t \leq c_t$ となる．

この定理の特別な場合として任意停止（optional stopping）がある．σ を $\mathscr{F}_t$ に関するマルコフ時間とし，$\sigma_t = \sigma \wedge t$ とおくとき上の定理の（3°）の条件をみたすから $\tilde{X}(t) = X(t \wedge \sigma)$ は $\mathscr{F}_{t \wedge \sigma}$ に関し優（劣）マルチンゲールである．実際にはもう少し強いことがいえ，$\tilde{X}(t)$ は $\mathscr{F}_t$ に関する優（劣）マルチンゲールになる．

よく用いられるマルチンゲール不等式をあげておく．以下で T は任意に与えられた正定数とする*．

（i） $X(t)$ を劣マルチンゲールとすると，

(1) $\lambda P\{\sup_{t\in[0,T]} X(t) > \lambda\}$
  $\leq E[X(T) : \sup_{t\in[0,T]} X(t) > \lambda]$
  $\leq E[X(T)^+] \leq E[|X(T)|]$

(2) $\lambda P\{\inf_{t\in[0,T]} X(t) < -\lambda\}$
  $\leq E[X(T)^+] - E[X(0)]$,

$a < b$ とし，$U^T_{[a,b]}$ を $t \mapsto X(t)$ が区間 $[0,T]$ 上で a から b へ上向きに横断する回数とする．このとき

---

* $X(t), \mathscr{F}_t$ が $t = \infty$ までこめて定義され，$t \in [0,\infty)$ で（優，劣）マルチンゲールであれば $T = \infty$ としてよい．

(3)　　$E[U_{[a,b]}^T]$
$$\leqq \frac{E[(X(T)-a)^+] - E[(X(0)-a)^+]}{b-a}$$

(ii)　$X(t)$ を2乗可積分マルチンゲールとすると $X(t)^2$ は劣マルチンゲールであるから (1) より

(4)　　$\lambda^2 P\{\sup_{t\in[0,T]} |X(t)| > \lambda\} \leqq E[X(T)^2]$

　　　　　　　　　　　(Kolmogoroff-Doob の不等式)

がなりたつ．一般に $X(t)$ が p 次可積分ならば

(5)　　$\lambda^p P\{\sup_{t\in[0,T]} |X(t)| > \lambda\} \leqq E[|X(T)|^p]$

　　　　　　　　　　　　　　　　　$(p \geqq 1)$

がなりたつ．また

(6)　　$E[\sup_{t\in[0,T]} |X(t)|^p] \leqq \left(\dfrac{p}{p-1}\right)^p E[|X(T)|^p]$

　　　　　　　　　　　　　　　　　$(p > 1)$

がなりたつ．

以下で劣マルチンゲールに関する Doob-Meyer の分解定理についてのべる．$\mathscr{F}_t$ に関する劣マルチンゲールが**クラス** (D) に属すとは $\{X(\sigma) ; \sigma$ は有限値 $\mathscr{F}_t$-マルコフ時間$\}$ が一様可積分なことである．また**クラス** (DL) に属すとは，任意の $a > 0$ に対し $Y^a(t) = X(t \wedge a)$ がクラス (D) に属すことである．

いま $X(t)$ が2乗可積分な $\mathscr{F}_t$ に関するマルチンゲールならば（すなわち $E[X^2(t)] < \infty,\ \forall t \in [0,\infty)$），$X(t)^2$ はクラス (DL) の劣マルチンゲールである．実際，任意の $a > 0$ に対し $\sup_{t\in[0,a]} |X(t)|^2$ が可積分なことよりあきら

かである．

　$A(t)$ が $\mathscr{F}_t$ に関する可積分な**増加過程**であるとは，$A(t)$ は $\mathscr{F}_t$ に適合した右連続過程であって，確率 1 で $A(0)=0$，$t \mapsto A(t)$ は非減少であり，各 $t>0$ に対し $E[A(t)]<\infty$ となることである．

　定理　$\mathscr{F}_t$ に関する劣マルチンゲール $X(t)$ が，$\mathscr{F}_t$ に関するマルチンゲール $M(t)$ と $\mathscr{F}_t$ に関する可積分な増加過程 $A(t)$ によって
$$X(t) = M(t) + A(t)$$
とあらわされる必要十分条件は，$X(t)$ がクラス (DL) に属することである．このとき $A(t)$ としては p-可測（第 1 章，定義 3.2）なものがとれ，この条件のもとで上の分解は一意的である．

　クラス (DL) に属する劣マルチンゲール $X(t)$ が**正則**であるとは，任意の $a>0$ と $\mathscr{F}_t$-マルコフ時間の増大列 $\sigma_n \nearrow \sigma$ に対し
$$E[X(\sigma \wedge a)] = \lim_{n \to \infty} E[X(\sigma_n \wedge a)]$$
となることである．あきらかに $X(t)$ が連続ならば正則である．

　定理　上の分解において p-可測な $A(t)$ がとくに連続になるための必要十分条件は $X(t)$ が正則なことである．

各章に対する補足と注意

第1章

　ブラウン運動の発見の歴史および物理学的研究については Nelson [45], アインシュタイン [7] のブラウン運動の項とその解説, [58] の第16章等をみるとよい. 数学モデルとしてのブラウン運動（Wiener 過程）は N. Wiener によって創始せられたものであるが, その発見の経過は自伝 [64] に興味深くかかれている. Wiener や Lévy に始まるブラウン運動の見本関数の直交関数展開に関してはもっとも一般的な定理が Itô-Nisio [23] で得られている. 一方ランダムウォーク（独立同分布確率変数の和）の極限としてブラウン運動を把える方向では Billingsley [1], Parthasarathy [49] 等にくわしい. ブラウン運動は典型的な確率過程または関数空間上の典型的測度として, いろいろな方向から研究されており, またその応用（数学自身への, あるいは物理, 工学, 生物学等への）も数多く論じられている. これらの点で興味ある内容を含んでいる書物の二, 三をあげると Wiener [65], Kac [25], Nelson [45], 飛田 [13] 等がある. ブラウン運動の見本過程のくわしい性質に関しては, P. Lévy

[35], Itô-McKean [21] に重要なことがほぼ全部おさめられている.

第2章

1. 伊藤過程と伊藤の公式に関して

ブラウン運動に関する確率積分およびその基本公式である伊藤の公式等は,そのほとんどすべてが伊藤清の貢献によるものであり,この業績を称えてしばしば Itô calculus の名でよばれている. それは連続な確率過程に関する解析を行う際のもっとも基本的な演算 (calculus) の一つであり,その重要性は今後も一層増していくものと思われる. この calculus によって解析できる確率過程のクラスが §2 で定義された伊藤過程であるが,一般論の立場からすればこのクラスはもう少し広くつぎのように定義しておく方が好都合である. "一般化された伊藤過程" (あるいは擬マルチンゲール*ともいう) とはある四つ組 $(\Omega, \mathscr{F}, P; \mathscr{F}_t)$ 上で定義された $\xi(t) = \xi(0) + X(t) + A(t)$ の形にあらわされる連続確率過程のことである. ここで $\xi(0)$ は $\mathscr{F}_0$-可測確率変数, $X \in \mathscr{M}_2^{c, loc}, A \in \mathscr{A}^{loc}$. この右辺の $\xi(0), X(t), A(t)$ は $\xi(t)$ から一意的に定まる. $X(t)$ を $\xi(t)$ のマルチンゲール部分, $A(t)$ を $\xi(t)$ のずれ部分という. このとき定理 3.5 の一般化された伊藤の公式はつぎのように理解するこ

---

* quasi-martingale または semi martingale.

とができる.

$\xi_1(t), \xi_2(t), \cdots, \xi_n(t)$ を（同じ四つ組 $(\Omega, \mathscr{F}, P ; \mathscr{F}_t)$ 上の）一般化された伊藤過程, F を $\boldsymbol{R}^n$ で定義された C^2-クラスの関数とするとき $\eta(t) = F(\xi_1(t), \xi_2(t), \cdots, \xi_n(t))$ もまた一般化された伊藤過程であって, 一般化された伊藤の公式（3.8）は $\eta(t)$ のマルチンゲール部分とずれ部分への分解を与えるものである.

ある四つ組 $(\Omega, \mathscr{F}, P ; \mathscr{F}_t)$ 上で定義された一般化された伊藤過程の全体を $\boldsymbol{Q}$ とする. $\boldsymbol{Q}$ に関する stochastic calculus が最近 Itô [19] によって展開された. 以下でその概要を紹介する. $X, Y \in \boldsymbol{Q}$ に対し $X(t) - X(s) = Y(t) - Y(s)$, a.s. $(s < t)$ がなりたつとき $X \sim Y$ と定義する. あきらかに $\sim$ は同値律で, その同値類の空間 $\boldsymbol{Q}/\sim$ を $d\boldsymbol{Q}$, その同値類 $[X]$ を dX $(X \in \boldsymbol{Q})$ とあらわす. dX を一般化された伊藤過程 X の確率微分（stochastic differential）という. 空間 $d\boldsymbol{Q}$ にはつぎのような演算が定義される.

和. $\quad dX + dY := d(X + Y)$

積. $\quad dX \cdot dY := d\langle M_X, M_Y \rangle$ **

$\boldsymbol{B}$-乗法. $\quad \boldsymbol{B}$ を $\mathscr{F}_t$ に関する p-可測過程 Φ で確率 1 で $t \mapsto \Phi_t$ は局所有界になるものの全体とする. $\Phi \in \boldsymbol{B}$, $X \in \boldsymbol{Q}$ とするとき, $(\Phi \cdot X)(t) = X(0) + \int_0^t \Phi_s \cdot$

** $X \in \boldsymbol{Q}$ に対し X のマルチンゲール部分を M_X, ずれ部分を A_X であらわす.

$dM_X(s) + \int_0^t \Phi_s \cdot dA_X(s)$ によって $\Phi \cdot X \in \boldsymbol{Q}$ が定まる（ただし右辺第 2 項は確率積分）．$d(\Phi \cdot X)$ は dX から一意的に定まるので $\Phi \cdot dX$ を
$$\Phi \cdot dX = d(\Phi \cdot X)$$
によって定義する．

このとき空間 $d\boldsymbol{Q}$ は $\boldsymbol{B}$-可換環 i.e. 和と積に関し可換な環であって，$\boldsymbol{B}$-乗法に関しつぎの性質をみたす．$\Phi, \Psi \in \boldsymbol{B}$, $dX, dY \in d\boldsymbol{Q}$ とするとき
$$\Phi \cdot (dX + dY) = \Phi \cdot dX + \Phi \cdot dY$$
$$\Phi \cdot (dX \cdot dY) = (\Phi \cdot dX) \cdot dY$$
$$(\Phi + \Psi) \cdot dX = \Phi \cdot dX + \Psi \cdot dY$$
$$(\Phi \cdot \Psi) \cdot dX = \Phi \cdot (\Psi \cdot dX)$$
さらにこの環のいちじるしい特徴は $dX, dY, dZ \in d\boldsymbol{Q}$ のとき $dX \cdot dY \cdot dZ = 0$ となることである．それは $dX \cdot dY = d\langle M_X, M_Y \rangle$ であることと，$\langle M_X, M_Y \rangle$ のマルチンゲール部分が 0 であることよりあきらかである．また $\boldsymbol{Q} \subset \boldsymbol{B}$ であるからとくに $\boldsymbol{Q}$-乗法，$X \in \boldsymbol{Q}, dY \in d\boldsymbol{Q}$ に対し $X \cdot dY \in d\boldsymbol{Q}$ が定義されるが，さらに**対称 $\boldsymbol{Q}$-乗法** $X \circ dY$, $X \in \boldsymbol{Q}$, $dY \in d\boldsymbol{Q}$ を
$$X \circ dY = X \cdot dY + \frac{1}{2} dX \cdot dY$$
によって定義する．（確率積分 $\int_0^t X_s \circ dY_s$ はいわゆる Stratonovich 式の確率積分といわれるものである．）こ

のとき $d\boldsymbol{Q}$ は対称 $\boldsymbol{Q}$-乗法に関しても $\boldsymbol{Q}$-可換環になることが容易にわかる．すなわち

$X \circ (dY + dZ) = X \circ dY + X \circ dZ$

$(X + Y) \circ dZ = X \circ dZ + Y \circ dZ$

$X \circ (dY \cdot dZ) = (X \circ dY) \cdot dZ \;(= X \cdot (dY \cdot dZ))$

$(XY) \circ dZ = X \circ (Y \circ dZ)$

とくに最後の式は $d(XY) = X \cdot dY + Y \cdot dX + dX \cdot dY$ に注意すればすぐにわかる．

　一般化された伊藤の公式はつぎのようにのべられる．$X_1, X_2, \cdots, X_n \in \boldsymbol{Q}$, $F \in \boldsymbol{C}^2(\boldsymbol{R}^n)$ のとき $F(\boldsymbol{X}) \in \boldsymbol{Q}$（ただし $\boldsymbol{X} = (X_1, X_2, \cdots, X_n)$）であって

$$dF(\boldsymbol{X}) = \sum_{i=1}^{n} \frac{\partial F}{\partial x_i}(\boldsymbol{X}) \cdot dX_i$$
$$+ \frac{1}{2} \sum_{i,j=1}^{n} \frac{\partial^2 F}{\partial x_i \partial x_j}(\boldsymbol{X}) dX_i \cdot dX_j$$

これを対称 $\boldsymbol{Q}$-乗法でかいてみると*

$$dF(\boldsymbol{X}) = \sum_{i=1}^{n} \frac{\partial F}{\partial x_i}(\boldsymbol{X}) \circ dX_i$$

となる．実際

$\sum_{i=1}^{n} \dfrac{\partial F}{\partial x_i}(\boldsymbol{X}) \circ dX_i$

$= \sum_{i=1}^{n} \dfrac{\partial F}{\partial x_i}(\boldsymbol{X}) \cdot dX_i + \dfrac{1}{2} \sum_{i=1}^{n} d\left(\dfrac{\partial F}{\partial x_i}(\boldsymbol{X})\right) \cdot dX_i,$

---

* このときは $F \in \boldsymbol{C}^3(\boldsymbol{R}^n)$ を仮定する．

$$d\Big(\frac{\partial F}{\partial x_i}(\boldsymbol{X})\Big) = \sum_{j=1}^{n} \frac{\partial^2 F}{\partial x_i \partial x_j}(\boldsymbol{X}) dX_j$$
$$+ \frac{1}{2} \sum_{j,k}^{n} \frac{\partial^3 F}{\partial x_i \partial x_j \partial x_k}(\boldsymbol{X}) dX_j \cdot dX_k$$

となること,および $dX_i \cdot dX_j \cdot dX_k = 0$ に注意すればよい.したがって対称 $\boldsymbol{Q}$ 乗法を用いると,通常の微積分とまったく同じ変換公式がなりたつのである.stochastic calculus を解析や微分幾何の問題に応用することがいろいろなされているが,その際対称 $\boldsymbol{Q}$-乗法で考えると本質が明瞭になることが多いのはこのためである.(そのような例については Itô [19],[20],Stroock-Varadhan [56] 等を参照されたい.)以下でその一典型例をあげる.

$\boldsymbol{R}^n$(またはその部分領域)で滑らかなベクトル場 $X_0, X_1, \cdots, X_r$,ただし

$$X_k(f) = \sum_{i=1}^{n} a_{ik}(x) \frac{\partial f}{\partial x_i}(x),$$
$$f = \boldsymbol{C}^\infty(\boldsymbol{R}^n), \quad k = 0, 1, 2, \cdots, r$$

を考える.2階の(一般には退化する)楕円型微分作用素 L,

$$L = \frac{1}{2}(X_1^2 + X_2^2 + \cdots + X_r^2) + X_0$$

を考える.L は第3章の意味である拡散過程を生成するが,その拡散過程を定める確率微分方程式は対称 $\boldsymbol{Q}$-乗法を用いれば

$$dx_t^i = \sum_{k=1}^r a_{ik}(x_t) \circ dB_k(t) + a_{i0}(x_t)dt, \quad i=1,2,\cdots,n$$

となる．第4章の通常のあらわし方では

$$\begin{aligned}dx_t^i &= \sum_{k=1}^r a_{ik}(x_t)dB_k(t) \\ &\quad + \left[a_{i0}(x_t) + \frac{1}{2}\sum_{j=1}^n\sum_{k=1}^r \left(\frac{\partial a_{ik}}{\partial x_j}\cdot a_{jk}\right)(x_t)\right]dt\end{aligned}$$

となる．これをみても対称 $\boldsymbol{Q}$-乗法による表現の方が L のベクトル場を用いた表示（微分作用素の幾何的表示）に密接していることがわかる．応用としてたとえば，ベクトル場 $X_0, X_1, \cdots, X_r$ が $\boldsymbol{R}^n$ のある部分多様体に接していれば*この拡散過程は，この多様体から出発した場合，決してこの多様体を離れないことがわかる．

例　$X_k(f) = \sum_{i=1}^n a_{ik}(x)\dfrac{\partial f}{\partial x_i}(x), \quad k=1,2,\cdots,n$

ここで $a_{ik}(x) = \delta_{ik} - \dfrac{x_i \cdot x_k}{|x|^2}$ ** とする．$S \subset \boldsymbol{R}^n$ を，原点を中心とする一つの球面とする．$X_1, X_2, \cdots, X_n$ は S の各点で S に接している．実際

$$\sum_{i=1}^n x_i a_{ik}(x) = x_k - x_k = 0.$$

---

* この多様体に境界があるときは，X_0 は境界では多様体の内部へ向かう方向であればよい．

** $\delta_{ik} = \begin{cases} 1, & i=k \\ 0, & i\neq k. \end{cases}$

このとき $L = \dfrac{1}{2}(X_1^2 + X_2^2 + \cdots + X_n^2)$ に対応する拡散過程 $x(t)$ は S から出発したら S を離れることがない.このことは, $dx_i(t) = \sum\limits_{k=1}^{n} a_{ik}(x(t)) \circ dB_k(t)$ に注意して,直接

$$\frac{1}{2} d|x(t)|^2 = \sum_{i=1}^{n} x_i(t) \circ dx_i(t)$$
$$= \sum_{k=1}^{n} \sum_{i=1}^{n} [x_i(t) a_{ik}(x(t))] \circ dB_k$$
$$= 0$$

となることにより確かめられる. $x(t)$ を球面 S に制限して得られる拡散過程は S 上のブラウン運動とよばれているものである.

2. 確率積分に関するアプリオリ評価と伊藤の公式の拡張

伊藤の公式(第2章,定理 2.1)は F が C^2 クラスよりもっと一般の場合にまで拡張できることが多い.つぎの結果は N. Krylov による.

d 次元の伊藤過程
$$x_i(t) = x_i(0) + \sum_{k=1}^{r} \int_0^t \Phi_{ik}(s, \omega) dB_k(\omega) + \int_0^t \Psi_i(s, \omega) ds$$
$i = 1, 2, \cdots, d$

において簡単のため Φ_{ik}, Ψ_i はすべて有界とし,さらに $\Phi^t \Phi \left((\Phi^t \Phi)_{ij} = \sum\limits_{k=1}^{r} \Phi_{ik} \Phi_{jk} \right)$ は一様に正定値:すなわち,

正数 μ が存在し

$$\frac{1}{\mu}|\xi|^2 \geq \sum_{i,j=1}^n (\Phi^t\Phi)_{ij}(s,\omega)\xi_i\xi_j \geq \mu|\xi|^2,$$

$$\xi \in \mathbf{R}^n, \quad s \in [0,\infty), \quad \omega \in \Omega$$

であるとする．このとき $F \in W^2_{d.loc} \equiv 2$ 階までの超関数微分がすべて局所的に d 乗可積分関数であるような関数の全体[*]，に対し伊藤の公式がなりたつ．この際注意すべきは，この公式の右辺における F の偏導係数はルベーグ測度 0 のあいまいさを残してきまるのであるが，右辺の表現自身は代表元のとり方に無関係で，あいまいさなしに定まることである．このことおよびこの拡張された変換公式はつぎにのべる伊藤過程に対するある種のアプリオリ評価より容易に導かれる．

$x(t)$ を上の仮定をみたす d 次元伊藤過程とする．各 $a > 0$ に対し定数 K_a が定まって任意の $f \in W^2_{d.loc}$ に対し

$$E\left[\int_0^{\tau_a} |f(x(t))|dt\right] \leq K_a \|f\|_{L^d(S_a)}$$

ここで $S_a = \{x \in \mathbf{R}^d ; |x| \leq a\}$, $\tau_a = \inf\{t ; |x(t)| \geq a\}$, $\|f\|_{L^d(S_a)} = \left(\int_{S_a} |f(x)|^d\,dx\right)^{\frac{1}{d}}$ である．

この評価は Krylov [32] によるもので，その証明は凸多面体の理論にもとづいている．さらに Krylov [33] は

---

[*] Sobolev の定理（たとえば [54] p. 124）により $F \in W^2_{d.loc}$ は連続関数としてさしつかえない．

f が時間 t に依存しているときにもこの種の評価を得ている. なお第 4 章 §6 で紹介した Stroock-Varadhan の方法も特別な場合のこの種の評価が基本になっていた. この種の評価は Borel 可測な係数をもつマルコフ型確率微分方程式の解の存在を示すことに応用され (Krylov [31], Nisio [46]), また Bellman 方程式と拡散過程のコントロールの問題を論ずる際にも重要である.

3. §4 の定理の証明は Kunita-Watanabe [34] によるが, 少し異なった証明が Liptzer-Shiryaev [36] にある. またこの定理は重複ウィナー積分の理論 (Itô [16]) の系としても得られるものである.

第 3 章

マルコフ過程の定義や一般論に関することでは Dynkin [6], Blumenthal-Getoor [2] 等が代表的な文献である. とくに前者には, 本書ではくわしくふれなかった Feller 半群とその生成作用素の理論もくわしくのべられている. 拡散過程については Itô-McKean [21] が一番基本的な文献であろう. しかし確率積分など stochastic calculus の応用についてはあまりふれられていない. この点 McKean [37], Gihman-Skorohod [9] 等もあわせてみるとよい. 局所時間について, 本書でのべたことよりさらにくわしい内容については, Itô-McKean の本や McKean [38] が参考になるであろう.

第4章

1. ふつう確率微分方程式というときにはマルコフ型のものを指すことが多く,確率微分方程式を論じた成書でもこの場合のみあつかったものが多い.この種の代表的文献は Gihman-Skorohod [9], McKean [37], Skorokhod [52] 田中-長谷川 [57] 等があり,またこれを論じた章を含むものとして Doob [5], Dynkin [6], 伊藤 [15], Itô [17], Priouret [51], Varadhan [59] などがある. Lévy や伊藤が確率微分方程式を考え始めたときは必ずしもマルコフ型でない一般のものを念頭においていたように思われるし,近年は定常過程やコントロール,フィルタリングの理論の影響でこのような一般の確率微分方程式もよく考えられるようになっている.代表的文献としては Itô-Nisio [22], Liptzer-Shiryaev [36] 等がある.

2. §1 で定義した強い解の概念は Liptzer-Shiryaev [36] にもあるが,道ごとの一意性との関連などはあまり明確に論じられていない.定理 1.1 の証明は Yamada-Watanabe [68] にあるもので,この辺のことは筆者が田中洋氏から直接間接に教わったことがいろいろと役立った.なお定理 1.1 の証明と同じアイデアがエルゴード理論のある問題と関連して Furstenberg によって用いられていることを最近知った.

強い解の存在に関しては Lipschitz 条件や §7 の条件のような場合をのぞくとあまりわかっていない．（たとえば Nakao [43], Zvonkin [69], Okabe-Shimizu [48] 等の研究がある．）§4 のずれの変換で一意的にとける場合でも，その強い解の存在は一般には難かしい問題でわかっていない．これはフィルタリングの問題における "innovation の問題" と深い関係がある（Liptzer-Shiryaev [36], Meyer [42] 等参照）．

3. 本書では解というときはすべて $t \in [0, \infty)$ で定義されているものにかぎった．局所的な問題を考えるかぎりこれで十分と思ったからである．一般には，たとえば McKean [37] にあるように，爆発時間とよばれるランダムな時間まで解は存在する．本書では爆発時間はつねに無限大となるような場合のみ考察したわけである．一般に有限時間で爆発がおこるか否かは重要な問題で，McKean [37] にそれに関する Hashiminsky の判定法がのべてある．また Narita [44] の研究がある．本書におけるモーメントの評価法は（Lipschitz 条件の与え方等とともに）Liptzer-Shiryaev の本 [36] を参照した．

4. §7 のように 1 次元のマルコフ型方程式の場合には解の一意性のための Lipschitz 条件がより広い Hölder 条件に弱められることは Skorokhod [52] が注意し，田中 ([57]) はその簡単な証明を与えた．§7 の結果はこの田

中の証明を改良したものである．この条件によって一意性の保証できる具体的な確率微分方程式の例は§7の例のほかに，たとえばFeller [8], Kimura [28], Karlin-McGregor [26] 等にある遺伝モデルとしての拡散過程を定める方程式などがそうである．

5. §8で論じた境界条件をもった確率微分方程式は2次元のときすでに池田信行氏が論じておられたものである ([14])．ここでは池田のアイデアに第3章, §8 のSkorohod の考えを加えてこのように定式化した ([60])．池田のアイデアはマルコフ過程の構成法の一つであるskew product の方法の一つの場合ということができる．すなわち一般に一つの成分をある確率微分方程式で定め，第2成分をそれと独立なブラウン運動と第1成分のある種の汎関数（加法的汎関数）とを用いた確率微分方程式で定め，つぎに第3成分を同様に独立なブラウン運動とすでにできた2次元過程の加法的汎関数から定め，これをくりかえして各成分を定めていくとこの多次元の確率過程はマルコフ性をもつ．このような構成法を skew product の方法という．

6. 確率微分方程式の解の漸近挙動や安定性の問題はそれ自身興味ある重要な問題であるが，それはまた退化した楕円型方程式の Dirichlet 問題の解の性質を調べることにも応用される．また自動制御など実際面への応用はもちろ

んのことである．本書ではこの方向のことは一切ふれなかったが，たとえば Hashiminsky [12] や Pinsky の総合報告 [50] とそこに挙げてある文献が参考になると思われる．

7. 確率微分方程式の種々の応用に関しては，あまりに多岐にわたるのでくわしくふれることはできない．微分方程式論への応用だけにかぎっても，とくに退化した2階の楕円型微分作用素への応用，quasi-linear な非線型方程式への応用など重要なものが数多くある．

8. 本書では連続な確率過程を定める確率微分方程式のみを考察した．一般にはポアソン加法系に関する確率積分を導入することにより，たかだか第1種の不連続性をもつ軌跡についての確率微分方程式を考えることができる．これらについては Gihman-Skorohod [9], Skorokhod [52] 等をみられたい．第2章の伊藤過程の概念，2章への補足においてのべた一般化された伊藤過程の概念も不連続過程にまで拡張しておくことがのぞましい．たとえば Grigelionis [11] における局所 Lévy 過程の概念はこのようなものである．最近のフィルタリングの理論などにおいて，マルチンゲール的方法による stochastic calculus は不連続過程の解析においても基本的手段の一つとなっているようである．この stochastic calculus においてブラウン運動と同じ重要な役割をはたすものにポアソン加法系

がある．ポアソン加法系は任意の抽象的空間の上で考えられるもので，一般の空間上でのポアソン加法系の重要性と応用の可能性は今後一段と増していくものと思われる．たとえばマルコフ過程への応用において最近 Itô [18] において導入された Poisson point process はきわめて重要かつ有効なもので，§8 で論じた境界条件をみたす拡散過程の構成の問題においてもいま一つの確率論的方法を与えるのである（[62]）．

付　録 I

連続な確率過程に関する基本的なことを中心にまとめた．もっと一般にたかだか第 1 種の不連続性をもつ確率過程に関する同種のこと（これはマルコフ連鎖の拡散過程への収束を考える際にも必要になる）については，たとえば Billingsley [1]，Parthasarathy [49] を参考にするとよい．

付　録 II

連続時間のマルチンゲールについて証明なしでまとめておいたが，それについて学習する際の指針になることをのべておく．

まず連続時間マルチンゲールを論ずる際，やはり離散時間マルチンゲール（マルチンゲール系列）のことが基本になる．それらは Doob [5]，Meyer [39]，等にくわしい．基本的なことは Doob の任意抽出定理（マルチンゲール

性の時間変更に関する不変性）であって，この定理を種々のマルコフ時間（停止時間ということも多い）に応用することによりいろいろなマルチンゲール不等式が得られる．マルチンゲール不等式よりマルチンゲール収束定理がしたがう．連続時間マルチンゲールを考えるとき，見本過程の具合いのよい変形の存在がまず重要なことであるが，これにはマルチンゲール不等式のうちの横断数に関する不等式が基本になる．この不等式を用いると可分マルチンゲールはたかだか第1種の不連続性しかもたないこと，さらに平均が連続のときは右連続変形をもつことが示される．連続時間マルチンゲールに関してとくに重要な事項は Doob-Meyer の分解定理である．その証明は Meyer [39] をみるとよい．それとはやや異なった証明が Dellacherie [3] にある．Dellacherie の本はやや専門的ではあるが，時間とともに増大する Borel 集合体の族に適合した確率過程とマルコフ時間に関する基礎理論（たとえば第1章でのべた p-可測性や w-可測性など）がくわしくのべられ，その連続時間マルチンゲールへの応用が論じてある．Meyer [39] の本とはまた異なった興味のある本であり，第4章への注意の最後でのべた不連続確率過程の stochastic calculus を論ずる際にはこの本に得られている深い結果のいくつかが重要な役割をはたすであろうと思われる．

文　献

[1]　P. Billingsley：Convergence of probability measures, J. Wiley, 1968
[2]　R. M. Blumenthal-R. K. Getoor：Markov processes and Potential theory, Academic Press, 1968
[3]　C. Dellacherie：Capacités et processus stochastiques, Springer, 1972
[4]　C. Doléans-P. A. Meyer：Intégrales stochastiques par rapport aux martingales locales, Séminaire de Prob. Vol. 124 of Lecture Notes in Math., Springer (1970), 77-107
[5]　J. L. Doob：Stochastic processes, J. Wiley, 1953
[6]　E. B. Dynkin：Markov processes, I, II, Academic Press, 1965
[7]　A. Einstein：アインシュタイン選集1, 共立出版, 1971
[8]　W. Feller：Diffusion processes in genetics, Proc. of 2nd Berkeley Symp. (1951), 227-246
[9]　I. I. Gihman-A. V. Skorohod：Stochastic differential equations, Springer, 1972
[10]　B. V. Gnedenko-A. N. Kolmogoroff：Limit distributions for sums of independent random variables, Addison-Wesley, 1954
[11]　B. Grigelionis：On non-linear filtering theory and absolute continuity of measures, corresponding to stochastic processes, Proc. of 2nd Japan-USSR Symp. on Prob. Th., Vol. 330 of Lecture Notes in Math., Springer (1973), 80-94
[12]　R. Z. Hashiminsky：Stability of systems of differential equations under random perturbation of their param-

eters, Nauka, 1969 (ロシア語)
- [13] 飛田武幸:ブラウン運動,岩波書店,1975
- [14] N. Ikeda : On the construction of two-dimensional diffusion processes satisfying Wentzell's boundary conditions and its application to boundary value problems, Mem. Coll. Sci. Univ. Kyoto, 33 (1961), 367-427
- [15] 伊藤清:確率論,現代数学14,岩波書店,1953
- [16] K. Itô : Multiple Wiener integral, J. Math. Soc. Japan, **3** (1951), 157-169
- [17] K. Itô : Lectures on stochastic processes, Lecture Notes, Tata Institute, 1962
- [18] K. Itô : Poisson point processes attached to Markov processes, Proc. of 6th Berkeley Symp. Vol. III (1970) 225-239
- [19] K. Itô : Stochastic differentials, Applied Math. and Optimization **1** (1975), 374-381 (1974)
- [20] K. Itô : Stochastic parallel displacement, (to appear)
- [21] K. Itô-H. P. McKean, Jr. : Diffusion processes and their sample paths, Springer, 1965
- [22] K. Itô-M. Nisio : On stationary solutions of a stochastic differential equation, J. Math. Kyoto Univ. **4** (1964), 1-75
- [23] K. Itô-M. Nisio : On the convergence of sums of independent Banach space valued random variables, Osaka J. Math. **5** (1968), 35-48
- [24] 伊藤清三:ルベーグ積分入門,裳華房,1963
- [25] M. Kac : Probability and related topics in physical sciences, Interscience, 1959
- [26] S. Karlin-J. McGregor : Direct product branching processes and related Markov chains, Proc. Nat. Acad.

Sci. USA **51** (1964), 598-602

[27] K. Kawazu-S. Watanabe : Branching processes with immigration and related limit theorems, Teor. Veroyat. i Prim. **16** (1971), 34-51

[28] M. Kimura : Diffusion models in population genetics, J. Appl. Prob. **1** (1964), 177-232

[29] F. B. Knight : A reduction of continuous square-integrable martingales to Brownian motion, Vol. 190 of Lecture Notes in Math., Springer (1971), 19-31

[30] A. N. Kolmogoroff : Über die analytischen Methoden in der Wahrscheinlichkeitsrechnung, Math. Ann. **104** (1931) 415-458

[31] N. V. Krylov : On Ito's stochastic integral equations, Th. of Prob. and its Appl. **14** (1969), 330-336

[32] N. V. Krylov : On an inequality in the theory of stochastic integrals, Th. of Prob. and its Appl. **16** (1971), 438-448

[33] N. V. Krylov : Some estimates of the distribution density of stochastic integral, Izvestia Acad. Nauk **38** (1974), 228-248

[34] H. Kunita-S. Watanabe : On square integrable martingales, Nagoya Math. J. **30** (1967), 209-245

[35] P. Lévy : Processus stochastiques et mouvement brownien, Gauthiers-Villars 1965 (第2版)

[36] R. S. Liptzer-A. N. Shiryaev : Statistics of stochastic processes, Nauka, 1974 (ロシア語)

[37] H. P. McKean, Jr. : Stochastic integrals, Academic Press, 1969

[38] H. P. McKean, Jr. : Brownian local times, Advances in Mathematics **16** (1975), 91-111

[39] P. A. Meyer : Probability and Potentials, Blaisdell, 1966
[40] P. A. Meyer : Intégrales stochastiques, I∼IV Séminaires de Prob. Vol. 39 of Lecture Notes in Math., Springer (1967), 72-162
[41] P. A. Meyer : Démonstration simplifiée d'un théorème de Knight, Séminaire de Prob. Vol. 191 of Lecture Notes in Math., Springer (1971), 191-195
[42] P. A. Meyer : Sur un problème de filtration, Séminaire de Prob. Vol. 321 of Lecture Notes in Math., Springer (1973), 223-247
[43] S. Nakao : On the pathwise uniqueness of solutions of one-dimensional stochastic differential equations, Osaka J. Math. **9** (1972), 513-518
[44] K. Narita : Sufficient conditions for no explosion of inhomogeneous diffusion processes, Sc. Rep. Tokyo Kyoiku Daigaku Sect. A, **12** (1972), 95-100
[45] E. Nelson : Dynamical theories of Brownian motion, Math. Note, Princeton Univ. Press, 1967
[46] M. Nisio : On the existence of solutions of stochastic defferential equations, Osaka J. Math. **10** (1973), 185-208
[47] A. A. Novikov : On moment inequalities and identities for stochastic integrals, Proc. of 2nd Japan-USSR Symp. on Prob. Th., Vol. 330 of Lecture Notes in Math., Springer (1973), 333-339
[48] Y. Okabe-A. Shimizu : On the pathwise uniqueness of solutions of stochastic differential equation, J. Math. Kyoto Univ. **15** (1975), 455-466
[49] K. R. Parthasarathy : Probability measures on metric spaces, Academic Press, 1967

[50] M. A. Pinsky : Asymptotic stability of stochastic differential equations, Proc. of 5th Conference on Prob. Brasov, Roumania, 1974

[51] P. Priouret : Processus de diffusion et équations différentielles stochastiques, Vol. 390 of Lecture Notes in Math., Springer (1974), 37-113

[52] A. V. Skorokhod : Studies in the theory of random processes, Addison Wesley, 1965

[53] A. V. Skorokhod : Stochastic equations for diffusion processes in a bounded region, Th. of Prob. and its Appl. **6** (1961), 264-274

[54] E. M. Stein : Singular integrals and differentiability properties of functions, Princeton Univ. Press, 1970

[55] D. W. Stroock-S. R. S. Varadhan : Diffusion processes with continuous coefficients, I, II, Comm. Pure Appl. Math. **22** (1969), 354-400 および 476-530

[56] D. W. Stroock-S. R. S. Varadhan : On the support of diffusion processes with applications to the strong maximum principle, Proc. of 6-th Berkeley Symp. Vol. III (1972), 333-359

[57] 田中洋-長谷川実：確率微分方程式, Seminar on Probability Vol. 19, 確率論セミナー, 1964

[58] 豊田利幸, 他：古典物理学II（現代物理学の基礎2），岩波書店, 1973

[59] S. R. S. Varadhan : Stochastic processes, Lecture Notes, New York Univ. (1968/69), Courant Institute, 1968

[60] S. Watanabe : On stochastic differential equations for multi-dimensional diffusion processes with boundary conditions, J. Math. Kyoto Univ. **11** (1971), 169-180

[61] 渡辺信三:1次元の弾性壁 Brown 運動について,数学 **26** (1974), 153-155

[62] 渡辺信三:Wentzell の境界条件をみたす多次元拡散過程の Poisson point process による構成,マルコフ過程の研究,Seminar on Prob. Vol. 41, 確率論セミナー, (1975), 23-54

[63] A. D. Wentzell : On boundary conditions for multidimensional diffusion processes, Th. of Prob. and its Appl. **4** (1959), 164-177

[64] N. Wiener : I am a mathematician, Doubleday, 1956 (ノーバート・ウィナー (鎮目恭夫訳) サイバネティックスはいかにして生まれたか,現代科学叢書 33, みすず書房, 1956)

[65] N. Wiener : Non-linear problem in random theory, M. I. T. Press and J. Wiley, 1958

[66] D. Williams : Markov properties of Brownian local time, Bull. Amer. Math. Soc. **75** (1969), 1035-1036

[67] T. Yamada : On a comparison theorem for solutions of stochastic differential equations and its applications, J. Math. Kyoto Univ. **13** (1973), 497-512

[68] T. Yamada-S. Watanabe : On the uniqueness of solutions of stochastic differential equations, J. Math. Kyoto Univ. **11** (1971), 155-167

[69] A. K. Zvonkin : Transformation of state space of a diffusion process which makes the drift vanish, Mat. Sbornik **93** (1974), 129-149

解　説

重川　一郎

　渡辺信三著『確率微分方程式』が出版されたのは 1975 年である．当時は産業図書から出版された．今から 40 年以上前の話である．今回ちくま学芸文庫の一冊として筑摩書房から文庫本の形で出版されることになった．この本がすでに古典として受け入れられたことを意味すると言ってよいだろう．渡辺信三氏は私の師に当たるので，以下渡辺先生と呼ばせていただく．そして，師の本の解説をここに書こうとしているわけである．恐れ多くはあるのだが，非力ながら最善を尽くしたい．

　この本は当時，確率微分方程式理論の最先端を行く書物であった．私はまだ大学院の修士の学生で，確率微分方程式の勉強を始めたばかりであった．私が大学院の修士課程に入学したのは 1976 年なので，この本は既に出版されていたけれど，実は別の本で勉強していた．この本は横目で見ながら，確率微分方程式の勉強をしていたことになる．この本は確率積分をマルチンゲールの枠組みで解説した最初の本であり，その意味で最先端だったわけである．それ以前は確率積分はブラウン運動に基づく形でのみ定義され

ていた．それは「伊藤積分」と呼ばれるオリジナルな形の確率積分である．

　伊藤積分の伊藤とは伊藤清のことであり，渡辺信三先生のそのまた先生に当たる．私からすれば大先生である．（人は有名になると敬称を必要としなくなるように思える．私からすればその大先生を，最大の敬意を込めて伊藤清，と呼ばせていただく．）伊藤清の『確率論』[4] という本を見たのはまだ私が学部学生の頃で，本自体が重厚なものだったせいもあり，歴史上の人物のように感じていた．後日ご本人にお目にかかることができるということなど想像もできなかった．実際にお会いしたのは私が大学4回生のときで，会ったのではなく遠くから拝見したというべきであろう．その後親しく接していただいたが，温厚そのものの人で，これだけ大きな仕事をしたというイメージとは裏腹な，優しい人であった．

　私の思い出はさておき，話をこの本の主題である確率微分方程式に戻そう．確率微分方程式とは何か？　言葉で説明するより，数式を書いた方が話は早いだろう．それは次のような方程式である．

$$dX_t = \sigma(t, X_t)\, dB_t + b(t, X_t)\, dt. \qquad (1)$$

簡単のために1次元で表示した．B_t はブラウン運動で，dB_t はその確率微分というわけだが，(1) は積分した形で

$$X_t = X_0 + \int_0^t \sigma(s, X_s)\, dB_s + \int_0^t b(s, X_s)\, ds$$

で意味づけを与える. $\int_0^t b(s, X_s)\, ds$ は通常の積分で $\int_0^t \sigma(s, X_s)\, dB_s$ が伊藤の確率積分である. (1) は dB_t の部分がなければ $dX_t = b(t, X_t)\, dt$ すなわち

$$\frac{dX_t}{dt} = b(t, X_t)$$

で通常の常微分方程式である. Newton の運動方程式に典型的に見られるように, 多くの自然現象は常微分方程式で記述される. これは決定論的世界で, 初期条件を与えれば, 解は一意的に定まる. 一方, 確率微分方程式はこれに $\sigma(t, X_t)\, dB_t$ というゆらぎの項を付け加えた方程式であり, 自然現象の中にはこうしたゆらぎの影響を受けているものも数多く存在する. また株価などの経済現象も, 今日のことが分かっても明日のことを確実に予測することはできず, 確率的にしか記述できない. このような現象を数学的に記述することができるのが確率微分方程式である.

ところで (1) の解はマルコフ過程を定める. このマルコフ過程としての確率過程の研究はコルモゴロフの論文 [6] に始まる. コルモゴロフは確率過程 $\{X_t\}$ の挙動を $\Delta X_t = X_{t+\Delta t} - X_t$ としたとき

$$E[\Delta X_t | X_t = x] = b(t, x)\Delta t + o(\Delta t),$$
$$V[\Delta X_t | X_t = x] = a(t, x)\Delta t + o(\Delta t)$$

で特徴付けた. ここで, 確率を P で表すとき, E は P に関する期待値であり V は分散を表す. また $X_t = x$ は条件付けを表す. この特徴付けからコルモゴロフは推移

確率密度 $p(s,x;t,y)$ が満たすべき方程式を導いた. ただし推移確率密度は $P[X_t \in dy | X_s = x] = p(s,x;t,y)\,dy$ で定義される.

コルモゴロフは推移確率密度を見ていたが, 確率微分方程式は確率過程そのものを見ていると言ってよいであろう.

$$E\left[\int_t^{t+\Delta t} \sigma(s,X_s)dB_s \middle| \mathscr{F}_t\right] = 0$$

$$V\left[\int_t^{t+\Delta t} \sigma(s,X_s)dB_s \middle| \mathscr{F}_t\right] = \int_t^{t+\Delta t} \sigma(s,X_s)^2 ds$$

などの確率積分の基本的な性質を使えば $a = \sigma^2$ として, コルモゴロフの定式化が自然に導かれる. $E[\,\cdot\,|\mathscr{F}_t]$ は時刻 t までのブラウン運動の情報での条件付き期待値を表す. 確率微分方程式の方が自然で, 直感的にも理解しやすいものに思える. しかし, 歴史的にはコルモゴロフの研究が先で, それがあって伊藤の確率微分方程式の理論が出てくるのである. この間, 伊藤がどのような経緯で確率積分の着想を得たかの解説が [5] にあるのでそちらも見られるとよい. コルモゴロフの論文 [6] はちくま学芸文庫 [7] の中に日本語訳が収録されており, この確率微分方程式の本書に自然な形でつながっている. その意味で本書は時宜にかなった企画ということができる.

この本が最初に出版される前には, 確率微分方程式の教科書は, McKean [9] や Friedman [1,2] などが出版されていた. 私が勉強したのは Friedman の本である. 渡

辺信三先生の指導の下でこの本を読んでいた．渡辺先生の本は既に存在していたのだが，それは自分で勉強しなさいということだったのであろう．だから私は渡辺先生の本を横目で見ながら確率微分方程式の勉強をしていた．横目で見ながら，しかしこの渡辺先生の本の印象は「かっこいい」なのである．定式化がかっこいい．駆け出しの学生から見て，やたらとかっこいい．それと言うのもマルチンゲールの枠組みで定式化がなされているからである．しかも当時の私はマルチンゲールこそ確率論の中心概念であると思っていた．だが，私が勉強したのはブラウン運動に基づく確率積分の理論であった．それは国田–渡辺によって，ブラウン運動だけでなく，マルチンゲールに対して拡張できることが 1967 年の論文 [8] に発表されていた．当時の最先端をいく結果で，ずいぶん話題になったものである．私が読んだ Friedman の本は，そうした最新の成果まで取り入れたものではなかったのだが，最先端の渡辺先生の本が今や文庫で読めるようになるわけだから，隔世の感がある．

　応用的な問題にかかわる確率微分方程式は，多くの場合ブラウン運動に基づく確率積分で記述されるが，マルチンゲールという枠組みは一般化と統一的な視点を与え，応用の範囲を大きく広げた．最近数理ファイナンスへの確率積分の理論の応用が注目を集めているが，その基本定理の証明にはマルチンゲールの枠組みでの確率積分の理論が本質的に用いられている．マルチンゲールは公平な賭けのモデ

ルで，丁半賭博はその典型的なものである．当たれば掛け金が倍になり，はずれれば掛け金が没収される．毎回 100 円を掛けるとすれば，所持金が 100 円増えるか 100 円減るかで，それぞれが確率 1/2 で起こる．±100 がそれぞれ確率 1/2 なので期待値は 0 というわけで，したがってゲームとしては公平なものとなる．経済活動においてもマルチンゲールという概念は自然なものである．株などの商品の売買を行うのに，売り手に一方的に有利な市場も，買い手に一方的に有利な市場も，経済的には不自然な状況である．実際不利とわかっている側には付かないものだ．市場が安定しているためにはある種の公平な状況が実現しているはずで，それが実際マルチンゲールとして現れてきているわけだ．したがって数理ファイナンスでも，マルチンゲールという概念は原理的なところで重要な役割を果たしている．読者はこの本でマルチンゲール理論の概要を知ることができ，また有用性を実感することができるであろう．

　よく「国田-渡辺の不等式」と呼称される不等式がある．本書第 2 章の補題 3.1 がそれにあたる．これはもちろん先ほどの論文 [8] の中で初めて述べられたものである．重要な不等式であることは間違いないが，これこそ理論の核心と言うべきものとは性格を異にする．世の中，ときにこういう言及のされ方をするものだ，と先生が苦笑されていたのを思い出す．対して伊藤の公式は，これは紛れもなく理論の核心と言ってよい．

　さて，確率微分方程式の理論はこの本に詳述されている

が，それ以後の発展として重要なものに Malliavin 解析がある．これは確率微分方程式の解析をさらに深化させたものである．確率微分方程式の解は，線型場合など特殊なものを除いてブラウン運動の汎関数としては連続ではない．連続でさえない関数を微分しようという発想はふつう生まれてこない．しかし Malliavin 解析の発想はその関数を微分しようということなのである．ただ微分の意味は Sobolev 空間の枠組みで定式化され，一種超関数的な微分概念になる．各点の意味で微分できるわけではない．微分概念としては一般化された枠組みにはなるが，単に微分できるだけでなく，無限回微分可能であることさえ証明できる．これは有限次元のときとはかなり違っている．有限次元の場合は，微分の階数が上がれば連続性が自動的に従うが，ブラウン運動の場合は無限次元なので，こうした違った現象が現れてくることになる．Malliavin 解析は，熱方程式の基本解の準楕円性の証明や指数定理の証明などにも応用されている．これらの発展については池田信行氏との共著になる [3] を見られるとよい．本書を読まれた方には次のステップとして最適の本であるので，特にお勧めする．

最近のことも少し述べておこう．最近の発展の中に rough path 理論というものがある．この理論の創始者は Terry Lyons である．名前からの連想もあるが，風貌からしてどことなく野性的である．その彼に，rough path 理論の発展の初期の段階でコーネル大学で会ったことがあ

る．彼とは知らない仲ではないが，さりとて特に親しいというわけでもない．会えば挨拶を交わしたりはする．そのときもシンポジウムの会場に行く途中で彼に出会ったので，やあと挨拶をすると，Terry はどういうわけか寄って来て，やおら数学の話を始めた．それもいつになく熱くなっている．確率微分方程式の解の話で，前にも述べたが確率微分方程式の解は一般にはブラウン運動の連続な関数にはならない．だが Terry によると，それが連続な関数になるという．もちろん Terry だって，確率微分方程式の解がそのままではブラウン運動の連続な関数にならないことは百も承知だ．彼のアイディアは Lévy の確率面積（stochastic area）を同時に考えるということだった．ブラウン運動と Lévy の確率面積の二つを同時に考えると連続になるという．これは言ってみれば確率積分を path ごとに定義することに相当する．こちらは聞いていて半信半疑．結局私はそのとき彼の真意を理解することはできなかった．惜しいことをした．このときに彼の理論の重要性に気が付いていれば，私はこの分野の日本における先導者になれたかもしれなかったのだ．結局私はそこまで先を見通す力を持っていなかったというわけだ．

　このようなことを考えると，学問の発展というものは，今までの枠にとらわれない自由な発想からもたらされるものかもしれない．一つ一つのブラウン運動の path は有界変動ではないので，従来の Lebesgue-Stieltjes 積分の意味では定義できないが，伊藤積分は確率 0 の除外集合を

うまくより分けて L^2 的に定義したものと言える.ところで Lyons の rough path 理論は,再び path 毎の積分に立ち帰ったことになる.数学の発展の歴史には,このように螺旋状に発展することもあることを示した典型例である.しかし各発展の段階で,単純に過去の理論が捨て去られたわけではない.あくまで今までの理論を踏まえた上での発展である.標準的な理論というものの価値は時を経ても失われることはなく,新たな発展の礎となるものである.この本に述べられているのは確率微分方程式の標準理論であり,読者の中からこの理論を自分のものとして身に着け,さらにそれを打ち破っていく人が出てくることを切に望みたい.そのための基礎を与える本として,この本は十分価値のあるものである.

参考文献

[1] A. Friedman, *Stochastic differential equations and applications*, Vol. 1, Academic Press, New York-London, 1975.

[2] A. Friedman, *Stochastic differential equations and applications*, Vol. 2, Academic Press, New York-London, 1976.

[3] N. Ikeda and S. Watanabe, *Stochastic differential equations and diffusion processes*, Second edition. North-Holland Mathematical Library, 24. North-Holland Publishing Co., Amsterdam; Kodansha, Ltd., Tokyo, 1989.

[4] 伊藤清,確率論,岩波書店,東京,1953.

[5] 伊藤清, 確率微分方程式——生い立ちと展開——, 数理科学, pp. 5-9, サイエンス社, 東京, 1978.

[6] A. Kolmogoroff, Über die analytischen Methoden in der Wahrscheinlichkeitsrechnung, (German) *Math. Ann.*, **104** (1931), no. 1, 415-458.

[7] A. N. コルモゴロフ, 確率論の基礎概念, 坂本實訳, ちくま学芸文庫, 筑摩書房, 東京, 2010.

[8] H. Kunita and S. Watanabe, "On square integrable martingales," *Nagoya Math. J.*, **30** (1967), 209-245.

[9] H. P. McKean, Jr., *Stochastic integrals*, Probability and Mathematical Statistics, No. 5, Academic Press, New York-London, 1969.

(しげかわ・いちろう／京都大学大学院理学研究科教授)

索 引

A

α 次の Bessel 過程 220
Ascoli-Arzèla の定理 268

B

Bessel 過程 220
 α 次の—— 220
Borel 集合体の増大族に適合した
 ブラウン運動 28
Borel 集合体の増大族に適合した
 確率過程 28
Brownian excursion 222
ブラウン運動 15
 Borel 集合体の増大族に適合し
  た—— 28
 弾性壁—— 120, 137
 d 次元の—— 23
 d 次元の拡散過程としての——
  116
 反射壁—— 119, 220
ブラウン運動に関する確率積分
 41
ブラウン運動の変換 149
ブラウン運動の強マルコフ性 37
ブラウン運動のマルチンゲール性
 39
ブラウン運動の上の 2 乗可積分マ
 ルチンゲールの表現定理 78
分枝過程や移住をもった分枝過程の
 極限 220

C

Calderon-Zygmund の定理
 208
クラス (D) 279
クラス (DL) 279
シリンダー集合 (cylinder set)
 17

D

弾性壁ブラウン運動 120, 137
Dirichlet 条件 225
d 次元のブラウン運動 23
d 次元の拡散過程としてのブラウン
 運動 116
同値 108
同法則の確率過程 18
独立増分過程（加法過程） 22
Doob-Meyer の分解定理 61,
 279
Doob の任意抽出定理 38, 277

E

エルミート多項式
 一般化された—— 57

F

Feller 半群 112
$\{\mathscr{F}_t\}_{t\geq 0}$ が不連続点をもたない
 60
($\mathscr{F}_t$ に関する）マルコフ時間 32
$\mathscr{F}_t$ に適合している 28
$\mathscr{F}_t$-増加過程 187

$\mathscr{F}_t$-ブラウン運動 36

G

概収束 261
擬マルチンゲール 282

H

半群 108
 Feller—— 112
 Hill-吉田の意味の—— 79
反射壁ブラウン運動 119, 220
反射壁の条件 226
Hausdorff-Young の不等式 129
Hill-吉田の意味の半群 79
非粘性的 229
Hölder 条件 214
法則の意味の一意性 144
法則収束 261
方程式（1.1）の解は一意的 144
保存的 110
標準空間 180
標準的拡張 98

I

一意性
 法則の意味の—— 144
 解の—— 140
一意性条件
 1 次元の確率微分方程式の—— 213
一意的な強い解 146
1 次元ブラウン運動 $X = (X_t, P_x)$ の局所時間 124
1 次元の確率微分方程式の一意性条件 213
一様確率空間 262
一様可積分 277
一様に tight 257
innovation の問題 186
一般化されたエルミート多項式 57
一般化された伊藤の公式 72, 282
Itô calculus 282
伊藤過程 40, 52, 54, 282
伊藤の公式 40, 52, 54
 一般化された—— 72, 282

J

弱収束 253
2 乗可積分マルチンゲール 43
時間変更 187, 240
時間変更による解法 186
時間的に一様なマルコフ型の確率微分方程式 143
状態空間 106

K

加法過程 22
解の一意性 140
拡張 97
確率微分（stochastic differential） 55, 283
確率微分方程式
 時間的に一様なマルコフ型の—— 143
 境界条件をもった—— 224
 マルコフ型の—— 143
確率微分方程式による拡散過程の構成 194
確率過程
 Borel 集合体の増大族に適合した—— 28
 同法則の—— 18

連続な―― 16, 267
確率過程 X の分布 18
確率積分 41, 46, 47, 70
　ブラウン運動に関する―― 41
　マルチンゲールにもとづく―― 57
確率積分に関するアプリオリ評価と伊藤の公式の拡張 288
確率収束 262
拡散過程 105, 111, 194
拡散項 142
完備 251
可測である 29
軌跡 16
Kolmogoroff-Doob の不等式 44, 279
Kolmogoroff の定理 273
鎖
　マルコフ時間の―― 59
境界条件 225
境界条件をもった確率微分方程式 224
極限
　分枝過程や移住をもった分枝過程の―― 220
局所 2 乗可積分マルチンゲール 50
局所時間 228
1 次元ブラウン運動 $X=(X_t, P_x)$ の―― 124
強マルコフ過程 110
強マルコフ性
　ブラウン運動の―― 37
距離空間上の確率測度の収束 249

L

Lévy, P. の定理 76

Lipschitz 条件 153

M

マルコフ型（Markovian type）の確率微分方程式 143
マルコフ時間
　$\mathscr{F}_t$ に関する 32
マルコフ時間の鎖 59
マルコフ過程 X 106
マルコフ性 106
マルチンゲール 276
　連続時間径数をもつ―― 276
　劣―― 276
　優―― 276
マルチンゲール不等式 278
マルチンゲール表現定理 19
マルチンゲール項 54
マルチンゲール M を密度にもつ測度 181
マルチンゲール問題 205
マルチンゲールにもとづく確率積分 58
マルチンゲール性
　ブラウン運動の―― 39
道ごとに一意的 145
見本関数 17

N

粘性的（sticky） 229
Neumann 条件 225
Neumann の境界条件 226
2 階楕円型微分作用素 197
任意停止（optional stopping） 278

P

pinned Brownian motion 223
p-可測 29

R

random acceleration 193
連続時間径数をもつマルチンゲール 276
連続係数の場合の解の存在定理 166
連続マルチンゲールの表現定理 88
連続な d 次元確率過程 X 17
連続な確率過程 16, 267
劣確率測度 (substochastic measure) 258
劣マルチンゲール 276
　正則な—— 61

S

細連続 113
S-値確率変数 261
生成作用素 114
正則 280
正則な劣マルチンゲール 61
生存時間 110
Skorohod 方程式 132
Skorohod の定理 262
測度
　マルチンゲール M を密度にもつ—— 181
相対コンパクト 257
酔歩 (random walk) 25
推移確率系 107
収束
　距離空間上の確率測度の—— 249
終点 109

T

対称 Q-乗法 284
停止時間 (stopping time) 32
tight 257
特異積分 208
到達時間 32, 121
強い解 145

W

わな (trap) 109
Wentzell の境界条件 225
Wiener 過程 20
Wiener の確率空間 262
Wiener 測度 21
　x から出発する—— 21
w-可測 29

X

x から出発する Wiener 測度 21
X の分布 261

Y

四つ組 28
有限次元分布 18
優マルチンゲール 276

Z

全有界 252
増加過程 280
ずれ (drift) 175
ずれ項 54, 142
ずれの変換 183, 242
ずれの変換による解法 175

本書は一九七五年八月二十八日、産業図書から刊行された。

数学で何が重要か	志村五郎	ピタゴラスの定理とヒルベルトの第三問題、数学オリンピック、ガロア理論のことなど。文庫オリジナル書き下ろし第三弾。
数学をいかに教えるか	志村五郎	日米両国で長年教えてきた著者が日本の教育を斬る！掛け算の順序問題、悪い証明と間違えやすい公式のことから外国語の教え方まで。
通信の数学的理論	C・E・シャノン/W・ウィーバー 植松友彦 訳	IT社会の根幹をなす情報理論はここから始まった。発展いちじるしい最先端の分野に、今なお根源的な洞察をもたらす古典的論文が新訳で復刊。
数学という学問Ⅰ	志賀浩二	ひとつの学問として、広がり、深まりゆく数学。数・微積分・無限など「概念」の誕生と発展を軸にその歩みを辿る。オリジナル書き下ろし。全3巻
数学という学問Ⅱ	志賀浩二	第2巻では19世紀の数学を展望。数概念の拡張によりもたらされた複素解析のほか、フーリエ解析、非ユークリッド幾何誕生の過程を追う。
数学という学問Ⅲ	志賀浩二	19世紀後半、「無限」概念の登場とともに数学は大転換を迎える。カントルとハウスドルフの集合論、そしてユダヤ人数学者の寄与について。全3巻完結。
現代数学への招待	志賀浩二	「多様体」は今や現代数学必須の概念。「位相」「微分」などの基礎概念を丁寧に解説・図説しながら、多様体のもつ深い意味を探ってゆく。
シュヴァレー リー群論	クロード・シュヴァレー 齋藤正彦 訳	現代的な視点から、リー群を初めて大局的に論じた古典的著作。著者の導いた諸定理はいまなお有用性を失わない。本邦初訳。
現代数学の考え方	イアン・スチュアート 芹沢正三 訳	現代数学は怖くない！「集合」「関数」「確率」などの基本概念をイメージ豊かに解説、直観で現代数学の全体を見渡せる入門書。図版多数。

物語数学史　小堀憲
古代エジプトの数学の歩みから二十世紀のヒルベルトまでの数学の現代化に、日本の数学「和算」にも触れつつ一般向けに語った通史。

確率論の基礎概念　A・N・コルモゴロフ　坂本實訳
確率論の現代化に決定的な影響を与えた有名な論文『確率論における基礎概念』に加え、『確率論の解析的方法について』を併録。全篇新訳。〈菊池誠〉

雪の結晶はなぜ六角形なのか　小林禎作
雪が降るとき、空ではどんなことが起きているのだろう。自然が作りだす美しいミクロの世界を、科学の目でのぞいてみよう。

物理現象のフーリエ解析　小出昭一郎
熱・光・音の伝播から量子論まで、振動・波動にもとづく物理現象をひもといフーリエ変換の関わりを丁寧に解説。物理学の泰斗による名教科書。〈千葉逸人〉

ガロワ正伝　佐々木力
最大の謎、決闘の理由がついに明かされる！　難解なガロワの数学思想を丁寧に解読し、今日的課題にも迫った、文庫版オリジナル書き下ろし。

ブラックホール　R・ルフィーニ　佐藤文隆訳
相対性理論の発展は私たちの宇宙の「穴」、星と時空の謎に挑んだ物理学者たちの奮闘の歴史と今日的課題に迫る。写真・図版多数。

自然とギリシャ人・科学と人間性　エルヴィン・シュレーディンガー　水谷淳訳
量子力学の発展は私たちの自然観・人間観にどのような変革をもたらしたのか。『生命とは何か』に続く晩年の思索。文庫オリジナル訳し下ろし。

数学をいかに使うか　志村五郎
「何でも厳密に」などとは考えてはいけない──。世界的数学者が教える「使える」数学とは。文庫版オリジナル書き下ろし。

数学の好きな人のために　志村五郎
世界的数学者が教える「使える」数学第二弾。非ユークリッド幾何学、リー群、微分方程式論、ド・ラームの定理など多彩な話題。

ちくま学芸文庫

二〇一八年九月十日　第一刷発行

確率微分方程式（かくりつびぶんほうていしき）

著　者　渡辺信三（わたなべ・しんぞう）

発行者　喜入冬子

発行所　株式会社　筑摩書房
　　　　東京都台東区蔵前二―五―三　〒一一一―八七五五
　　　　電話番号　〇三―五六八七―二六〇一（代表）

装幀者　安野光雅

印刷所　大日本法令印刷株式会社

製本所　株式会社積信堂

乱丁・落丁本の場合は、送料小社負担でお取り替えいたします。
本書をコピー、スキャニング等の方法により無許諾で複製する
ことは、法令に規定された場合を除いて禁止されています。請
負業者等の第三者によるデジタル化は一切認められていません
ので、ご注意ください。

© SHINZO WATANABE 2018 Printed in Japan
ISBN978-4-480-09882-5 C0141